国家出版基金项目
NATIONAL PUBLICATION FOUNDATION

有色金属理论与技术前沿丛书

东昆仑成矿带典型矿床电(磁)响应特征及成矿模式识别

METALLOGENIC PATTERN RECOGNITION AND ELECTRIC(MAGNETIC) RESPONSE CHARACTERISTICS ON TYPICAL MINE IN EAST KUNLUN METALLOGENIC BELT, CHINA

曹创华　柳建新　童孝忠　严发宝　著

Cao Chuanghua　Liu Jianxin　Tong Xiaozhong　Yan Fabao

中南大学出版社
www.csupress.com.cn

中国有色集团
CNMC

内容简介

Introduction

为了及时总结"资源与灾害探查"湖南省高校创新团队的研究成果，柳建新教授组织团队中部分从事电(磁)法和深部地球物理研究的骨干人员，撰写了《地球物理计算中的迭代解法及其应用》《直流激电反演成像理论与方法应用》《大地电磁贝叶斯反演方法与理论》《频率域可控源电磁法三维有限元正演》《便携式近地表频率域电磁法仪器及其信号检测》《东昆仑成矿带典型矿床电(磁)响应特征及成矿模式识别》《青藏高原东南缘地面隆升机制的地震学问题》和《青藏高原岩石圈力学强度与深部结构特征》共 8 本专著，集中反映团队最新的相关理论与应用研究成果。

本书详细介绍了东昆仑成矿带的大地构造分区与演化、矿产分布和地球物理特征，并设计了高寒、高海拔、高纬度区域的不同矿床地质地球物理模型，得到了一系列具有理论和实际意义的结论。首先，在东昆仑成矿带的典型地质地貌特征的基础上，针对在应用地球物理探测中遇到的特殊接地、供电问题及激电法和频率域电磁测深法中有几种不同探测地质体目标(如岩性接触带、断裂带、岩脉)等现象展开相应的模型计算；然后根据东昆仑成矿带内的不同类型的矿床，选择了典型的斑岩型钼铜矿床、矽卡岩型铅锌矿床和热液叠加改造型复合成因矿床进行了地球物理电磁响应特征和矿床模式识别的应用研究；最后，梳理了东昆仑成矿带十个主要矿床的成矿模式及地层、矿石特征，总结了物探方法有效组合，对今后成矿区(带)内有色金属矿床勘查技术的深入研究提供了可借鉴的经验。

本书可供从事有色金属矿床勘查技术方法研究及相关科学技术工程人员参考使用，也可作为高等院校和科研院所相关本科生、研究生的教学参考用书。

作者简介

About the Author

曹创华 男，博士，1985 年 9 月出生。2005 年考入中南大学地球科学与信息技术专业，2015 年获得中南大学博士学位。现就职于湖南省地质调查院，为中国地球物理学会、湖南省地质学会、湖南省地球物理学会会员。长期致力于有色金属勘查、地质灾害调查研究工作，参与或主持了国家自然科学基金、国家"863"计划、中国国土资源部地质调查局等纵、横向项目近 20 项，在应用地球物理勘查前沿领域具有一定的个人造诣和见解。攻读博士期间获得了教育部优秀博士生奖学金，并获得专利 2 项，发表学术论文 20 余篇，其中被 SCI、EI 收录 5 篇，中文科技核心期刊论文 10 余篇。

柳建新 男，教授，博士，1962 年 5 月出生，博士生导师。1979 年考入中南矿冶学院应用地球物理专业。现为地球科学与信息物理学院副院长、新世纪百千万人才工程国家级人选、教育部新世纪优秀人才支撑计划获得者、湖南省"121"人才工程人选、"地球探测与信息技术"学科带头人、有色资源与地质灾害探查湖南省重点实验室主任、湖南省第十一届政协常委，兼任国家自然科学基金委员会评审组成员、湖南省地球物理学会第六届和第七届理事长、中国地球物理学会第九届理事会常务理事、中国有色金属学会第七届理事会理事、中国有色金属工业协会专家委员会委员、"全国找矿突破战略行动"专家技术指导组专家，中南大学第二届知识分子联谊会理事长。长期从事矿产资源勘探、工程勘察领域的理论与应用研究，在深部隐伏矿产资源精确探测与定位、生产矿山深部地球物理立体填图、地球物理数据高分辨处理与综合解释、工程地球物理勘察等方面进行了深入研究并取得了大量研究成果。获国家发明二等奖 1 项、国家科技进步二等奖 1 项、国家科技进步三等奖 1 项，省部级科技进步一等奖 7 项、二等奖 4 项、三等奖 2 项。申报专利 8 项，其中 4 项获得授权。出版专著 14 本，发表学术论文近 240 余篇，其中被 SCI、EI 收录百余篇。

童孝忠 男，讲师，博士，1979 年 11 月出生。1998 年考入中南大学应用地球物理专业读本科；2002 年 9 月至 2005 年 5 月就读于中南大学数学科学与计算技术学院研究生，2005 年获应用数学理学硕士学位；同年 9 月攻读地球探测与信息技术专业博士学位，并于 2008 年 11 月完成博士阶段的学习。主要从事电磁法正反演理论与应用研究。现已出版专著 3 本，发表专业学术论文 20 余篇，其中被 SCI 检索 5 篇、EI 检索 12 篇、ISTP 检索 2 篇。

严发宝 男，博士，1985 年生，山东大学（威海）讲师。2008 年毕业于哈尔滨工业大学测控技术与仪器专业，2011 年获得中国兵器科学研究院计算机应用技术硕士学位，2013 年 9 月至 2016 年 6 月在中南大学攻读地球探测与信息技术专业博士学位，同年进入山东大学威海校区机电与信息工程学院工作。主要从事信号获取与嵌入式实时并行处理技术、高精度专用仪器与观测技术、光电跟踪技术、产品可靠性等方面的研究，在特种军用计算机与嵌入式测试系统、地球物理仪器方面进行了深入研究，申请普通专利与国防专利多项，其中授权发明专利 8 项，发表学术论文 10 余篇，其中被 SCI、EI 收录多篇。

学术委员会
Academic Committee

国家出版基金项目
有色金属理论与技术前沿丛书

主 任

王淀佐　中国科学院院士　中国工程院院士

委 员（按姓氏笔画排序）

于润沧	中国工程院院士	古德生	中国工程院院士
左铁镛	中国工程院院士	刘业翔	中国工程院院士
刘宝琛	中国工程院院士	孙传尧	中国工程院院士
李东英	中国工程院院士	邱定蕃	中国工程院院士
何季麟	中国工程院院士	何继善	中国工程院院士
余永富	中国工程院院士	汪旭光	中国工程院院士
张文海	中国工程院院士	张国成	中国工程院院士
张 懿	中国工程院院士	陈 景	中国工程院院士
金展鹏	中国科学院院士	周克崧	中国工程院院士
周 廉	中国工程院院士	钟 掘	中国工程院院士
黄伯云	中国工程院院士	黄培云	中国工程院院士
屠海令	中国工程院院士	曾苏民	中国工程院院士
戴永年	中国工程院院士		

编辑出版委员会

Editorial and Publishing Committee

国家出版基金项目
有色金属理论与技术前沿丛书

总序 /

当今有色金属已成为决定一个国家经济、科学技术、国防建设等发展的重要物质基础，是提升国家综合实力和保障国家安全的关键性战略资源。作为有色金属生产第一大国，我国在有色金属研究领域，特别是在复杂低品位有色金属资源的开发与利用上取得了长足进展。

我国有色金属工业近30年来发展迅速，产量连年来居世界首位，有色金属科技在国民经济建设和现代化国防建设中发挥着越来越重要的作用。与此同时，有色金属资源短缺与国民经济发展需求之间的矛盾也日益突出，对国外资源的依赖程度逐年增加，严重影响我国国民经济的健康发展。

随着经济的发展，已探明的优质矿产资源接近枯竭，不仅使我国面临有色金属材料总量供应严重短缺的危机，而且因为"难探、难采、难选、难冶"的复杂低品位矿石资源或二次资源逐步成为主体原料后，对传统的地质、采矿、选矿、冶金、材料、加工、环境等科学技术提出了巨大挑战。资源的低质化将会使我国有色金属工业及相关产业面临生存竞争的危机。我国有色金属工业的发展迫切需要适应我国资源特点的新理论、新技术。系统完整、水平领先和相互融合的有色金属科技图书的出版，对于提高我国有色金属工业的自主创新能力，促进高效、低耗、无污染、综合利用有色金属资源的新理论与新技术的应用，确保我国有色金属产业的可持续发展，具有重大的推动作用。

作为国家出版基金资助的国家重大出版项目，"有色金属理论与技术前沿丛书"计划出版100种图书，涵盖材料、冶金、矿业、地学和机电等学科。丛书的作者荟萃了有色金属研究领域的院士、国家重大科研计划项目的首席科学家、长江学者特聘教授、国家杰出青年科学基金获得者、全国优秀博士论文奖获得者、国家重大人才计划入选者、有色金属大型研究院所及骨干企业的顶尖专家。

国家出版基金由国家设立，用于鼓励和支持优秀公益性出版项目，代表我国学术出版的最高水平。"有色金属理论与技术前沿丛书"瞄准有色金属研究发展前沿，把握国内外有色金属学科的最新动态，全面、及时、准确地反映有色金属科学与工程技术方面的新理论、新技术和新应用，发掘与采集极富价值的研究成果，具有很高的学术价值。

中南大学出版社长期倾力服务有色金属的图书出版，在"有色金属理论与技术前沿丛书"的策划与出版过程中做了大量极富成效的工作，大力推动了我国有色金属行业优秀科技著作的出版，对高等院校、研究院所及大中型企业的有色金属学科人才培养具有直接而重大的促进作用。

王淀佐

2010 年 12 月

前言
Foreword

　　有色金属矿产资源是社会发展的基础，而勘探技术的开发研究与革新是有色金属成矿带有效而快速开发的先决条件，有色金属矿石的电导率、极化率、磁化率等往往与围岩有明显的物性差异，这种差异与地理地貌、地质演化史等密切相关。如何确切地、合理地测量、处理和解释这些参数，进而进行有效的成矿预测是目前国内外专家学者研究的重要课题。

　　青藏高原东昆仑成矿带作为我国重要的区域成矿带之一，随着 2015 年 3 月中华人民共和国国务院颁发了"一带一路"经济战略发展规划部署，标志着区内的有色金属矿床勘查开发步入了新的时代。但由于特殊的景观地理条件和开发程度薄弱，致使区内矿山地质地球物理方法精细研究相对较少，系统研究典型矿山的电磁响应特征和其在成矿模式识别中的应用研究较为欠缺。本书针对这一现状做了较为深入的研究，以期在大比例尺地质矿产勘查领域为国内外其他成矿带矿产勘查研究提供参考。

　　首先，本书在东昆仑成矿带的典型地质地貌特征基础上，针对在应用地球物理探测中遇到的特殊接地、供电问题及激电法和频率域电磁测深法中有几种不同探测地质体目标(如岩性接触带、断裂带、岩脉等)等现象展开相应的模型计算。激电法和频率域电磁测深法的二维模拟计算表明：对于激电异常的常见地质构造模型，激发极化异常都有一定的响应特征；而频率域电磁方法对薄弱地层的分辨能力有限，对一定规模的异常体和断层构造有一定的指示作用，且对岩(矿)石内裂隙、高阻岩脉分辨能力及效果较差。作者分析了高精度磁测面上各参数间的关系，进行了中间梯度法野外实际情况下二度异常体的三维正演响应模拟，通过计算分析了测线方位和异常体随夹角变化的特点,得出了测线布设与异常体的夹角在60°以上较为合适的结论。通过二维层状介质的MT和CSAMT正演计算,归纳了不同收发距、不同基底电阻率条件下的响应规律,认识到在岩(矿)石电阻率普遍大于2000 $\Omega \cdot m$ 时收发距最小应为11 km才能满足1 Hz及以上频率远区的探测条件。利用正则化反演的方法对加入不同幅度噪声对电法测深和电磁测深反演的影响进行了理论计算,讨论了被动源电极的最佳布极方式和方法,确定了实测面上数据和标本数据进行统一衡量的方法,提出了确定激发极化面上异常下限的新方法。

其次,本书根据东昆仑成矿带内的不同类型的矿床,选择了典型的斑岩型钼铜矿床、矽卡岩型铅锌矿床和热液叠加改造型复合成因矿床进行了地球物理电磁响应特征和矿床模式识别的应用研究。利用互相关法处理了激发极化扫面 F_s 数据,表明此种方法具有消除或压制干扰和突出异常的目的。利用 TE&TM 联合双模最平滑模型 Occam 反演方法构建了斑岩型矿床的电性三维结构,发现了研究区内 EH4 实测电磁波数据存在缺频现象,并针对此种情况提出了反演策略,通过反演结果解释了区内构造和岩体空间展布状态,证实了矿化体产于次级构造当中。综合利用平面激电和高精度磁测的结果,利用 CSAMT 平滑约束最小二乘反演重新构建代表矽卡岩型铅锌矿床的三维电性结构,推断控矿的主要容矿空间在灰岩和碳酸盐岩的接触带内。在地质调查沙柳河西热液叠加改造型复合成因矿床的含矿层岩性组合为含黄铁矿硅质大理岩和含硅质条带大理岩基础上,结合激电扫面发现了两个异常带,利用逐级反演的方法对区内 CSAMT 实测远区数据进行了处理,实现了研究区三维地质填图。

最后,本书梳理了东昆仑成矿带十个主要矿床的成矿模式、地层、矿石特征,总结了物探方法的有效组合,得到的结论如下:斑岩型钼铜矿床通过激电法扫面圈定平面异常、用电磁方法进行构造空间架构探测、用激电测深确定异常顶部埋深与视电阻率联合剖面探查次级断裂组合;矽卡岩型铅锌多金属矿床中高精度磁测法、激电法和频率域电磁测深法均为有效；热液叠加改造型复合成因矿床一般选择激电法和频率域电磁测深法组合即可；石英脉型金矿床采用激电法(剖面、扫面)和岩石碎屑原生晕等地球化学方法组合；多成因多阶段复合矿床(以肯德可克多金属矿为代表)要根据实际情况，以探测目标地层(矿化体)的物性参数为基本要求来选择方法；矽卡岩型铁多金属矿床有效物探方法组合为高精度磁测法、激电法和频率域电磁测深法。

本书得到了中国地调局项目——"祁漫塔格成矿带铜多金属成矿作用与研究方法技术试验研究(编号：1212011121220)"、中国地调局发展中心老矿山项目——"物探数据处理与解释(编号：2012 - 148)"和中央高校基本科研业务费专项资金探索项目——"青藏高原东昆仑成矿带电(磁)模型构建及其成矿模式识别(编号：2013zzts054)"的联合资助。湖南省国土资源厅教授级高级工程师蔡家雄先生，中国地质大学胡祥云教授，中国矿业大学刘树才教授，长安大学李貅教授，中南大学戴前伟教授、张术根教授、熊章强教授、冯德山教授对本书提出了许多宝贵建议，在这里向他们表示由衷的感谢。

由于作者水平有限，书中难免存在缺点和不足之处，敬请广大读者批评指正。

著　者

2017 年 12 月

目录 / Contents

第1章 绪 论

　　在地质找矿研究工作中,从事成矿预测的学者根据矿床的物理、化学、岩石、地层等特征总结出不同矿种在类似地质成因条件下形成的矿床为某一类型矿床,以期在寻找新的矿床过程中进行类比及对比研究,如在斑岩内裂隙构造中形成的斑岩型铜钼矿,主要产于花岗岩与碳酸盐岩接触带上的矽卡岩型硫化物矿床,以及岩浆侵入其他地层形成的与岩体活动有关的热液交代型多金属矿床等。但在我国的19个二级成矿带上各种矿床模式的地球物理场既有相似特点,也有不同的特点。特别是位于高寒、高海拔特殊景观地貌条件下,施工时间短(一般只能在每年的5月—9月)、接地困难(沙化风化严重,接地电阻大)。如何根据围岩和矿体本身的物性特点及电(磁)场响应规律,利用快速有效的方法找到矿床成为最近几十年来面临的问题。这就要求我们总结特殊成矿带成矿规律,利用快速有效的评价技术进行找矿,这是本书研究的出发点。本书结合中国地调局项目:"祁漫塔格成矿带铜多金属成矿作用与研究方法技术试验研究(编号:1212011121220)"、中国地调局发展中心老矿山项目:"物探数据处理与解释(编号:2012-148)"和中央高校基本科研业务费专项资金探索项目:"青藏高原东昆仑成矿带电(磁)模型构建及其成矿模式识别(编号:2013zzts054)"进行了研究;在详细评价区域地质条件下,提出了一些有价值的地球物理方法,总结了这些方法的使用规律和在该区域应用的条件,结合具体矿山研究数据的采集及处理(包括响应、反演和解释),依据地球物理信息在不同成矿模式条件下进行了物探方法选择和实施方案设计,总结了方法的适用性,对每种典型矿山进行了成矿预测评价和部分钻探验证及结果分析。最后梳理了东昆仑成矿带的成矿模式类别,总结了有效的物探方法组合。以期本书的研究成果为即将实施的"新丝绸之路经济带"的发展作出一定贡献,为国民经济发展奉献出绵薄之力。

1.1 选题背景

1.1.1 时代背景

　　2013年9月习近平同志提出了建立"新丝绸之路经济带"的设想,经过一年多的发展,2015年3月经中华人民共和国国务院签发授权,外交部和商务部等部门共同颁发了"一带一路"经济战略发展规划,标志着新丝绸之路步入实施阶段,其中特别指明发展传统资源和能源勘探开发的合作力度(其中包括沿东昆仑成矿带直到新疆祁漫塔格成矿带重点开发的宏观战略),积极加强水电、核电、风能、太阳能等清洁能源的跨区域及跨国合作,就近实现产能转化,解决东西部发展不平衡问题,最终实现完整产业链的一体化发展规划[1]。在这一政策下,在不久将来坚持大力开发西北地区的矿产资源将成为新常态。

近年来,汽车保有量呈井喷式增加,道路交通的建设速度比以往任何时候都快,社区的改造与建设致使座座高楼拔地而起,这些事物的发展都离不开矿产资源,都离不开各种矿物的一次利用或者二次利用。相比其他国家,虽然我国幅员辽阔,资源丰富,但由于人口多,需求量大,矿产资源分布相对集中,具有与经济发展的需求地域不匹配等特点;特别是我国矿产资源战略目前正处在由资源大国变为资源强国的重要时刻,明显感觉后劲不足,矿产资源勘探及开发利用面临着新问题。新常态下,内地广大低海拔地区的矿山采矿深度和难度越来越大,出现了很多危机老矿山;相比之下西北勘查程度低,资源潜力大。最近这些年来,青藏高原、云贵高原、内蒙古高原等地的成矿带成为中国地质调查系统各个科研及生产工作人员研究的重点,总结和发现新的成矿规律,进行有效、科学的开发建设,振兴中西部经济成为最近几十年的主要任务。随着西部大开发的速度加快,各种政策的实施,加之产业转型,必然会使广大西部居民劳动力过剩,随之产生就业问题,快速发现和利用矿产资源,建立厂矿企业可以有效地把剩余劳动力利用起来,最终实现西部经济大发展。而实现这一目标的前提是快速有效地找出矿石品位高、规模大的矿床,这一问题的解决首先就是要把中东部发展成熟的地球物理技术想办法有效地利用在青藏高原东昆仑成矿带上,实现快速找矿和评价,这亦是本书研究的出发点。

1.1.2 东昆仑成矿带研究背景

随着区内各类矿产资源研究工作的开展,综合研究工作亦相继进行。21世纪之前,中国地质科学院、青海省地质矿产局、青海省有色地质矿产局等单位在国土资源部、青海省国土资源厅的组织下对东昆仑成矿带部分交通尚且方便的矿区的前寒武纪地层、滩涧山群地层、火成岩、混合变质岩等进行了研究,发现了一批矽卡岩型铁多金属矿床,总结了成矿带内的矽卡岩型矿床的一般成矿规律。20世纪80年代末青海省地矿局完成了青海省区域矿产总结,按照国土资源部地质调查中心的部署,撰写了《青海省区域地质志》,于1991年出版。随后,东昆仑地区的研究工作进一步开展,陆续有30余篇(部)论著研究报告及面世(见表1-1),这些研究工作从构架上基本查明了东昆仑成矿带的地质条件、地层分布、已有矿床成矿类型和成矿规律,利用地球化学、地球物理数据对成矿带内的标志性特征进行了综合分析研究,圈定了一些新的成矿远景区,并对成矿带内的矿床成因进行了初步分析，为后来的研究提供了依据。

表1-1 区域综合研究部分论著及研究报告一览表[2-24]

序号	论著名称	作者	时间
1	青海省区域地质志[M]	青海省地质矿产局	1991 年
2	昆仑地质构造轮廓[J]	姜春发，冯秉贵，赵民绥等	1986 年
3	东昆仑区域构造的发展演化[J]	郑建康	1992 年
4	东昆仑华力西-印支期花岗岩组合及构造环境[J]	古凤宝，吴向农，姜常义	1996 年
5	青藏高原的板块构造[J]	常承法	1985 年
6	昆仑山区构造区划初探[J]	潘裕生	1989 年
7	青海都兰地区矿田构造与控矿特征[M]	周显强	1990 年
8	昆仑山早古生代地质特征与演化[J]	潘裕生，周伟明，许荣华等	1996 年
9	青海省岩石地层[M]	孙崇仁	1997 年
10	东昆仑中段铜、金成矿条件及找矿方向的框架研究[R]	莫宣学，邓晋福	1998 年
11	青海省都兰县五龙沟地区构造蚀变带金矿成矿特征及成矿预测报告[R]	青海省地质矿产局	1997 年
12	青海省东昆仑—柴达木盆地北缘区域地质图及金、银、铜、铅、锌矿产图说明书[R]	青海省地质矿产局	1997 年
13	格尔木—额济纳旗地学断面多学科综合调查研究概况[J]	王泽九，吴功建，肖序常	1995 年
14	青藏高原的形成与隆升[J]	潘裕生	1999 年
15	东昆仑造山带的一些特点[J]	殷鸿福、张克信	1997 年
16	东昆仑热液金成矿带及其找矿方向[J]	袁万明，莫宣学，喻学惠等	2000 年
17	东昆仑地区地球物理特征与矿产资源分布[J]	董英君，张德全，徐文艺等	2005 年
18	东昆仑地区金铜等成矿规律及找矿方向[J]	郭晓东，张玉杰，刘桂阁等	2004 年
19	东昆仑中带成矿地质构造环境及金矿成矿模式[M]	钱壮志	2000 年

续表 1 – 1

序号	论著名称	作者	时间
20	柴达木盆地南北缘成矿地质环境及找矿远景研究[R]	张德全	2001 年
21	东昆仑地区矿产资源大调查进展与前景展望[J]	徐文艺,张德全,阎升好等	2001 年
22	喜马拉雅—青藏高原造山带地质演化 ——显生宙亚洲大陆生长[J]	尹安	2001 年
23	东昆仑地区综合找矿预测与突破[J]	张德全	2002 年

2003—2006 年,青海省有色地质矿产研究院在该区开展了"青海省东昆仑成矿带矿产资源综合调查"的综合研究项目,总结了成矿规律,对矿带内的铜、钴、金、银、铅、锌等矿种进行了成矿预测,圈定了区内成矿远景区 10 余处,对此区域的成矿模式进行了系统性总结。

2006 年以后,在中国地质调查局的部署领导下,国内各大科研院所(中国地质大学、成都理工大学、长安大学、中南大学、昆明理工大学、西北地质调查中心等)开展了一系列相关的勘察技术方法及成矿预测研究,启动了国家、省部和企业多种合作模式的开发和研究工作[25-39],其中就包括作者参与的科研项目。

1.1.3 地球物理勘查技术找矿预测在东昆仑成矿带的进展

青海省地矿局地球物理勘探队于 1979 年完成本区内 1∶500000 航空高精度磁测,经过化极等处理后的结果表明在东昆仑成矿带东部的鄂拉山和都兰之间的 200 km 长度区间存在明显的 NE、NW 异常带,通过成矿带内的地层调查推断其与印支燕山期的中酸性火成岩中的各种花岗岩有关,其他大部分区域内磁异常目前认为成矿带内岩性较为复杂,磁场值较国内大部分区域高,说明其火成岩分布广泛[40-42]。青海省地球物理勘探队于 1991 年完成了本区内的 1∶100 万布格重力异常图,显示区内的布格重力异常大部分为 -500 ~ -400 mGal,且多呈段带状,特别是昆北大断裂和昆中大断裂中间隆起的高山具有海拔越高布格重力异常越低的特征,属于明显的地洼区。

1995 年,中国地质科学院王泽九等人完成了青海省格尔木—内蒙古额济纳旗地学断面(GET)多学科综合调查研究[14]。推断祁连山前断裂延伸不大,终止于上地壳的低速层,青藏高原北界在反射震相处;推断昆仑成矿带的昆中大断裂,即为古特提斯洋和陆缘活动带的分界线。

2001 年至 2005 年,中国有色地质调查中心张普斌、徐振超、肖文进等人在承担的"东昆仑成矿带东段资源评价井中立体物探方法技术示范"[37]项目中,按照国土资源部中国地质调查局的安排在东昆仑成矿带的西部矿业锡铁山铅锌矿床、督冷沟铜多金属矿床和肯德可克铁金钴多金属矿床的典型钻孔中实施了充电法井 - 地观测方式测量、地 - 井五方位激电测井、地 - 井四方位和 TEM 测量等工作，并在典型地区选择多种井中物探方法进行试验，取得了较好的应用效果，为在高寒山区地球物理技术精细勘探起到较好的示范作用。

2004 年，潘彤等人[26]在青海东督冷沟地区进行的土壤地球化学测量查证督冷沟水系沉积物异常效果不理想，在分析水系沉积物异常产出地质背景、综合异常特征和区域成矿规律的基础上，结合督冷沟铜钴矿含矿岩石与围岩幅频率差较大的情况，利用时间域大功率激电测量对水系沉积物异常进行检查和研究，最后对物探异常利用工程揭露，发现了多条矿体，证实了此区内物探技术进行异常查证及矿体延深预测的有效性。

2005 年至 2012 年间，中国地质大学(武汉)、成都理工大学、长安大学、吉林大学、中南大学、昆明理工大学、西北地质调查中心、青海省地质调查研究院等单位对区内的矿床进行了一定深度的富有成效的研究[43-49]，如对青海省沟里金矿、都兰沙柳河西铅锌多金属矿、祁漫塔格虎头崖多金属矿区的研究，即是用一定的物探技术预测找矿靶区取得成功的实例。

2013 年吉林大学张胜对柴达木准地台之南缘、所处大地构造位置在区域上隶属青海省东昆仑祁漫塔格早古生代裂陷槽的野马泉地区进行了磁测异常的推断解释研究[39]，调查研究证实了本区内高精度磁测是有效而快速评价磁铁矿异常的方法。

2015 年滕吉文等[50]阐述了青藏高原地球科学研究中的核心问题与理念，通过人工源地震剖面探测结果推断青藏高原地壳巨厚，为 70 ± 5 km，而岩石圈则相对较薄(100 ± 10 km)。其中柴达木盆地及东昆仑大部分地区地壳厚度为52 km，东昆仑地区受欧亚板块和印度洋板块的碰撞挤压，其地块接触带表现为走滑断层。这些研究成果对区内构造的认识提供了新的理论支持。

2015 年在尕林格矿区，针对研究区内第四纪堆积物盖层厚度达 150 ~ 220 m 的特殊地貌特征，武明贵等人[51]利用高精度磁测，采用多尺度小波分解和二度半人机交互正反演实现了研究区内的隐伏异常查证和推断，找矿效果良好。

1.1.4 东昆仑成矿带有色金属矿山地球物理技术应用的关键问题

经过几十年的努力，国家各个研究机关和地矿部门在东昆仑成矿带找到了大批矿产资源，为当地经济的发展做出了突出的贡献；但是从地球物理技术的角度来看，矿山地球物理技术的应用还存在一定的改善空间，细化研究甚少，针对特殊地形地貌(高阻，高寒、植被少、地层新)条件下区内各种有色金属矿山电(磁)方法的有效性和特点及地球物理方法组合技术方面研究甚少。从作者参加科研项

目的过程中,发现很多地球物理技术应用问题与东南地区有一定的差别,需要进行细化研究。本书总结的关键问题如下:

(1)电法类勘探在采集数据时,首要问题是电极接地问题。在青藏高原典型地质条件下,干燥气候和风化岩石是其常态,如何减少接地电阻,增加供电电流成为关键,研究接地电阻对各种电磁方法的影响规律成为必要。

(2)高纬度、普遍高阻条件下的磁异常、激电异常、电磁异常的特殊响应规律。

(3)适合探测青藏高原东昆仑地区研究区内不同构造(如正断裂、逆断层、接触带和岩体内裂隙)的特探方法的有效性及分辨率探讨。

(4)适合不同类型矿床有效物探组合方法的研究。不同类型矿床探测的目标不一致,根据探测目标实施方法时遵循的原则有所差异。

(5)东昆仑地区天然源频率域电磁信号的特点,以及电磁法数据的精细处理和解释。

1.2 本书的组织结构和主要创新点

1.2.1 本书的组织结构

本书以室内数值模拟和室外探测数据为依据,针对青藏高原东昆仑成矿带独有的地理特征和研究现状,结合研究区内典型矿床的地质、构造、地球化学等信息,研究了区内岩层的电(磁)响应特征,分析了东昆仑成矿带的成矿特点,总结了可用于实践的地球物理方法技术组合,同时在此过程中研究了一些关键技术问题及解决方案(图1-1)。本书共分为8章:

第1章概述了本书的选题来源、背景,在高寒高海拔地区,地球物理技术应用的关键问题以及本书的主要创新点。

第2章阐述了青藏高原东昆仑成矿带的区域地质、成矿带所处大地构造背景及演化历史、区内主要构造、地层、岩浆岩和矿产分布等特征,在此基础上对区域地球物理重力场和磁场的特点进行了分析,阐述了东昆仑矿集区内的矿床类型和特征,为后文东昆仑矿山物探方法的使用及成矿预测提供了基础研究。

第3章实现了对东昆仑目前常用物探方法技术的评价。针对矿山物探方法特点,数值模拟了中间梯度法的测线布置对激发极化体的影响;利用理论模型数值模拟了电法、频率域电磁法在不同条件下的响应规律,具体包括异常体规模大小、旁侧异常体等对响应变化特征的影响;针对东昆仑地层相对普遍高阻的特点,引入实例研究了高阻屏蔽层对供电电流的影响,从理论上计算了接地电阻大小的影响因素并提出了改善接地电阻的措施,针对常用的双频激电法开发了一种

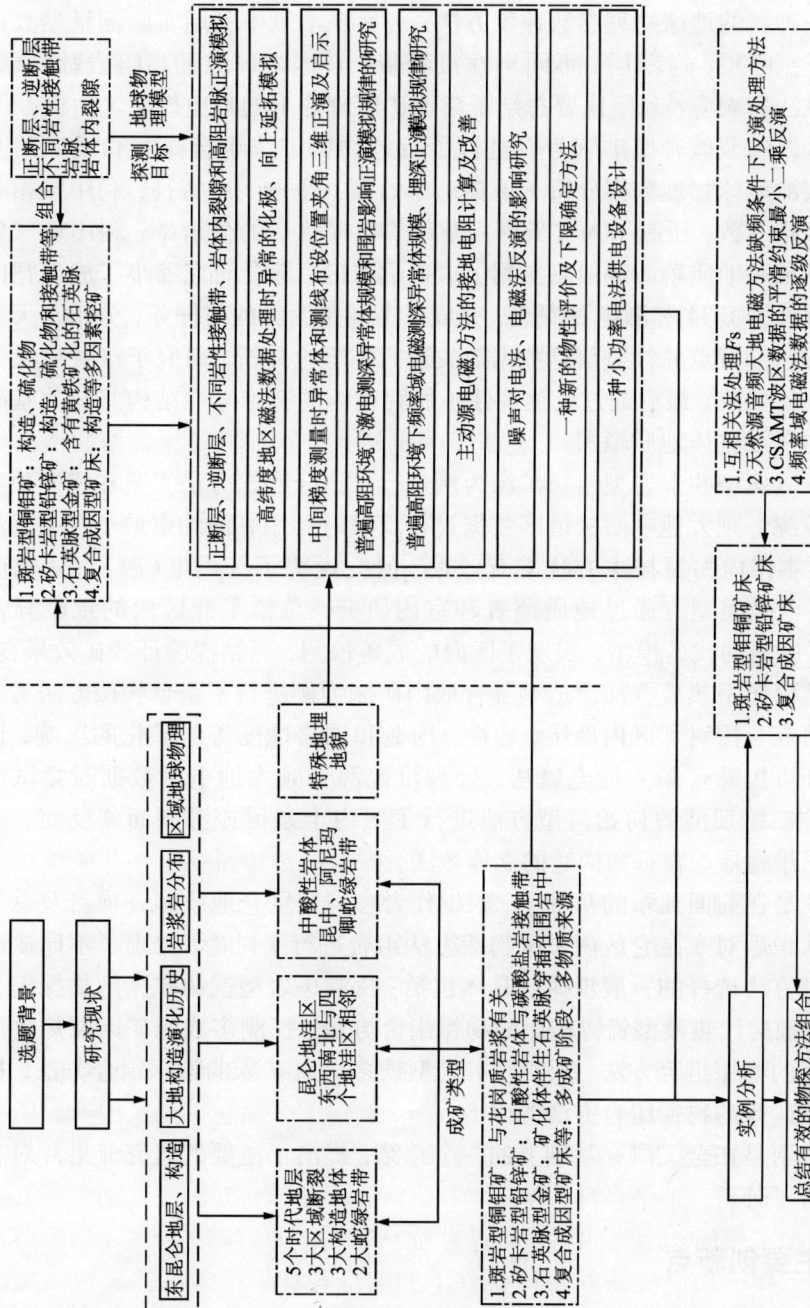

图1-1 本书结构和创新点示意图

（流程图文字）

选题背景 → 研究现状

东昆仑地层、构造

区域地球物理 / 岩浆岩分布 / 大地构造演化历史

- 5个时代地层
- 3大区域断裂
- 3大构造地体
- 2大蛇绿岩带

昆仑造山区 东西南北与四个地区相邻

中酸性侵入岩体 昆仑、阿尼玛卿蛇绿岩带

特殊埋藏地貌

成矿类型：
1. 斑岩型铜钼矿：与花岗质岩浆有关
2. 矽卡岩型铅锌矿：岩体与碳酸盐岩接触带
3. 石英脉型金矿：矿化体伴生石英脉穿插在围岩中
4. 复合成因型矿床：多期成矿阶段、多物质来源

与花岗岩质岩浆有关；中酸性岩体与碳酸盐岩接触带；矿化体伴生石英脉穿插在围岩中、多物质来源

1. 斑岩型铜钼矿：构造、硫化物
2. 矽卡岩型铅锌矿：构造、硫化物和接触带等
3. 石英脉型金矿：含有黄铁矿化的石英脉
4. 复合成因型矿床：构造多因素控制

正断层、逆断层 / 岩性接触带

组合 正断层、逆断层、岩性接触带等

探测目标 岩体内裂隙 / 地球物理模型

- 正断层、逆断层、不同岩性接触带、岩体内裂隙和高阻岩脉正演模拟
- 高纬度地区磁法数据处理时异常的化极、向上延拓模拟
- 中间梯度测量时异常体和测线布设位置夹角三维正演及启示
- 普遍高阻环境下激电测深异常体规模和围岩模拟正演影响岩体规律的研究
- 普遍高阻环境下频率域电磁测深异常体规模、埋深正演影响规律研究
- 主动源电（磁）法的接地电阻计算及改善
- 噪声对电法、电磁法反演的影响研究
- 一种新的物性评价方法及下限确定方法
- 一种小功率电法供电设备设计

1. 互相关法处理Fs
2. 天然源音频大地电磁方法缺频条件下反演处理方法
3. CSAMT波区数据的平滑约束最小二乘反演
4. 频率域电磁数据的逐级反演

1. 斑岩型铜钼矿床
2. 矽卡岩型铅锌矿床
3. 复合成因型矿床

实例分析 → 总结有效的物探方法组合

新的供电电源装置；针对野外实测数据往往含有噪声的情况，作者用数值模拟计算了噪声对电法、电磁方法结果的影响，并探讨了布极方式对频率域电磁法卡尼

亚视电阻率的影响;面对目前没有统一的激发极化参数衡量异常下限的问题,作者提出了一种新的地球物理参数评价方法;最后在本章中利用实际测量参数正演模拟计算了正断层、逆断层、不同岩性接触带、岩体内裂隙和高阻岩脉的电法、频率域电磁法的响应特征,简要总结了典型矿床理论上的响应规律。

第4章以典型斑岩型矿床为例进行了有效物探方法组合探测和成矿预测研究。针对实测地球物理数据分析了该类矿床的面上激电响应特征,利用互相关法处理激发极化参数,压制了人文噪声,提高了物探信息的分辨率;利用地球化学面上测量结果和地质填图等信息预测了成矿远景区;综合研究缩小了成矿靶区并针对性地设计了 EH4 和激电测深点,完成了不同探测目的与任务;分析了天然源频率域电磁信号特点并针对信息数据缺失进行了理论分析,研究了这种情况下对正则化反演的影响;最后通过反演构建了研究区内的三维电性结构并在此基础上进行了区内三维立体地质填图。

第5章以典型矽卡岩型铅锌矿床为例进行了组合物探方法实验和成矿预测研究。对可控源音频大地电磁法远区数据过行反演时利用平滑约束最小二乘反演方法,分析了本区内物探技术方法的有效性,研究说明了区内电(磁)方法响应特点,构建了电磁模型。通过地质调查和室内研究,总结了此区内的致矿异常标志,建立了区内的找矿模型,实现了区内的成矿预测,经钻探验证找矿效果良好。

第6章以典型热液叠加改造型复合成因矿床为例进行了组合物探方法实验和成矿预测研究。探讨了区内地层、岩性、构造和围岩蚀变等对矿化的影响,设计了激电法和可控源音频大地电磁法,处理可控源音频大地电磁数据时尝试运用 Bostick 建立二维反演的初始模型方法进行了区内十条可控源剖面的反演。实现了研究区三维地层、岩石和构造的立体填图。

第7章是在前面几章的基础上,根据作者参与东昆仑地质调查项目及总结前人研究的认识后对东昆仑区内矿床物探方法组合进行了讨论,得出了不同矿床类型地球物理方法选择的一般规律。具体包括:探测斑岩型铜钼矿床的物探组合方法、探测接触交代热液型铅锌矿床的物探组合方法、探测多成因矿床及热水沉积改造型矿床的物探组合方法、探测矽卡岩型铁多金属矿床的物探组合方法、探测石英脉型金矿床的物探组合方法等。

第8章则是在全文研究基础上的一个总结,提出了主要的研究成果并对存在的问题进行了分析。

1.2.2　主要创新点

以青藏高原东昆仑成矿带典型斑岩型钼铜矿床、接触交代型铅锌矿床及热液叠加改造型复合成因矿床的典型地质、地电特征、响应规律为主要依据,展开在相应的特殊条件下(高纬度、高寒、高风化地区)矿山地球物理勘查技术的理论和应用研究，从而探索出适合特殊条件下（高纬度、高寒、高风化地区）有色金属矿山的常用物探方法相关技术。主要创新点如下：

（1）通过对几种不同探测目标（如岩性接触带、断裂带、岩脉等）的正演模拟，得到了频率域电磁测深方法对岩内裂隙、高阻岩脉分辨能力效果不明显，而激发极化响应得到的参数对矿化体都有一定的指示作用的结论。在此基础上结合东昆仑成矿带的不同矿床类型提出了目前有效的物探方法技术组合，如斑岩型铜钼矿床利用激电法和频率域电磁测深即可达到勘察目的，石英脉型金矿床利用激发极化法最为有效，矽卡岩型矿床电（磁）方法都有效，复合成因矿床要根据探测目标体的地球物理特性来选择合适的物探方法。

（2）根据东昆仑地层电阻率特征，利用有限单元法设计地电模型模拟了中间梯度条件下的三维激电法正演响应，得出了当供电极 AB 相对 MN 方位大于 60°时才可能较好地反映地质异常体的面上响应特征。利用 G 型模型模拟了在层状介质条件下 CSAMT 相对 MT 在 1～10000 Hz 范围内的响应特征，计算表明满足波区测量条件下的最小收发距为 11 km。

（3）针对斑岩型钼铜矿床的实测 F_s 值普遍较小的特点，利用互相关处理方法对 F_s 进行处理，结果表明此方法具有减少随机干扰、突出激发极化信息的作用；发现了东昆仑成矿带内的 EH4 部分测点存在缺频的现象，通过数值计算，讨论了在正则化反演当中缺失数据信息对大地电磁结果的影响，得出利用正则化最平滑模型进行反演效果较好的结论；并对此区内的数据进行了最平滑 TE&TM 双模 Occam 反演。在处理复合成因型矿床实测的 CSAMT 的远区数据时，利用一维 Bostick 反演结果作为构造初始反演模型然后进行二维 Occam 反演的方法，取得了良好的探测效果。

1.3　本章小结

（1）根据时代背景，总结了东昆仑成矿带地质、地球物理技术的研究程度。

（2）提出了本书研究的必要性、目前研究进展和高寒高海拔区地球物理技术面临的关键技术问题。

（3）阐述了本书的组织结构，提出了本书的主要创新点。

第2章　青藏高原东昆仑成矿带地质概况

　　青藏高原东昆仑成矿带在行政位置上属于青海省海西蒙古族藏族自治州，包括格尔木市、都兰县、玛多县等区域，西起青海省与新疆维吾尔自治区边界，东与鄂拉山脉相接，北邻柴达木盆地，南止于巴颜喀拉，东西长约 700 km，南北宽近 150 km，总面积105000 km²[2]。该区人口仅聚集在重要乡镇，其他大部分地区广袤无垠，雪山连绵；气候上属于干旱、半干旱气候，昼夜温差悬殊，夏天晚间温度在阴天时可达 0℃ 以下；交通目前仅有青藏公路连接县级行政机构，茶卡至格尔木高速公路目前正在修建，从县级行政机构到研究矿区往往需跋山涉水，耗时较长，总之，该区是一个经济比较落后、亟待开发的高原少数民族聚集区。在县级行政机构外的广袤区域雪山连绵，夏天牧草长势较好，为藏族和蒙古族牧民的天然牧场。县级行政机构所处乡镇居民主要民族为汉族和回族，多为历史原因迁居于此。区内河流众多，有格尔木河、察汗乌苏河、青根河、诺木洪河等，沿 109 国道等地交通较发达，海拔相对较低，水分相对充足。东昆仑成矿带平均海拔在 4000 m 以上，由于成矿带内三大断裂切割较深，加之后期造山运动剧烈，部分地表风化较为严重，造就了典型特殊的地理景观。东昆仑区内的气候变化无常，基本上没有春季和秋季之分，每年 8 月，白天的温度最高可达 20℃，但夜间经常下雪，属于寒冷－半干旱的气候。仅每年 5 月至 9 月适合野外工作。岩石在海拔较高处裸露较为严重，碎石滩随处可见。

　　青藏高原东昆仑成矿带地处塔里木盆地、柴达木盆地、扬子板块和印度板块的接触部位，由于特殊的地壳运动和地质结构决定了此成矿带是一个正在发展变化、较为年轻和具有多旋回复杂演化历史的造山带[15-16]，某种程度上形成了多个成因类型或者叠加类型的矿床。最近十几年来，中国地质调查局和中华人民共和国科学技术部、中华人民共和国国土资源部以及各种工矿企业在此成矿带上做了很多工作，取得了很多地质成果，先后发现了一大批成矿远景区和矿床。远景区包括具有大型、超大型金矿资源潜力的金异常区[7,18-19]，以及一些重要的钴矿产和钴、金、锡多金属成矿潜力区[27,55]，发现并正在开采的矿床有斑岩型矿床（乌兰乌珠尔铜矿、托克妥铜铁多金属矿、多龙恰柔钼铜多金属矿等）、接触交代型矿床（肯德可克铁多金属矿等）、石英脉型金矿（开荒北金矿、沟里金矿等）、热水（喷流）沉积型矿床（督冷沟铜钴矿、驼路沟钴金矿）、变质型矿床（诺木洪石墨矿）。目前在东昆仑的研究表明：铜、铅、锌、金、钴等多种金属矿产资源潜力巨大[45,47-48,52-54,57-64]，随着找矿和开发进度加快，东昆仑成矿带有望成为青海省乃至国家的新的重要矿产资源的战略基地。

2.1　东昆仑成矿带大地构造分区及演化

据地洼学说理论,东昆仑构造分区属昆仑地洼区中东段(图2-1)。本区在新元古代之前为前地槽阶段,区内中部出现地背斜隆起带,从寒武纪开始本区进入地槽阶段,南北两侧发生了地槽拗陷,地槽构造层由寒武系至三叠系的各地层组成[67]。

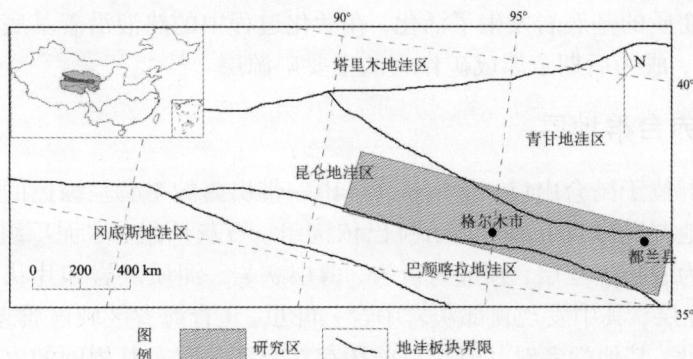

图2-1　青藏高原东昆仑构造分区略图

[阴影区为工作区;据陈国达,1996修编]

昆仑地洼区构造层以金水口群为代表,为一套深变质岩,岩性由白云质大理岩、各种变粒岩、片麻岩、混合岩等组成。寒武纪至泥盆纪期间以滩涧山群为代表,火山喷发频繁,形成一套陆源碎屑 – 火山岩建造。加里东期,侵入岩活动强烈,在本区产生了以花岗岩为主的岩浆建造。石炭纪进入地槽余动期,构造层主要为浅变质的灰岩、砾石、砂泥质岩等,局部可见陆源碳酸盐建造,以石炭系石拐子组、下二叠统大柴沟组地层为代表。海西期侵入岩遍及全区,以花岗岩建造最为发育。三叠纪末,地槽完全封闭,形成一系列线状紧闭型褶皱。经历短暂的地台阶段后,自中、晚侏罗世进入地洼期,及至喜山期均存在强烈活动,目前仍为活动的高峰时期,属地洼激烈期[67],成矿空间巨大。

2.2　东昆仑成矿带区域地层

目前发现的青藏高原东昆仑成矿带地层出露面积较大,近代地质活动仍非常活跃,表现为地质年代跨越较大,但地层时代相对简单,每种地层在不同区域有一定的差异性特点。通过地质调查表明东昆仑成矿带地层主要有:古元古界、早古生界寒武–奥陶系、晚古生界石炭–二叠系和中生界的三叠系及新生界第四系等[45,47-48,54,57,63-64]。下面就东昆仑成矿带地表出露的常见的前寒系地层、纳赤台群地层、金水口群地层、万宝沟群和滩涧山群地层分别进行简述。

2.2.1 前寒武系地层

在古元古代,以东昆仑中部的构造混合岩为界,从地表出露地层的岩石结构和组分来看,南部与北部构造混合岩的差异较大,北部的金水口岩群和南部的苦海岩群被认为都是前寒武系的基底,但目前认为早古生代的构造运动中的热事件使金水口群变质的基底岩发生了活化,在活化过程中的热液沿着基底顶部岩层运移过滤[65,66],成为后期金属成矿作用的主要矿源层[3,19,21,53]。

2.2.2 纳赤台群地层

纳赤台群位于昆仑山口,是布尔汗达山一带出露的一套呈绿色的变质的碳酸盐岩地层。地层顺序自下而上为哈拉巴依沟组、石灰厂组、水泥厂组,其中哈拉巴依沟组多为砂板岩互层,顶部为板岩、薄层灰岩、泥质灰岩和片状角砾状大理岩、碳酸盐互层,其中发现顶部灰岩中含三叶虫。《青海省区域地质志》查明其时代为晚奥陶世,其他学者对其时代目前还存在百家争鸣。其周围的火山岩形成的岩浆弧对地层的后期改造较为强烈[69-70]。

2.2.3 金水口群地层

由变质岩和沉积岩的混杂并经过深熔活动的改造形成的金水口群[71],其岩性由片麻岩、混合岩、变粒岩和斜长角闪岩等组成[65-66],金水口群主要分布在柴达木盆地南缘和昆中断裂附近,其基底为下伏的白沙河群,两者之间的接触带同时也是断裂带,其上覆地层为狼牙山组,接触构造类型为平行不整合接触,这也是一个理想的容矿构造类型;狼牙山组主要由石英岩、大理岩、碳酸盐岩、片麻岩和变粒岩组成,是矽卡岩型矿床产生的理想地层。

2.2.4 万宝沟群地层

纳赤台群地层是万宝沟群地层的母体,生成年代复杂,研究程度低,以致目前许多问题还未定性。在此地层中碎屑岩组、火山岩组、碳酸盐岩组由浅到深分布,形成于中、新元古代[72]。通过对万宝沟地区玄武岩进行定年研究,证实该套岩性由岩浆岩和碳酸盐岩组成[73],岩浆岩中的玄武岩主要呈典型的洋岛玄武岩特征,推断它是青藏高原在地壳运动上升前洋盆闭合和陆块碰撞时形成的[65,74]。呈基性的岩浆岩和碳质板岩为东昆仑成矿带重要的有色金属(铜、钴、镍等)和贵金属(金、银)的矿源层[22]。

2.2.5　奥陶系滩涧山群地层

奥陶系滩涧山群是在东昆仑成矿带内常见的地层,主要分布在祁漫塔格西部(青海省和新疆维吾尔自治区接壤部位)和东昆仑成矿带东部(都兰县东部区域),它由岩浆岩、碳酸盐岩和碎屑岩组成。区内存在大量的次级断裂,这种断裂往往与成矿有关,且多分布在滩涧山群不同岩性接触带,东昆仑成矿带的褶皱现象也多出现在此区内。中酸性岩浆岩多为岩脉或者岩体且规模较大。东昆仑成矿带内的岩浆岩变质程度不高,热液蚀变特征明显[75]。目前认为滩涧山群是东昆仑成矿带内 Pb、Zn、Cu、Au、Co 等矿化元素的矿源层,推测其为热水沉积型或者复合成因型 Cu、Co、Pb、Zn 矿床的理想赋矿地层。

2.3　东昆仑成矿带区域构造

对东昆仑成矿带的区域构造的认识观点主要有两种,一种是以姜春发等[2]为代表的依据传统的构造理论来进行研究的,这种认识是把东昆仑成矿带自南向北划分为三个大的深大断裂带,分别为昆南大断裂、昆中大断裂和昆北大断裂,其中与昆南和昆中大断裂有关的矿床略多于昆北大断裂,昆北大断裂在都兰县的巴隆到格尔木市的清水泉区段是根据地球物理资料进行推断的隐伏断裂;据图 2 - 2,昆中大断裂的北部花岗岩类岩浆岩分布密集,而在断裂南部基本缺失。这种认识对研究有色金属矿山的热液通道具有重要意义,也是地球物理技术方法探测的主要依据之一。另一种是以许志琴等[76]和李廷栋[77]为代表的,依据东昆仑成矿带目前发现的昆中蛇绿岩带和阿尼玛卿蛇绿岩带进行划分的,将其划分出昆中地体、昆南地体和巴颜喀拉地体三大构造单元,蛇绿岩带为地体的分界,这种分法对研究东昆仑成矿带内的造山运动、变形作用及矿物质深部来源具有重要意义。

因为本书着重研究目前开采矿山(地表下 1000 m 以内)的地层、构造和异常分布等情况,所以本书即依据以姜春发等[2]为代表的第一种构造分类法进行东昆仑成矿带的构造分析,如图 2 - 2 所示。

2.3.1　东昆仑昆北断裂带

据图 2 - 2,昆北断裂带是最为复杂的一条构造带,其始端与昆中断裂的西北向次级断裂交汇,其中部则在都兰县巴隆乡妥可托铜多金属矿床西北部,为隐伏断裂,往西一直呈隐伏状态延至格尔木市区,作者沿线调查时发现此段皆被第四系覆盖,在格尔木市昆北大断裂分叉,一个方向继续以平缓的走向向布伦台区域

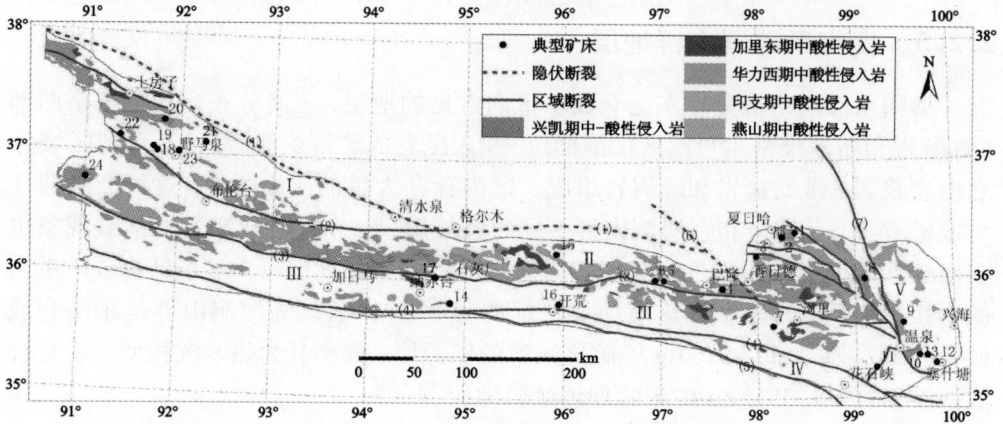

图 2-2 东昆仑成矿带构造分区及中酸性岩浆岩分布图(据青海地调院资料改编)[36]

移动,另一支继续沿西北方向呈隐伏断裂朝祁漫塔格方向移动,这两个次级断裂间的矿床有野马泉铁矿、肯德可克多金属矿等,目前发现的矿床主要为矽卡岩型铁矿床。昆北大断裂特别是其北部沿线由第四系沉积物覆盖,昆北大断裂南部的浅海相喷发沉积物,为裂陷晚期的沉积产物[69],以岩浆岩类为主,主要岩性有凝灰岩、砾岩、英安岩、流纹岩、板岩等。目前区内发现的地层有白沙河群岩层、奥陶系滩涧山群岩层、泥盆系牦牛山组、石炭系缔敖苏组和大干沟组、三叠系鄂拉山组等。区内的中酸性侵入岩也存在于华力西期、晚华力西期—印支期这两期地壳的俯冲、碰撞作用使其在祁漫塔格地区(东昆仑成矿带的西北部及外围:青海省和新疆维吾尔自治区)形成钙碱性及偏碱性火成岩系列,常见的有花岗闪长岩、二长花岗岩、斜长花岗岩、石英斑岩等侵入岩[78-80]。

2.3.2 东昆仑昆中断裂带

据图 2-2,东昆仑昆中断裂带夹持于东昆仑昆北断裂带和东昆仑昆南断裂带之间,从东向西延伸,其长度相比其他两个构造带都长,其东部始端以兴海县和赛什塘多金矿的东南部为界,一直向西北延伸至温泉乡,在温泉乡的北部断裂构造变得很复杂,分叉为较多的次级断裂,目前发现的有 6 条,这些断裂大部分朝都兰县方向延伸,在香日德和夏日哈等地终止;此部位各类各个时期的花岗岩分布广泛,是形成斑岩型矿床的优良赋存部位。东昆仑昆中断裂带主要部位沿着沟里金矿矿田继续以基本平行昆北断裂带的走向延伸到纳赤台石灰厂,然后继续往西偏北方向延伸到东昆仑成矿带西部边界。东昆仑成矿带中的古元古代白沙河岩群和中元古代小庙岩群为东昆仑昆中断裂带的基底岩系,在早古生代早期的地质运动中这两个地层发生了活化,在地表形成了一套以角闪岩相为主,局部呈麻粒岩相的中高级变质岩地层[66]。目前认为在晚古生代,现今的昆中断裂即为古特提斯洋和陆缘活动带的分界线,沿昆中断裂带还发现有泥盆系海陆交互相的中基性－中酸性火山岩夹碎屑岩和石炭系滨海相碳酸盐岩夹砂岩和砾岩[20]。蛇绿岩带研究结果指示东昆仑成矿带的昆中断裂带在印支期—燕山期活动强烈,随着造山运动的进行东昆仑中东部区域不断隆升,在地层中伴随着大量的印支期中－酸性岩浆岩的侵入,促使了造山型金矿床的形成(以沟里金矿为代表)。

2.3.3　东昆仑昆南断裂带

据图 2－2,东昆仑昆南断裂带位于东昆仑成矿带的最南部,为成矿带的南部边界,从东向西有两个分叉断裂在东昆仑成矿带的南部边界中段交汇,交汇部位是良好的容矿空间,其北部的花岗岩数量相对减少,研究表明原因是古板块在地质运动中向东昆仑成矿带北部俯冲,在此过程中形成了一系列的向北部倾斜的高寒山区[75-76]。东昆仑昆南断裂下盘为中元古界万宝沟群、奥陶—志留系纳赤台群浅变质碎屑岩、火山岩和碳酸盐岩,上盘由志留—泥盆系牦牛山组磨拉石建造、上石炭统碎屑岩、下三叠统洪水川组和中三叠统碎屑岩组成。地层严格受东昆仑昆南断裂控制。东昆仑昆南断裂带下盘的纳赤台群和万宝沟群是加里东期喷气－沉积型铜、钴、铅、锌矿赋存的有利地层。

2.4　东昆仑成矿带区域岩浆岩

从区域地质调查结果可以看出,东昆仑成矿带的中酸性岩浆活动频繁,岩浆岩面积占了整个成矿带的一半左右,岩浆岩的成岩时代由古到新都不同程度存在,既存在由地球深部地幔演化而成的老的镁铁－超镁铁质岩和岩浆分异产生的火山岩,也不同程度地发育在造山运动旋回过程中产生的火山岩。这些岩浆岩性质大部分为中酸性。伴随着这些岩浆活动,在青藏高原远古时期的洋中脊扩张和洋盆演化过程中地球深部的超镁铁质岩、基性侵入混合岩和基性熔岩等与海相沉积物构成的岩带成为了东昆仑成矿带的两大标志性蛇绿岩带,反映了这个成矿带内的地质构造的演化。下文将针对中酸性岩体和昆中蛇绿岩带、阿尼玛卿蛇绿岩带进行简述。

2.4.1　中酸性岩体

岩浆岩中各个时期的花岗岩是东昆仑成矿带内的侵入岩的主体,花岗岩类在区内广大区域,尤其在昆北构造带和昆中构造带之间分布密集,昆南断裂和昆中断裂所夹持的花岗岩较少。通过东昆仑区域地质调查研究结果显示,印支期、华力西期的中酸性花岗岩在东昆仑成矿带分布最为广泛,燕山期和加里东期的花岗岩在不同地段呈零星分布。昆北断裂以土房子为界的西北段以华力西期、印支期、加里东期中酸性花岗岩分布为主,东部广大区域内,花岗岩露头较少。昆中断裂带的北部分布有大面积的华力西期、印支期的花岗岩,岩性以二长花岗岩、花岗岩等为主。部分地区出现黑云母花岗岩、白岗岩的组合,侵入于万宝沟岩体中,总体体现了造山期的岩浆活动特征[81]。

在东昆仑昆南断裂带,除在加日马附近和昆南断裂的东部存在华力西期和加里东期的花岗岩外,大部分地区中酸性花岗岩分布很少。据调查此区内的花岗岩主要为黑云二长花岗岩、钾长花岗岩、花岗岩、石英闪长岩等,呈条带状分布[81-82]。

2.4.2 蛇绿岩带

许志琴等[76]和李廷栋[77]认为,东昆仑成矿带内存在昆中蛇绿岩带和阿尼玛卿蛇绿岩带[65,76,83]。

1. 昆中蛇绿岩带

地理位置上,昆中断裂带和昆中蛇绿岩带呈平行紧邻分布,蛇绿岩出露地点也较多,沿温泉沟、沟里黑山、清水泉直至诺木洪河上游都有分布。王国灿等[65]在沟里一带进行昆中蛇绿岩带调查中,认为昆中蛇绿岩带是不同时期的产物,形成时期较长,反映历史上构造活动较为活跃。东昆仑成矿带具有多旋回演化、多岛洋环境及多期变形的复合特点[65],反映其具有深部成因。不同科研人员研究表明:昆中蛇绿岩带中保存了原特提斯洋洋盆演化的记录[75-76],这是东昆仑成矿带历史发展研究的重要依据,对东昆仑成矿带的发展演化推断具有重要的意义。

2. 阿尼玛卿蛇绿岩带

地理位置上,阿尼玛卿蛇绿岩带基本上沿着昆南构造带延伸,长达一千多米,区域上包含了大量的二叠-三叠系蛇绿岩[2],在黑剌沟和布青山分布的即为此年龄段的蛇绿岩带。最近研究表明[84]布青山地区的蛇绿岩带可能分为两期,分别是早寒武纪和早石炭纪的产物,证实了布青山—阿尼玛卿构蛇绿岩带是古洋盆两次扩张中的岩浆活动产物,经过上亿年的地质运动后在地表出露。

2.5 东昆仑成矿带区域矿产

1999年陈毓川院士等通过对全国矿产资源的研究,将全国矿产区带划分为19个二级成矿带,73个三级成矿带[85]。按照这种分法,东昆仑成矿带属于秦岭—祁连山—昆仑山二级成矿带,昆仑山—柴达木盆地三级成矿带。东昆仑成矿带的矿产资源基本上包含了昆仑山—柴达木盆地的三级成矿带的大部分。此成矿带是目前很有研究前景的成矿带,发现有许多铁、铜、铅、锌、钨、锡、钴、金、银等金属矿点(矿山)。

2.6　东昆仑成矿带区域地球物理特征

地质运动会在岩、矿石中留下不可磨灭的地质及地球物理信息,包括岩、矿石的电阻率、密度、含水量、压电性、震电性、磁性等。但经过长期的演化发展,地表岩、矿石往往被风化侵蚀,部分信息被湮没,值得庆幸的是通过区域地球物理技术调查方法可对重力场、航磁场等进行测量,经过反演处理可以测定其深部的岩体接触带、延伸范围等信息。所以通过对区域重力场和磁场的测量,利用目前的地质认识可以通过类比等手段进行矿床研究。

2.6.1　东昆仑成矿带重力场特征

高精度重力仪测量结果经过纬度、高度、中间层和地形改正后,再减去正常重力场值即为布格重力异常。重力场对断裂带和褶皱区域反映较为明显,在等值线上呈现密集梯度带特征,而褶皱带和断裂带附近地段是成矿最为理想的部位。重力场值往往和岩石的密度有一定的关系,在火成岩较多的地带往往伴随含矿热液的充填,重力值常呈低值特征。

据图 2 - 3,东昆仑成矿带的布格重力异常值大部分为 - 500 ~ - 400 mGal,且多呈段带状,特别是昆北和昆中大断裂中间隆起的高山,具有地势越高布格重力异常越低的特征,属于明显的地洼区域。东昆仑成矿带的梯度密集地段为昆中大断裂的位置,间接说明昆中断裂带的成矿前景较好[86]。昆北隐伏构造带几乎也是布格重力场的梯度带位置,值得注意的是,由于昆北断裂带和昆中断裂带的东部次级断裂交汇部位断层较多,梯度带形态复杂,但在边缘的次级断裂中仍然有梯度带降低的特点,说明此区内也是成矿活动较为活跃的部位。而在昆南大断裂的部位,重力场变化速度没有那么迅速,推断成矿可能性较低。从1991 年青海物探队布格重力场成果与发现的矿床、调查的矿点之间的关系来看,目前发现的矿点其布格重力异常为 - 475 ~ - 415 mGal,突出地印证了前文说明的矿床都在构造复杂的重力异常梯度带上或者沿东西向和北西向展布的断裂和褶皱带内[87]。应在这些已知矿床的周边结合重力资料更加详细地进行矿床调查研究。

2.6.2　东昆仑成矿带航磁场特征

来自地球内部和外部的磁场对岩、矿石的长时间的作用,使得岩、矿石都具有了一定的磁性,但是地壳中的磁性大小是受铁磁体等物质控制,长时间的作

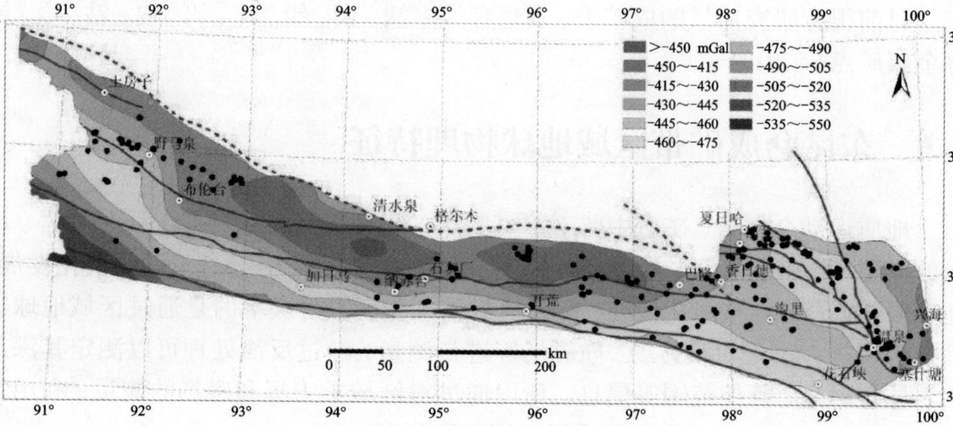

图 2 - 3　矿点构造断裂与布格重力场叠加[87]
(据青海物探队 1991 年 1:100 万布格重力异常图修编)

用,使一个地区或者地体内,不同岩、矿石表现出一定的磁性差异,可以利用磁测对隐伏磁性体进行深部延伸状态预测,对典型的磁铁矿或者含有磁性较强的矿床直接圈定异常靶区,因此磁测是一种有效的探测手段。实测的磁测结果经过日变、高程、化极等改正后,即得相对的磁异常值。在东昆仑成矿带,90% 以上的区域都位于磁异常正值之上,在昆北大断裂的西北部(即格尔木往西北方向)具有带状的高磁异常,这一带目前发现有众多的矽卡岩型铁矿床,但是大部分高磁异常区还未发现矿床,这一现象值得深入研究;还有在清水泉地区也存在一个带状的呈东西向的磁异常,连续性较好,需进一步深入研究。石灰厂、纳赤台、加日马一带存在呈东西向的较为连续的高磁异常带,昆南大断裂的开荒东部也存在一个高磁异常区,这些区域都是铁矿床可能存在的部位。东昆仑成矿带中东部,除香日德地区存在呈零星分布的高磁异常外,其他地方磁异常都相对偏低,但开荒附近的高磁异常与成矿带的东部地区的高磁异常往往呈对称分布,可能为岩体的接触带或者次级构造引起,根据对称的特点,我们可以划分出岩性接触带或者推测断裂的倾向,通过化极也可判断它们的深部变化规律。如图 2 - 4 所示,沿东昆仑昆南大断裂和昆中大断裂出现串珠状线性磁异常,呈弧形分段向南凸出,沿断裂带为条带状磁性较强的正磁异常,两侧为较平缓的带状负异常[41-43]。

根据航磁异常特征和矿床(点)的空间对应关系分析,目前 90% 以上的矿床(东昆仑成矿带西北部的矽卡岩铁矿成矿带除外)均在低磁异常内,在高阻区内和深大断裂附近往往不存在矿体,由此可见此区域内的矿产资源都是在区内大断裂的作用下在次级构造或者裂隙等容矿空间中成矿的。

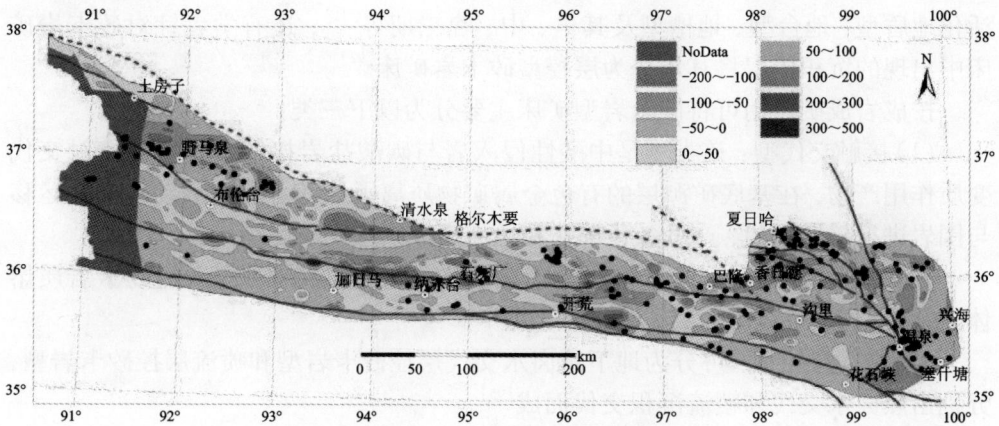

图 2-4 东昆仑矿点构造和航磁场叠加图

（据青海省物探队 1979 年 1:50 万航磁图修编）[41]

2.7 东昆仑成矿带成矿模式类别

上述东昆仑地层、岩石、构造等成矿条件和区域地球物理等成矿信息表明，东昆仑区内矿产资源丰富，存在与蛇绿岩带相关的金矿、与矽卡岩相关的铁矿、铅锌矿、与斑岩相关的斑岩型铜钼矿、与热水（喷流）沉积相关的铜钴（金）矿，还有丰富的矿源层和各种容矿空间，为多种金属矿成矿提供了得天独厚的物理化学条件。本节针对性地对几种典型的矿床类型进行简述。

2.7.1 矽卡岩型矿床

矽卡岩（skarn）一词出现历史悠久，来源于瑞典语，经过几代人的研究把中酸性岩体与碳酸盐岩接触带形成的一类矿床都称之为矽卡岩矿床[88]。东昆仑成矿带在纳赤台群地层、金水口群地层、万宝沟群地层和滩涧山群地层中都存在碳酸盐类岩石，而成矿带内的多种花岗岩广泛分布，正是矽卡岩型矿床形成的基础，目前发现的有野马泉矽卡岩型铁矿和加羊矽卡岩型铅锌多金属矿等。矽卡岩矿床的研究不仅因其具有一套特殊的硅酸盐矿物组合而受到关注，还因其提供了从岩浆、高温气液到中低温热液交代 - 充填作用的许多成矿信息以及在各种地质环境中的复杂的成岩成矿作用机理[89]。

国内外学者对矽卡岩矿床分类提出了很多方案[90]，从大地构造环境分类：最典型的有以黄华盛为代表的大陆边缘造山带型、大洋 - 岛弧环境型（东昆仑成矿带矽卡岩型铁矿床的主要类型）和造山期后大陆环境型（东昆仑成矿带矽卡岩型铅锌矿床的主要类型)[88];从板块构造与地槽学说结合角度分为:古老地盾型、活化地盾型、地台型、地槽型及其早、中、晚三期等[91];还有学者针对矽卡岩矿床中出现的沉积矿层将其划分为层控型矽卡岩矿床[92]。

按成岩成矿作用可将矽卡岩型矿床主要分为以下三类:

(1)接触交代型:该类型是中酸性侵入岩与碳酸盐岩接触带形成的接触交代变质作用产物,在基底矿源层的有色金属矿物质离子伴随着岩浆活动和热液运移与围岩进行接触交代,产生各种矿化及蚀变现象[93];

(2)岩浆型:在岩型热液作用下由含矿的钙硅酸盐熔体(或者钙矽卡岩质熔体)进入围岩经过凝固而成[94];

(3)交代层控型:可分为地下热卤水交代层控矽卡岩型和喷流层控矽卡岩型,分别由热卤水交代和喷流沉积交代而成[95]。

目前,随着测试手段的进步,流体包裹体、硫、铅、氢、氧同位素等研究方法的广泛应用,对了解矽卡岩成岩成矿物理化学环境、物质来源以及成矿过程起到非常重要的作用,这些方面已成为研究热点[96-98]。

2.7.2 斑岩型矿床

斑岩型矿床是矿床学中非常重要的矿床类型,也是国内外研究比较多的一种矿床类型,其中以斑岩型铜(金)矿、斑岩型钼铜矿为主。

Sillitoe[99]和 Uyeda[100]认为斑岩型铜矿成矿构造背景主要为聚合板块活动期的活动大陆边缘,与板块逆冲作用关系密切[101],矿源层的岩石基底构造交汇部位是斑岩铜矿化的有利空间[102-103]。在众多研究斑岩铜矿带特征及成矿地质条件的领域中以探讨成矿时代最为热门,主要测时方法有黑云母 Rb-Sr 测年[104]、Re-Os 测年[105]、锆石 U-Pb 测年[103]等。

此外,斑岩铜矿床的分类也是研究的热门领域之一,其主要代表有:芮宗瑶等[100]根据岩浆定位深度和矿化深度,对我国所有斑岩型铜矿进行了分析研究,认为可以分为深成斑岩矿床、火山斑岩矿床和浅成斑岩矿床(相对前两种较少)3类。聂凤军等[106]和黄崇轲等[104]认为斑岩型金属矿床应具备以下地质特征:

(1)金属矿化以浸染状或细网脉状为主;

(2)在时空上,矿化与浅成侵入岩具密切关系;

(3)含矿侵入岩以钙碱性或碱性岩浆岩为主;

(4)典型的含矿岩体组合为花岗岩、花岗闪长岩、闪长岩等;

(5)含矿侵入岩体及围岩一般受断裂控制;

(6)热液蚀变类型及规模变化大,蚀变具明显分带性;

(7)大多数斑岩型矿床以规模大和品位低为特征;

(8)主要的斑岩型矿床矿种有铜矿、钼矿、金矿、铜钼矿[103]。

　　一般认为斑岩型钼矿床在时空关系及成因上与花岗质岩浆有关，是由岩浆结晶过程中分异出的富金属热液形成的[107]。侵入体成分上从花岗闪长岩到富碱的花岗岩均有，钼主要以辉钼矿的形式赋存于侵入岩顶端的网状石英细脉中[108]。

　　国外学者对斑岩型钼矿进行了大量研究，从不同角度对其进行了概括性分类：Sillitoe[99] 将斑岩型钼矿床分为裂谷相关型和俯冲相关型；Mutschler 等[109] 根据成矿岩体的化学成分将斑岩钼矿床归纳为花岗岩型和花岗闪长岩型；Carten 等[110] 将其分为与富氟流纹岩浆相关的高品位裂谷型和与低氟钙碱性岩浆有关的低品位岩浆弧型两类。

　　国内也有许多学者对斑岩型钼矿床的地质特征及成矿年龄进行了研究[111-112]，对成矿物质来源以及成矿动力学背景进行了讨论[113-116]，主要结论归纳如下：斑岩型钼矿床的成矿母岩从花岗闪长岩到高硅富碱的花岗岩均有，多呈岩株产出[113]；钼以辉钼矿形式产出，主要呈网脉状及脉状赋存于规模各异的石英脉、角砾岩以及岩体中；蚀变具分带性，由内到外依次发育钾化、绢云母化、泥化等[114]；成矿流体来源以岩浆水为主，也有来源于与天水混合的岩浆水；还原环境、温度、氧逸度、pH 等制约钼的富集沉淀；成矿物质主要来源于以上地幔或中下地壳熔融而成的中酸性岩浆[116]。

2.7.3　热液叠加改造型复合成因矿床

　　多因复成矿床的概念是陈国达院士于 1982 年在苏联第比利斯第六届国际矿床成因会议上正式提出的[117]，他根据地洼学说的地壳递进演化规律，总结出地壳发展阶段过程中的不同成矿作用可叠加于同一成矿体系，产生比单一成矿作用形成的矿床更大和更富的矿石聚积[117]。多因复成矿床具有多成矿阶段、多物质来源、多成因类型、多控制因素和多产出形式的"五多特征"。详细来说，多因复成矿床因其经历多个成矿大地构造演化阶段，产生多种成矿作用，带来多种成矿物源，在多种控矿条件下，形成多种成因类型的矿床[117]。而且，由于先成与后继的成矿大地构造背景不同，各种成矿因素叠加在一起才使得所成的同一矿床中出现多成因类型、多控矿因素、多物质来源诸方面的多样性和复杂性[118]。而后许多地质工作者把多因复成理论运用于成矿规律研究及固体矿产勘查实践，取得了许多可观的成果。

2.7.4　石英脉型金矿床

　　石英脉型金矿床是我国金矿床中最重要的一种矿床类型。此类矿床往往以含矿石英脉为主，而石英脉穿插在围岩中。它的成矿位置往往受断裂构造控制，主要矿物成分为硫化铁(黄铁矿)[119]；石英脉型金矿床矿石中微量元素组合主要有 Ag、Cu、Pb、Zn、W、Mo、Sb、Bi、As。其围岩蚀变主要为硅化、绢英岩化、黄铁矿化、钾长石化、绢云母化、绿泥石化和碳酸盐化。在成因类型上既有岩浆热液型也有变质热液型,后者成矿物质主要来自围岩[119]。

2.8 本章小结

(1)阐述了青藏高原东昆仑成矿区的地理位置、大地构造分区,说明了此区域属于地洼区,地洼区边界受构造严格控制。

(2)介绍了区域存在的主要地层、构造、岩浆岩及矿点分布,说明了万宝沟群蛇绿岩带内存在贵金属(Au、Ag)、有色金属(Cu、Co、Ni等)的矿源层。滩涧山群为东昆仑成矿带 Pb、Zn、Cu、Au、Co 等成矿物质的矿源层,也是热水沉积型 Cu、Co、Pb、Zn 矿床理想的赋矿层位。

(3)总结了东昆仑成矿带区域地球物理特征,得出此区内的布格重力异常大部分为 -500 ~ -400 mGal,区内的矿床皆属于地洼型内生矿床,成矿的赋存空间往往在酸性侵入体中及其与围岩的接触带上,成矿主要受研究区内的次级断裂控制,岩浆岩发育(中细粒花岗岩、流纹岩等)且年代(燕山—印支期)较新为主要特征。

(4)东昆仑成矿带的西北部,昆北大断裂是一个呈东西走向的高磁异常带,是典型的矽卡岩型铁矿富集带。

(5)结合已有地质、矿床研究成果总结了主要矿床类型的一般概念和特征。

第 3 章　地球物理技术在东昆仑
特殊地貌条件下的应用基础研究

物探技术方法的正确使用是探矿成功的必要条件。目前用于东昆仑地区的研究区内的精细物探方法有高精度磁测、激电中梯扫面、激电测井、EH4、CSAMT、TEM 等方法[37-39,43-51]，由于东昆仑成矿带存在斑岩型矿床、矽卡岩型矿床等，且每种矿床中的矿石成分有所不同，加之研究区属于高纬度地区，地表第四系和风化岩石较多，这就决定了电（磁）方法的应用在每个地区有所侧重。在地球物理技术找矿研究工作当中，指导思想为循序渐进、逐步深入，相应的物探方法也被分为扫面类和测深类方法。

扫面类（面上类）小比例尺的重力、航磁测量往往用于区域地质调查，其网度一般为 1∶200000 到 1∶50000，但由于气候等工作环境的原因，东昆仑成矿带研究程度低，局部还属于空白区；大比例尺测量通常为 1∶10000 或者更精细的比例尺探测，1∶10000 网度为 100 m×40 m（或者 100 m×20 m）。在普查阶段，网度根据成矿构造和矿床类型进行布设。高精度磁测方法常用天然源，测量值是某个测点的具体反映，旁侧或者深部的磁异常体受周围影响较小，而电法及电磁方法由于供电布极及反演条件的限制，往往受到各种因素的影响。根据研究区探测的一般过程，本章将首先对东昆仑有色金属矿山的电（磁）技术进行应用基础研究。

目前测深方法主要有激电测深和电磁测深。激电测深的深度受极距、岩石电阻率和供电效果等影响，探测深度往往有限，电磁测深的深度是激电测深深度的数倍；电磁测深中又分为时间域瞬变电磁测深和频率域电磁测深，时间域电磁测深目前没有频率域电磁测深成熟，在我们研究中，由于初步试验后时间域瞬变电磁法效果较差，所以着重分析频率域电磁测深。频率域电磁测深在矿山勘查中目前常使用的是天然源的 MT、AMT 和人工源的 CSAMT 方法[43-51]。

3.1　面上类方法

3.1.1　高精度磁测

高精度磁测在实际测量中测量的数值都为磁场总值，通过相对基点数据的校正及高程计算得到研究区的相对场值，然后分析其特征，进而划定异常区域和进行地质解释。下面就分别针对相对场值测量的基本原理和意义、基点的布设及化极、滤波等数据处理方法进行分析。

1. ΔT 测量基本原理

20 世纪中期，帕卡德和瓦里安发明了第一代质子磁力仪，因质子磁力仪灵敏度高、准确性强、便于测量操作，因而得到了广泛的应用。目前常用的质子磁力仪通常在探头装有含氢的航空煤油。在野外测量中，当外界没有磁场作用时，磁力仪将无规则地任意指向，宏观看来没有磁矩；当外界存在磁场时，将会存在与外界磁场的磁力成正比关系的旋转扭力作用。理论上质子磁力仪所实测的地磁场场值 T 的大小和磁探头的旋进角速度 ω 成正比，其数学关系可以表示为[120]：

$$\omega = \gamma_p \cdot T \tag{3-1}$$

式中，γ_p 是质子的自旋磁矩与角动量之比，叫做质子磁旋比，经过计算及实验验证，它是一个常数，该值为[120]：

$$\gamma_p = (2.6751987 \pm 0.0000075) \times 10^8 \ \text{T}^{-1} \cdot \text{s}^{-1} \tag{3-2}$$

因为角速度 $\omega = 2\pi f$，可以容易得出[120]：

$$\{T\}_{nT} = \frac{2\pi}{\gamma_p} \cdot \{f\}_{Hz} \approx 23.4874 \{f\}_{Hz} \tag{3-3}$$

所以，当我们测定了质子磁力仪磁探头里面质子的旋进频率 f，即可得到地磁总场值 T。

在大比例尺小面积金属矿高精度磁测实际工作中，磁测数据的观测流程分别为：基点的建立、日变观测、测线磁场观测和按照规范标准进行一定数量的质量检查，成果图有剖面平面图和等值线图。

在实际高精度磁测中往往测量的是磁场总值，然后对原始数据进行高程改正、日变校正等，测得总磁场异常模量 ΔT，经过计算可以得到 ΔT 和 Z_a、H_{ax} 和 H_{ay} 的关系。

如图 3-1 所示，ΔT 是 T_a 在 T_0 上的分量，令 t_0 表示 T_0 的单位矢量，其方向余弦为 $\cos(x, t_0) = L_0$，$\cos(y, t_0) = M_0$，$\cos(z, t_0) = N_0$，且由 Z_a、H_{ax} 和 H_{ay} 为 T_a 在三个坐标抽上的分量，其关系为[120]：

$$\Delta T = H_{ax} L_0 + H_{ay} M_0 + Z_a N_0 \tag{3-4}$$

式中，H 为地磁场水平强度，Z 为地磁场垂直强度，均属于地磁要素的分量。

H_0，T_0 与 H_0 在 xOy 平面上的投影夹角为 β，测线方向 x 轴与 H_0 的夹角为 α，于是可以得到

$$\Delta T = H_{ax} \cos\beta\cos\alpha + H_{ay} \cos\beta\sin\alpha + Z_a \sin\beta \tag{3-5}$$

上式表明：知道 Z_a、H_{ax} 和 H_{ay} 的磁场表达式，就可以通过上式计算得到 ΔT。所有的磁法二度体、三度体的解析解的正演都是通过计算这三个值，进而通过上式计算得到 ΔT 的。

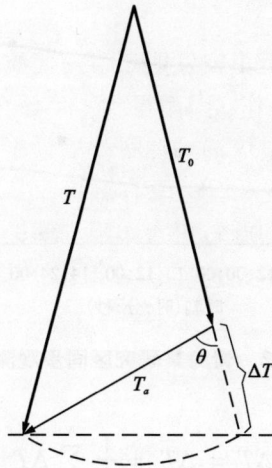

图 3 – 1　ΔT 与 T_a 关系图

2. 基点网的选择、日变改正及高程校正

因为地球磁场在任何时间段都是变化的，为了提高数据观测质量，消除地磁场周日变化和周期扰动影响，在研究区内工作时，必须进行日变观测，日变站布设在研究区内正常场内无干扰的稳定的地方。按照规范和计算，在半径 25 km 内设一个测站即可达到高精度磁测（即误差小于 1 nT）要求；在区域地质调查中，日变站控制范围必须在 50 km 之内。

由于在实际工作中，特别是大项目，周期长、基点多，这就需要把相邻几年的资料集中在一起按统一的方法进行换算处理，如何进行年度校正就是要面临的一个重要问题。这里我们着重讨论不同年度同一基点的校正原理和不同基点同年度测量校正的原理，这两种情况最为常见。

对于第一种情况，事实上，通过野外工作可以证明：在一定的测量区域内各个测点的磁场值是随年度统一变化的，也就是说变化幅度基本是一致的。这就意味着可以通过分别计算各年度的经过日变改正、高程校正等得到的 ΔT 再合并在一起进行处理即可。对于同一年度不同测点这种情况，作者团队特别在青海某研究区做了野外实验，得到的结果如图 3 – 2 所示。

通过图 3 – 2 可以看出，各个基站连续观测的数据具有相对固定的差值，如果选择无异常的基站附近的数据，以科学的方法进行差值计算，对每个基站固定差值相对整个基站进行计算就可对全区数据进行拼接处理了。通常，当均方误差不超过 ±1 nT 时，按照下式计算[121]：

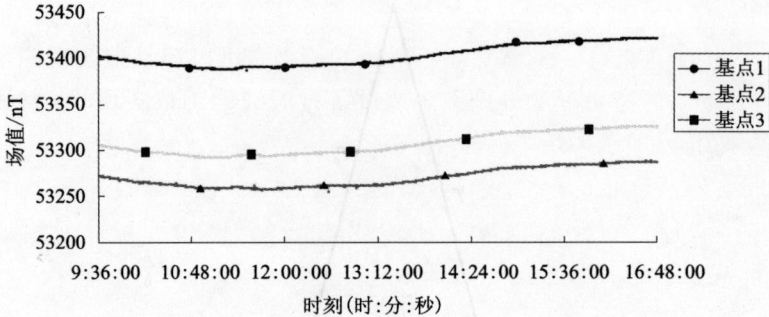

图 3 - 2　青海某研究区同步观测曲线

$$\Delta T = \Delta \overline{T} = \frac{1}{N} \sum_{i=1}^{N} \Delta T_i \qquad (3 - 6)$$

计算得到的两个基站的差值为基点改正值，其中基点联测的误差用均方误差表示如下[121]：

$$\delta = \sqrt{\frac{\sum_{i=1}^{N} (\Delta T_i - \Delta \overline{T})^2}{N - 1}} \qquad (3 - 7)$$

式中，ΔT 为实际测量的磁场值经过各种校正后的相对磁场值，δ 为所有基点联测的均方误差，ΔT_i 为第 i 时刻任意两个基点观测的实测磁场总场值的差，$\Delta \overline{T}$ 为所有观测差值的均值。

3. 磁异常转换与处理

对磁场场值的化极、延拓及求导等磁异常的转换与处理，其本质上都是各种滤波方法的实现。磁异常的转换可以分为空间域和频率域处理，空间域实现较为复杂，使用条件较高，往往不常用，目前在处理当中都以频率域磁异常转换为主。频率域处理的步骤是先用傅里叶变换对原始数据进行频谱分析，然后设置不同滤波器和不同参数进行换算，最后通过反傅里叶变换反算成磁异常。

在空间域，磁异常往往通过下面的褶积公式进行场位场值的换算[122]：

$$f_b(x, y, z) = \int_{-\infty}^{\infty} \int_{-\infty}^{\infty} f(\xi, \eta, 0) \varphi(x - \xi, y - \eta) \mathrm{d}\xi \mathrm{d}\eta = f_a(x, y, 0) \varphi(x, y)$$
$$(3 - 8)$$

式中，$f_a(x, y, 0)$ 和 $f_b(x, y, z)$ 分别是计算前、后的场值，$\varphi(x - \xi, y - \eta)$ 函数为权函数，对其两边同时进行傅里叶变换，可以得到[122]：

$$F_b(u, v, w) = F_a(u, v, w) \cdot \varphi(u, v) \qquad (3 - 9)$$

式中，$F_b(u, v, w)$ 和 $F_a(u, v, w)$ 分别为 $f_a(x, y, 0)$、$f_b(x, y, z)$ 的频率域函数，

u、v 分别为 X、Y 方向的圆频率，$\varphi(u,v)$ 为滤波器在频率域的响应。可以同时根据上两式将空间域的褶积运算变为频率域的乘积运算，即在频率域选择的响应权函数 $\varphi(u,v)$，相乘相对应的场值在频率域的函数，可以容易地实现磁场转换和处理，所以目前对磁法数据的处理都是通过各种滤波器函数实现的，常用权函数的一般表达式如下[122]：

1）解析延拓：

$$\varphi(u,v) = \exp\left(\Delta h\sqrt{u^2+v^2}\right) \tag{3-10}$$

2）垂向 n 阶导数：

$$\varphi(u,v) = \left(\sqrt{u^2+v^2}\right)^n \tag{3-11}$$

3）由 ΔT 计算 Z：

$$\varphi(u,v) = \frac{\sqrt{u^2+v^2}}{\mathrm{i}(l_0 u + m_0 v) + n_0\sqrt{u^2+v^2}} \tag{3-12}$$

4）由 ΔT 计算 H_{ax}：

$$\varphi(u,v) = \frac{\mathrm{i}u}{\mathrm{i}(l_0 u + m_0 v) + n_0\sqrt{u^2+v^2}} \tag{3-13}$$

5）由 ΔT 计算 H_{ay}：

$$\varphi(u,v) = \frac{\mathrm{i}v}{\mathrm{i}(l_0 u + m_0 v) + n_0\sqrt{u^2+v^2}} \tag{3-14}$$

6）化极运算：

$$\varphi(u,v) = \frac{\sqrt{u^2+v^2}}{\mathrm{i}(lu+mv)+n\sqrt{u^2+v^2}} \cdot \frac{\sqrt{u^2+v^2}}{\mathrm{i}(l_0 u + m_0 v)+n_0\sqrt{u^2+v^2}} \tag{3-15}$$

式中，l、m、n 表示化磁极磁化方向余弦值，l_0、m_0、n_0 表示地磁场方向余弦值。

3.1.2　激电法扫面

激电法扫面是快速普查的有效方法，特别是寻找硫化物矿床。矿致异常在激电测量时常表现为激发极化特征，矿床在地表常受到氧化。目前运用最多的装置类型为中间梯度法和偶极－偶极法装置，做精测剖面时往往用联合剖面装置进行测量。

在采集数据当中不可忽视双频激电法的电磁耦合影响，电磁耦合往往分为电阻耦合、电容耦合和电磁感应耦合三种。

对于电阻耦合，一旦方法装置固定，大地电阻率的影响就会确定，改善的余地有限。电容耦合是指供电导线、测量导线和大地三者之间通过分布电容产生的能量转移效应，这就意味着电磁耦合与装置关系密切，不同装置电磁耦合效应是不一致的。电磁感应耦合是指供电回路、测量回路和大地三者之间通过电磁互感引起的耦合效应。因时间域的激电法可以设置供电关断时间、二次场实现一定的分离，所以电磁耦合现象明显小于频率域激电法。下面就对常使用的供电线、测量线和大地之间的电容耦合现象进行分析。

中间梯度法及偶极－偶极排列如图3－3所示：

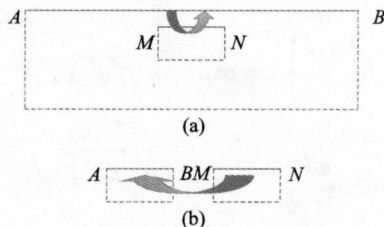

图3－3　激电中梯(a)与偶极－偶极(b)装置示意图

明显地以偶极－偶极方法测量的电磁耦合最小，中间梯度法电磁耦合最大。中间梯度法装置，如图3－4所示：

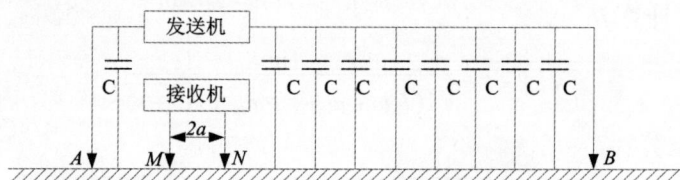

图3－4　激电中梯电容耦合示意图

假设供电线为直线，长度为$2L$，MN测量极距为$2a$，MN与AB的垂直距离为d，供电导线的单位长度的电容设为C，电容漏电电流设为i_c，那么，i_c在M、N点之间的点位之差为[123]：

$$\Delta V_{MN}^C = V_M^C - V_N^C = \frac{\rho i_c}{\pi} \ln \frac{(l-a) + \sqrt{d^2 + (l-a)^2}}{(l+a) + \sqrt{d^2 + (l-a)^2}} \qquad (3-16)$$

在主测线上d较小，对上式计算得到[123]：

$$\Delta V_{MN}^C = \frac{2\rho I}{\pi} \frac{a}{l^2 - a^2} \qquad (3-17)$$

相比接地电阻，供电线电阻和电源内阻基本可以忽略，这样漏电电流大约为[123]：

$$i_c = 4\pi I R_0 C f \qquad (3-18)$$

式中，R_0为AB间的接地电阻，这样电容耦合引起的视幅频率相对变化公式为：

$$\Delta F_{\mathrm{S}} = \frac{\Delta V_{MN}^{C}}{\Delta V_{MN}} = 2\pi CfR_0 \frac{L^2 - a^2}{a} \ln \frac{(l-a) + \sqrt{d^2 + (l-a)^2}}{(l+a) + \sqrt{d^2 + (l-a)^2}} \qquad (3-19)$$

而对偶极 – 偶极排列, 如下图所示:

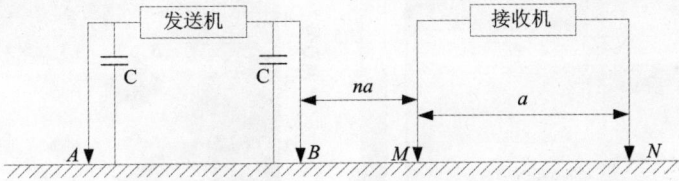

图 3 – 5　激电偶极装置耦合示意图

同理, 可得 M、N 间的耦合电位差为:

$$\Delta V_{MN}^{C} = V_M^C - V_N^C = \frac{\rho i_c}{\pi}\left(\ln\frac{n+1}{n} - \ln\frac{n+2}{n+1}\right) = \frac{\rho l}{a}\frac{1}{\pi n(n+1)(n+2)} \quad (3-20)$$

同样:

$$\Delta F_{\mathrm{S}} = \frac{\Delta V_{MN}^{C}}{\Delta V_{MN}} = 2\pi CfR_0 a(n+1)(n+2)n\ln\frac{(n+1)^2}{n(n+2)} \qquad (3-21)$$

对于以上两种装置, 假设 $C = 10$ pF/m, $R_0 = 100\ \Omega\cdot$m, $f = 3$ Hz, $L = 1000$ m, $a = 40$ m, $d = 100$ m, $n = 5$, 计算得到中间梯度法的 $\Delta F_{\mathrm{S}} = 0.83\%$, 而偶极 – 偶极法的为 0.003%, 两者相比偶极 – 偶极电磁耦合较小。

然而通常中间梯度法效率高, 但我们如何避免电磁干扰呢?

作者发现, 在野外施工时我们通常把 5 倍的测量探测目标深度认为是无穷远, 所以可以把 AB 之间的电源线不沿着 AB 直线走, 直接避开测量线, 与测量线平行, 相距 500 m 以外, 这样既可以避免电磁干扰, 又可以省时省力沿着山路走, 但会相应地增加供电电线。

在施工时还会遇到比较潮湿的第四系或者 AB 极电导线经过含水湿地和河沟, 实验室测量表明一般条件下电容小于 10 pF/m, 而在水中, 导电线的电容会急剧增大到 30 pF/m 左右, 所以要绕开潮湿地面或者将导电线悬空。

通过电磁感应耦合的计算公式可知, 在频率域, f 随着频率的升高, 电磁耦合增加, 两者呈正相关关系。

在进行面上工作时, 我们发现很多情况下异常形态与真实矿化体形态差异较大, 最后经过分析研究发现: 所测结果与测线的布置方位密切相关, 如图 3 – 6 所示, 某工区测线在相互垂直条件下做了两次小面积扫面工作, F_{S} 得到的结果截然不同。其中图 3 – 6(a)所示的供电电极 AB 和测线 MN 均垂直于已知矿化体, 图 3 – 6(b)所示的供电电极 AB 和测线 MN 平行于已知矿化体。

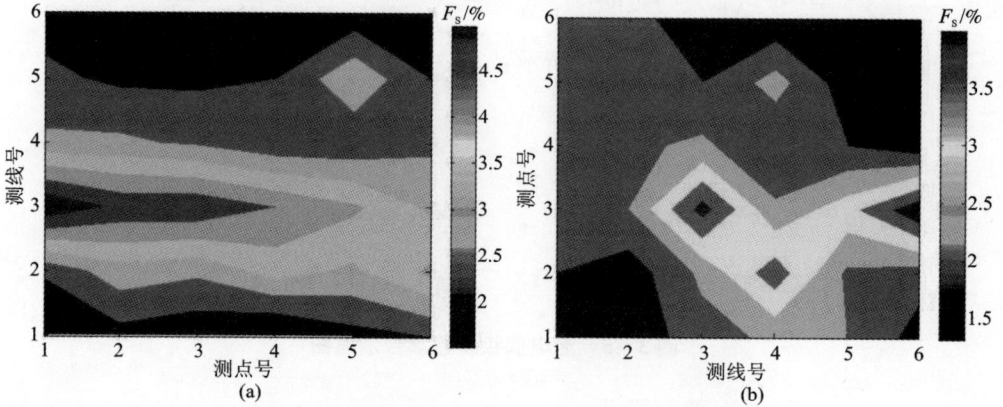

图 3-6 同一异常体不同方位测线中梯扫面结果示意图

通过图 3-6 可以看出：当测线和测点互换后，不仅仅异常峰值有所不同，反映出的形态更不相同。笔者为了分析研究这种情况产生的原因，特利用三维激电法的正演设计模型进行了分析。三维正演模拟使用有限单元法，通过求变分方程，经过单元剖分、插值、单元积分、单元集成求解等步骤来计算电场场值，进而根据装置参数计算中梯条件下的视电阻率分布[124]。

设计的二度体模型及相关参数见图 3-8；模拟空间坐标为：$x = (0, 1200)$m，$y = (-200, 600)$m，$z = [0, -400]$m。异常体以$(600, 200, -60)$m 为中心，其大小为 30 m × 200 m × 30 m，是一个低电阻率和高极化率异常体，围岩电阻率为 2000 $\Omega \cdot$m，异常体电阻率为 10 $\Omega \cdot$m；围岩极化率为 1%，异常体极化率为 10%。其中间梯度法扫面示意图见图 3-7。

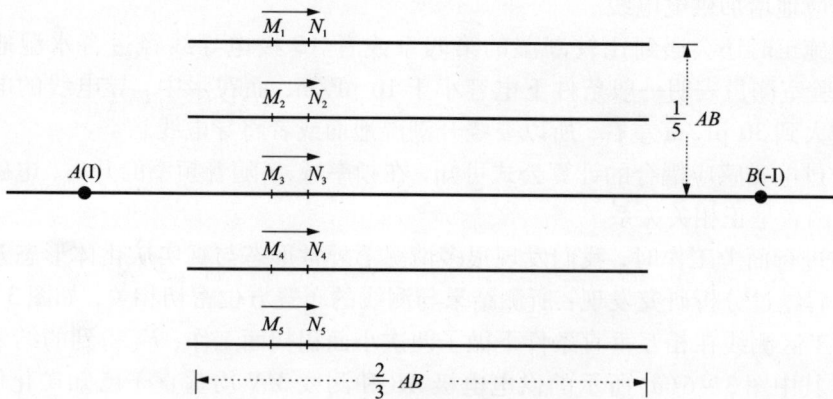

图 3-7 中间梯度法扫面示意图

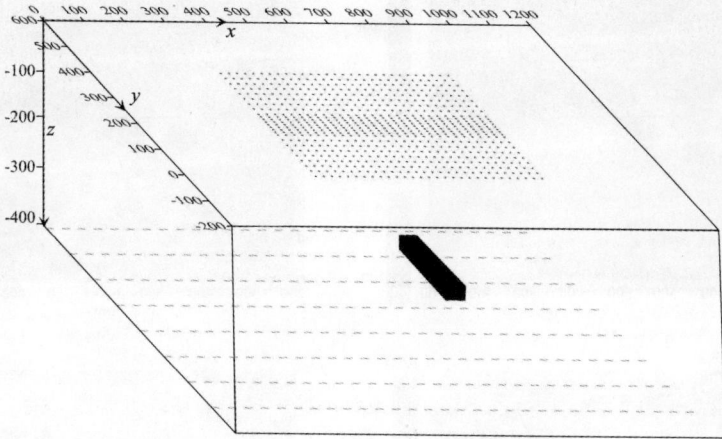

图 3-8　二度体(长方体)正演模型示意图

随着异常体和测线夹角的增加,反映出的异常逐渐表现为正常;视电阻率对测线方位的敏感程度大于视极化率。如图 3-9 中,在夹角为 0°时,视电阻率被分为两个对称的相对低阻体,随着角度的增加逐渐变为正常,说明夹角过小时测量的异常是不可信的,所以对实测的数据进行解释时要考虑到这种情况;虽然视极化率没有视电阻率那么明显,但是随着角度的增加异常的幅值逐渐增大,异常得到强化,说明在野外布置测线时需要尽量地垂直主要构造或者矿化体。

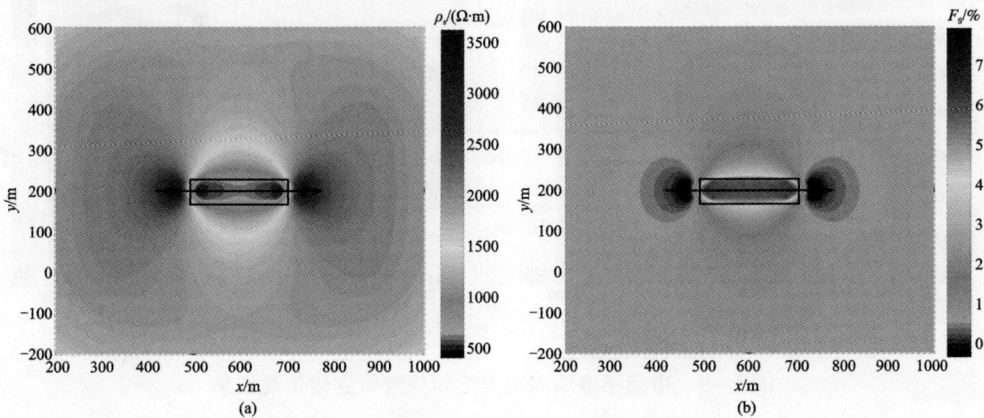

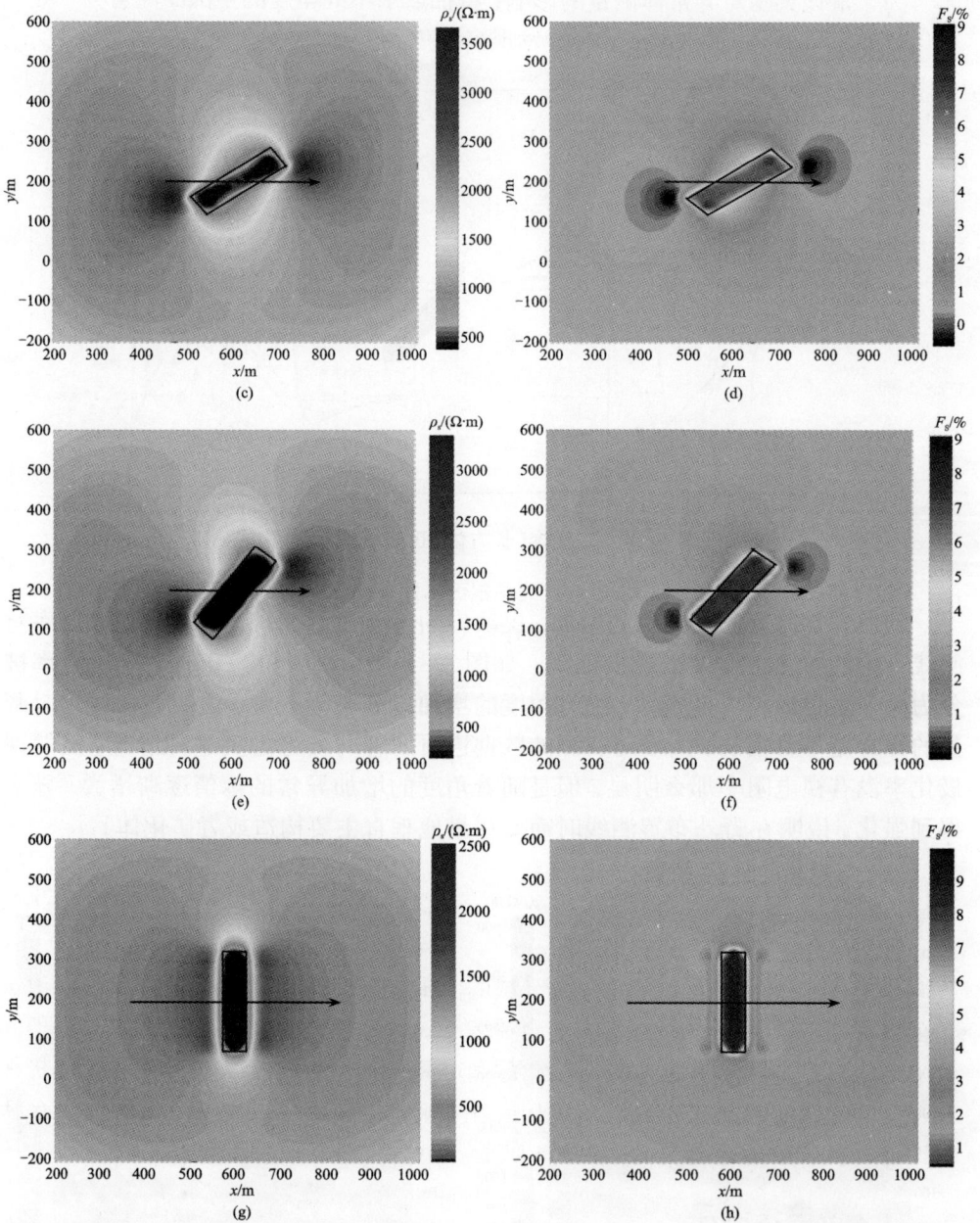

图3-9　中间梯度法测线方位和异常体变化正演结果

（a）夹角为0°时视电阻率扫面模拟结果；（b）夹角为0°时视极化率扫面模拟结果；
（c）夹角为30°时视电阻率扫面模拟结果；（d）夹角为30°时视极化率扫面模拟结果；
（e）夹角为60°时视电阻率扫面模拟结果；（f）夹角为60°时视极化率扫面模拟结果；
（g）夹角为90°时视电阻率扫面模拟结果；（h）夹角为90°时视极化率扫面模拟结果

为了量化夹角对异常体测量的影响，特抽取了不同角度的主剖面随着异常走向变化的计算结果，如图 3 - 10 所示，发现当夹角大于 60°时对异常的定性影响较小。

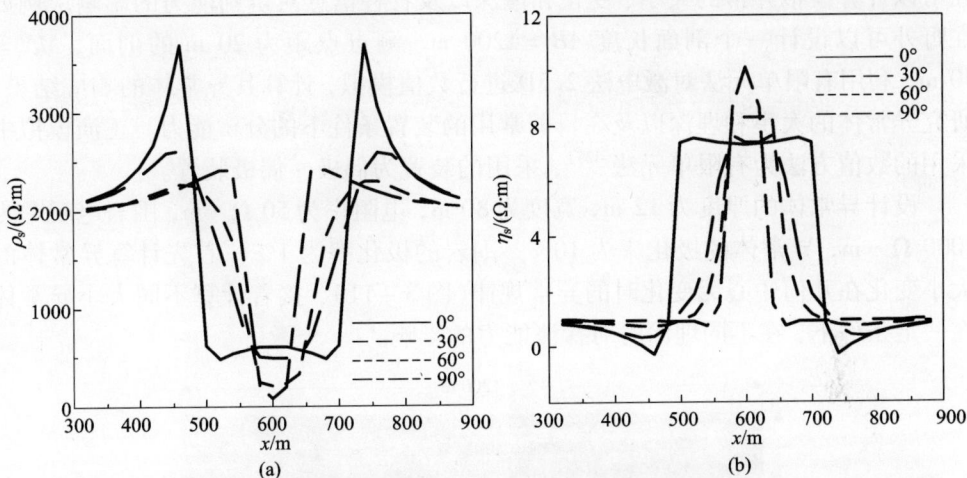

图 3 - 10　中间梯度法测线主剖面不同角度测量数据正演结果

（a）视电阻率扫面模拟结果；（b）视极化率扫面模拟结果

中梯的测线方向应垂直异常体走向，如果研究异常沿走向的连续性，可在平行异常体走向布线。测深的测线方向必须垂直构造走向或异常走向，满足二维条件。测线方向不同的资料，不能简单地比较。一个研究区一般情况要求布置相同的测线方向，可以通过改变测线方向，用异常相交的方法定位异常源位置。

3.2　测深类方法

面上工作结束后，在整个研究区域的面上异常基本就可以圈定，为了了解异常的立体状态，实现地层的立体探测及填图，就得做一定量的测深工作。一般意义上，目前最常用的有激发极化法测深和电磁测深，激发极化法测深属于电极距几何测深，有效探测深度一般在 400 m 左右，而电磁测深可达数公里，有色金属矿山的探测深度通常要考虑 1000 m 以上。

3.2.1　激电法测深

电测深属于几何测深，无论在实验室进行数值模拟还是进行物理水槽实验，都是供点电源，即直流电源为三维，测量时在这种三维场中重点是针对一个剖面进行二维地电断面测量，测量不同极距的响应数据，然后通过绘制几何极距关系、测点和物性参数的图件来研究地质成矿问题，20 世纪 90 年代以前，地球物理勘探工作者基本上都是利用量板法(即通过实验室的物理实验得到的各种的曲线)进行类比分析研究不同异常体的埋深、倾向等。随着计算机水平的发展,现在可以计算模拟异常的大小、变化和埋深以及各种信息对辨别能力的影响。例如在野外可以设计一个剖面长度 $AB = 1200$ m、测点点距为 20 m 的剖面,$MN = 40$ m,利用有限单元法对激电法 2.5D 进行数值模拟,计算其异常体的响应结果,研究异常体的大小和埋深以及在目前常用的装置条件下的分辨能力。正演模拟中采用的数值方法为有限单元法[125],采用的装置为偶极 – 偶极装置。

设计异常体的厚度为 12 m,宽度为 80 m,电阻率为 50 $\Omega \cdot$ m,围岩电阻率为 1000 $\Omega \cdot$ m,异常体的极化率为 10%,围岩的极化率为 1%。首先计算异常体的大小变化在几何中心无变化时的异常规律(图 3 – 11),接着计算不同大小异常体在一定条件下,在不同埋深时对探测能力的影响。

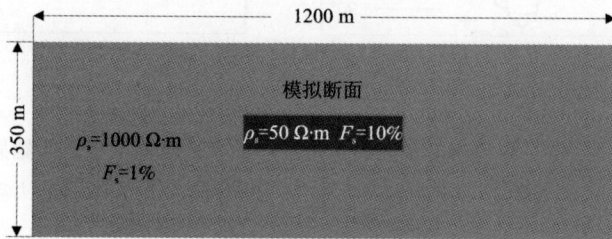

图 3 – 11 异常分布示意图

异常体大小变化的设计情况是:(a)异常体范围:长 560 ~ 640 m,宽 160 ~ 180 m;(b)异常体范围:长 560 ~ 640 m,宽 150 ~ 190 m;(c)异常体范围:长 520 ~ 680 m,宽 160 ~ 180 m;(d)异常体范围:长 520 ~ 680 m,宽 150 ~ 190 m。经过计算如图 3 – 12 和图 3 – 13 所示,其中横坐标为测线剖面,纵坐标为 $AB/4$。

由图 3 – 12 和图 3 – 13 可知,随着异常体的增大变宽,异常响应的规模也变大,正演响应的结果在深部也有所反映。

为了了解异常埋深的响应特征,根据图 3 – 11 设计的模型,剖面长度 $AB = 1200$ m,$MN = 40$ m,按 4 种情况设计:(a)异常体范围:长 560 ~ 640 m,深度 40 ~ 60 m;(b)异常体范围:长 560 ~ 640 m,深度 100 ~ 120 m;(c)异常体范围:长 560 ~ 640 m,深度 160 ~ 180 m;(d)异常体范围:长 560 ~ 640 m,深度 220 ~ 240 m。正演响应结果如图 3 – 14。

据图 3 – 14 和图 3 – 15 所示,可以明显看出,随着异常体深度的增加,异常体引起的响应信息逐渐减弱,对于给定规模的异常体,在深度 50 m 时,异常效果最好,特别是视电阻率和视极化率都有异常中心的反应。但视极化率常会把异常范围识别得很大,这就说明,不同方法的野外实测的视参数数据对深部的异常反映往往会有较大差异,解释时需要根据反演结果综合分析。

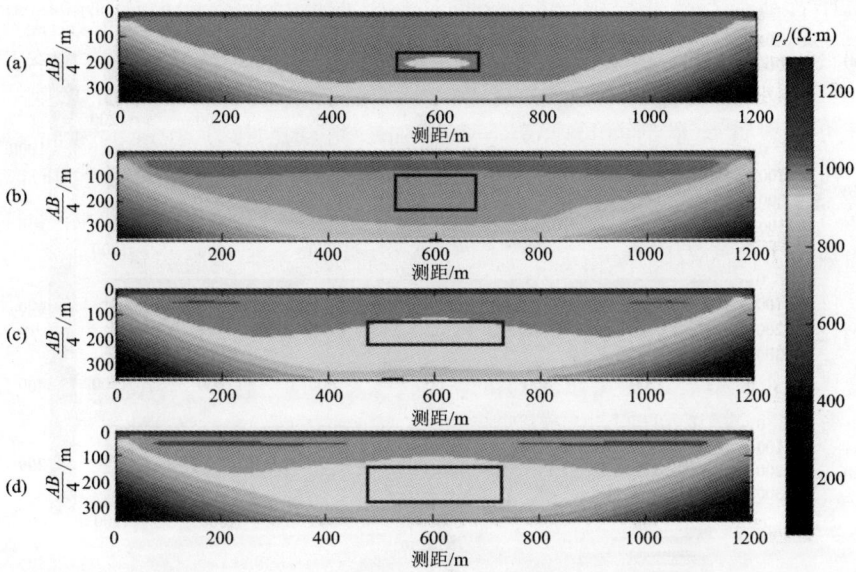

图 3 - 12　异常体规模变化条件下视电阻率 ρ_S 正演结果

（a）异常体范围：560 ~ 640 m，160 ~ 180 m；（b）异常体范围：560 ~ 640m，150 ~ 190m；
（c）异常体范围：520 ~ 680 m，160 ~ 180 m；（d）异常体范围：520 ~ 680 m，150 ~ 190 m

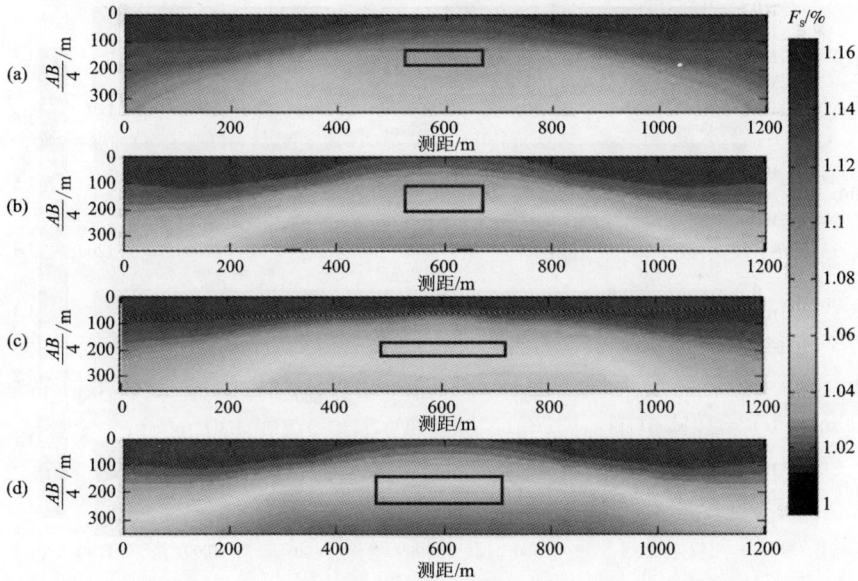

图 3 - 13　异常体规模变化条件下视极化率 F_S 正演结果

（a）异常体范围：560 ~ 640 m，160 ~ 180 m；（b）异常体范围：560 ~ 640 m，150 ~ 190 m；
（c）异常体范围：520 ~ 680 m，160 ~ 180 m；（d）异常体范围：520 ~ 680 m，150 ~ 190 m

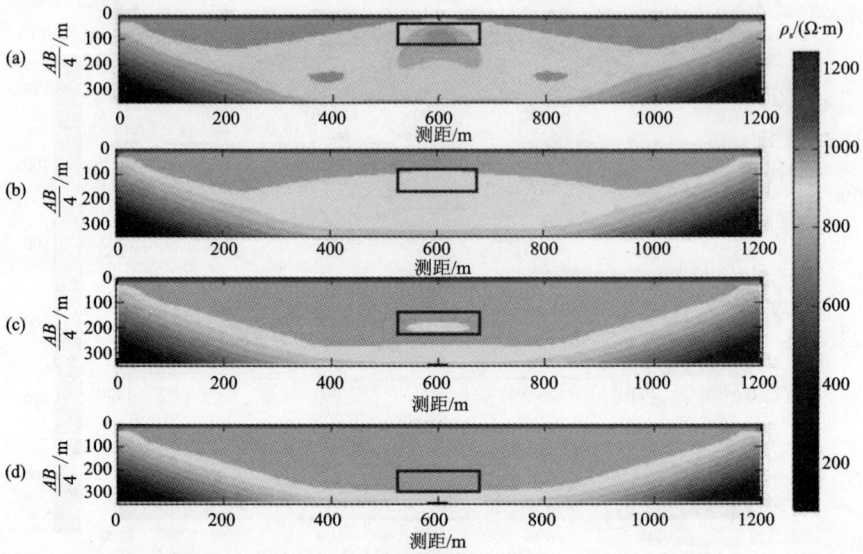

图 3 - 14 异常体埋深变化条件下视电阻率 ρ_S 正演结果

（a）异常体范围：560 ~ 640 m, 40 ~ 60 m；（b）异常体范围：560 ~ 640 m, 100 ~ 120 m；
（c）异常体范围：560 ~ 640 m, 160 ~ 180 m；（d）异常体范围：560 ~ 640 m, 220 ~ 240 m

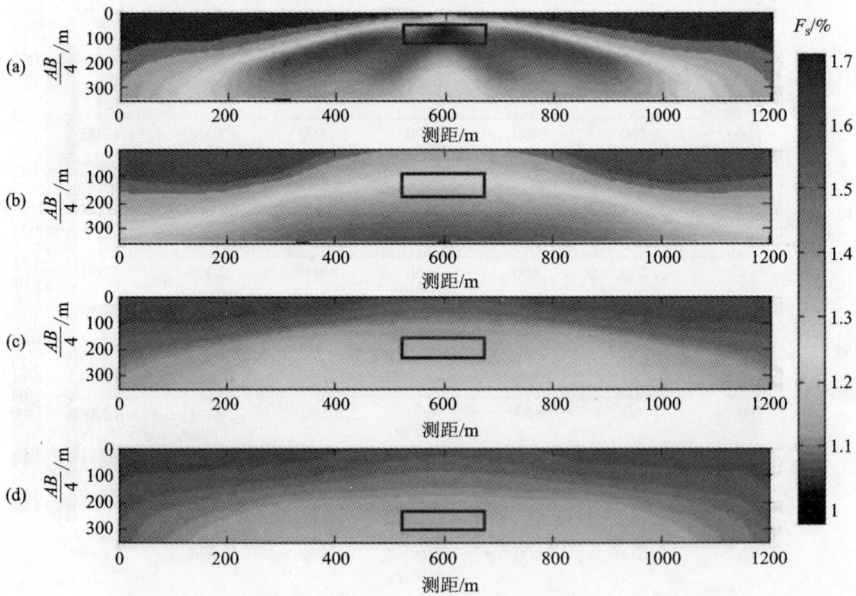

图 3 - 15 异常体埋深变化条件下视极化率 F_S 正演结果

（a）异常体范围：560 ~ 640 m, 40 ~ 60 m；（b）异常体范围：560 ~ 640 m, 100 ~ 120 m；
（c）异常体范围：560 ~ 640 m, 160 ~ 180 m；（d）异常体范围：560 ~ 640 m, 220 ~ 240 m

在布设测深点时，寻找的异常往往呈低阻状态，而同一剖面低阻体周围往往还存在高阻体，为了了解在低阻异常体旁存在高阻时对正演响应场的影响，设置了低阻异常体左侧存在

图 3 – 16　旁侧高阻体模拟模型

高阻异常时以及两者之间距离变化时的场的变化特征。设计的模型如图 3 – 16 所示。

　　设计参数：剖面设计长度为 1200 m，深度为 400 m，背景电阻率为 1000 Ω·m，低阻异常体电阻率为 50 Ω·m，高阻电阻率为 5000 Ω·m。

　　经过偶极 – 偶极装置进行模拟，存在高阻异常体和不存在高阻异常体的正演响应结果如图 3 – 17 所示。

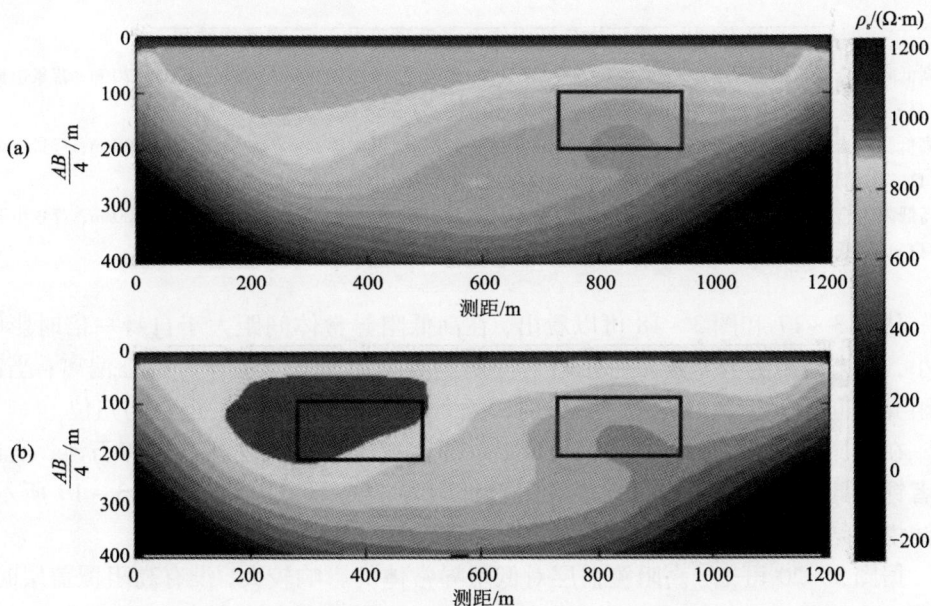

图 3 – 17　旁侧存在高阻体模拟正演结果

（a）单个低阻异常体范围：760 ~ 920 m，100 ~ 120 m；

（b）高低阻组合异常体范围：高阻休 280 ~ 440 m，100 ~ 120 m，低阻体 760 ~ 920 m，100 ~ 120 m；

背景电阻率 1000 Ω·m，低阻异常电阻率 50 Ω·m，高阻体电阻率 5000 Ω·m

设计高低阻不同地质异常体随着距离的变化的响应结果如图 3 - 18。

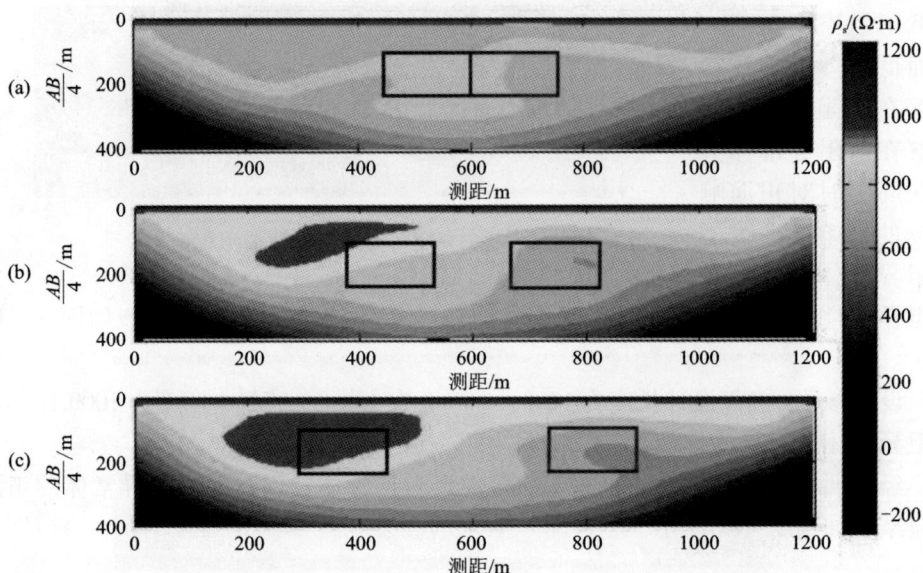

图 3 - 18　高阻体与低阻体两者距离变化的正演模拟结果

(a)高低阻组合异常体范围：高阻体 440 ~ 600 m，100 ~ 120 m，低阻体 600 ~ 760 m，100 ~ 220 m；背景电阻率 1000 Ω·m，低阻异常体电阻率 50 Ω·m，高阻体电阻率 5000 Ω·m；

(b)高低阻组合异常体范围：高阻体 360 ~ 520 m，100 ~ 120 m，低阻体 680 ~ 840 m，100 ~ 220 m；背景电阻率 1000 Ω·m，低阻异常体电阻率 50 Ω·m，高阻体电阻率 5000 Ω·m；

(c)高低阻组合异常体范围：高阻体 280 ~ 440 m，100 ~ 120 m，低阻体 760 ~ 920 m，100 ~ 220 m；背景电阻率 1000 Ω·m，低阻异常体电阻率 50 Ω·m，高阻体电阻率 5000 Ω·m

　　从图 3 - 17 和图 3 - 18 可以看出，在高低阻异常体间距大于自身一倍时影响较小，但当间距为异常规模一倍时对高阻的异常影响较大，异常中心偏离；当高低阻异常间距大于两倍异常体规模时，两个异常中心都得到了很好的归位。

　　在东昆仑地区，由于地表风化严重，部分测区的地表往往广布碎石滩，所以作者针对此种情况模拟了近地表高阻对低阻异常的影响。模型如图 3 - 19 所示，正演模拟结果如图 3 - 20 所示。

　　据图 3 - 20 可知，高阻覆盖层对低阻异常体的影响较大，没有高阻覆盖层时，低阻异常体得到了很好的反映，响应的视电阻率数据较好，一定程度上反映了低阻异常体的规模；有高阻层时，整个低阻异常体产生的视电阻率数据都几乎成倍地增加，只有异常体顶部有一定的体现，大小和深部规模都没有体现；说明高阻层对异常体的影响比较明显。

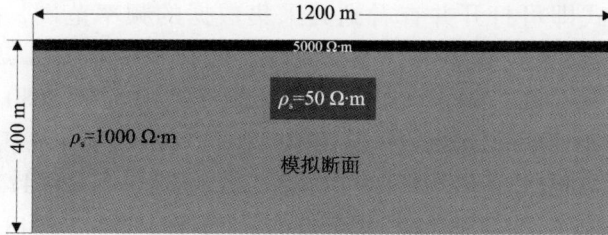

图 3 – 19　高阻覆盖层异常体组合

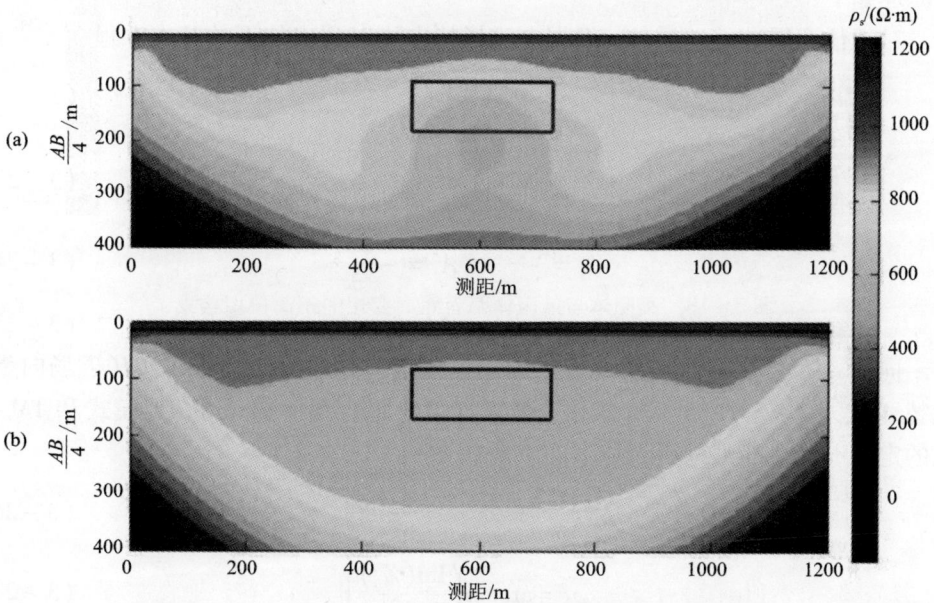

图 3 – 20　高阻覆盖层对低阻异常体的影响正演模拟结果
（a）低阻异常体范围：低阻体 480 ~ 720 m，100 ~ 180 m；
背景电阻率 1000 Ω·m，低阻异常体电阻率 50 Ω·m；
（b）地表高阻，深部异常体低阻时，高阻层地表下 10 m 的整条剖面，
高阻电阻率 5000 Ω·m，低阻体 480 ~ 720 m，100 ~ 180 m，低阻异常体电阻率 50 Ω·m

3.2.2　电磁法测深

电磁测深方法中，不管目前常用的是天然源还是可控源（人工源），都是以垂直波入射测量场的，所以一般很少考虑电流源对测量场的影响。本小节将针对异常体大小和埋深的响应规律以及近地表高阻对深部响应的影响进行研究。

　　EH4 的频率文件可以在处理数据过程中生成的 FrequencyList. tbl 文件中查阅,利用文本格式即可打开并查看到其采集数据的频率范围,在研究区域内,EH4 的采集频率为:$f = [12.6\ 15.8\ 20\ 25.1\ 31.6\ 39.8\ 50.1\ 63.1\ 79.4\ 100\ 126\ 158$ $200\ 251\ 316\ 398\ 501\ 631\ 794\ 1000\ 1260\ 1580\ 2000\ 2510\ 3160\ 3980\ 5010\ 6310\ 7940$ $10000\ 12600\ 15800\ 20000\ 25100\ 31600\ 39800\ 50100\ 63100\ 79400\ 100000] Hz$;可控源在研究区采集数据的频率设计为:$f = [0.125\ 0.25\ 0.5\ 1\ 1.41\ 2\ 2.82\ 4\ 5.6\ 8$ $11.2\ 16\ 22.4\ 32\ 45\ 64\ 90\ 128\ 180\ 256\ 360\ 512\ 721\ 1024\ 1441\ 2048\ 2882\ 4096\ 5765$ $8192] Hz$;需要说明的是 EH4 为天然源,采集信号与此地区的地电磁场有关,而可控源利用特制的人工交流发电机供电,可以采集到任何设计频率的信号。其基本原理如下:

　　对于任意层数的地质体,根据电磁场特点可以列出如下的基本方程[126-128]:

$$\nabla^2 A = \frac{\partial^2 A}{\partial z^2} \tag{3-22}$$

$$\nabla \cdot A = \frac{\partial A_z}{\partial z} \tag{3-23}$$

$$A_x = -\frac{\partial A_y}{\partial z}, \quad A_y = -\frac{\partial A_x}{\partial z} \tag{3-24}$$

$$A_x = i\omega\mu A_y, \quad A_y = i\omega\mu A_x \tag{3-25}$$

　　向量 A 可能为一维向量或者二维矩阵向量,用 E(电场向量)、H(磁场向量)代替 A 代入 3-24 和 3-25 式中,再根据笛卡尔直角坐标系中 TE 模式和 TM 模式的定义,最终都可以得到如下的一般式[129]:

$$\rho_{ij} = \frac{1}{\omega\mu_0} |Z_{ij}|^2 = \frac{1}{5f} |Z_{ij}|^2 \tag{3-26}$$

$$\varphi_{ij} = \arctan\left[\frac{\text{Im}(Z_{ij})}{\text{Re}(Z_{ij})}\right] \tag{3-27}$$

式中:ρ_{ij} 为卡尼亚视电阻率,$\Omega \cdot m$;φ_{ij} 为阻抗相位,($°$);Z 为向量 E/H 的模,i, j 分别表示 XY 方向和 YX 方向(视电阻率)。接下来我们就以 EH4 的采集频率作为正演响应的频率范围计算正演响应,从而分析异常体大小和埋深对辨别能力的影响以及近地表高阻对异常判别的影响。本书分别计算了厚度为 20 m,长度为 200 m 的异常体在 20~40 m、80~100 m、160~180 m、260~280 m、400~420 m、800 ~820 m、1200~1220 m 深度,异常体的中心在剖面中心、异常体的电阻率为 50 $\Omega \cdot m$、围岩的电阻率为 2000 $\Omega \cdot m$ 条件下的正演结果(见图 3-21)。

　　可以得出的结论:(1)电阻率特征:低阻异常体在 TE 模式下容易分辨,视电阻率异常中心具有下移的特点,首先在横向上呈拉伸状况,然后逐步随着频率减小,到正演模型在 200~400 m 深度时达到最佳探测结果(此时在此种地电模型条

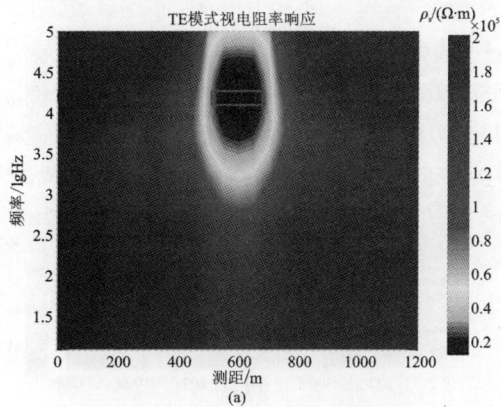

(a)

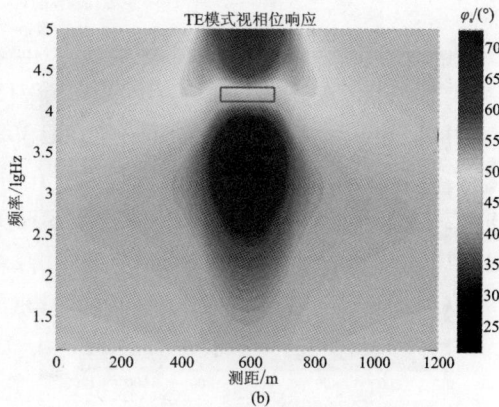

(b)

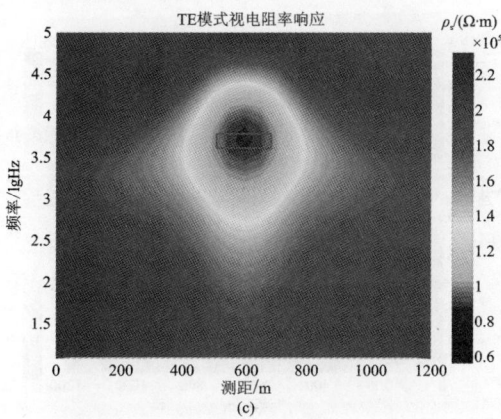

(c)

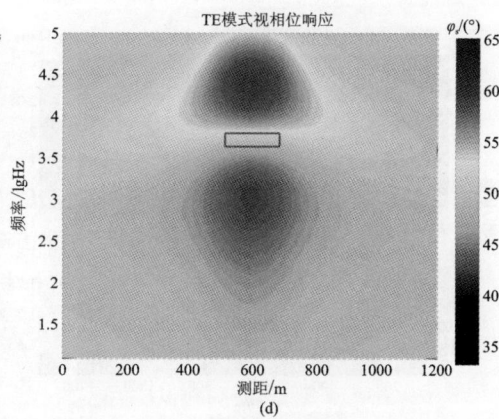

(d)

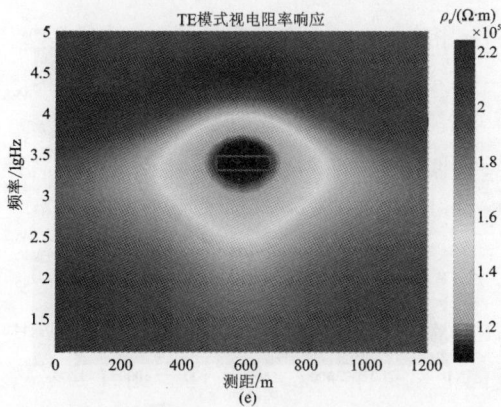

(e)

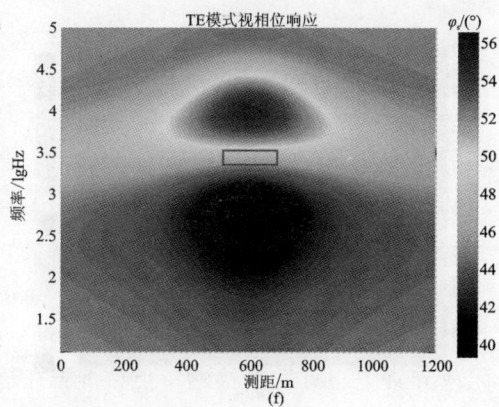

(f)

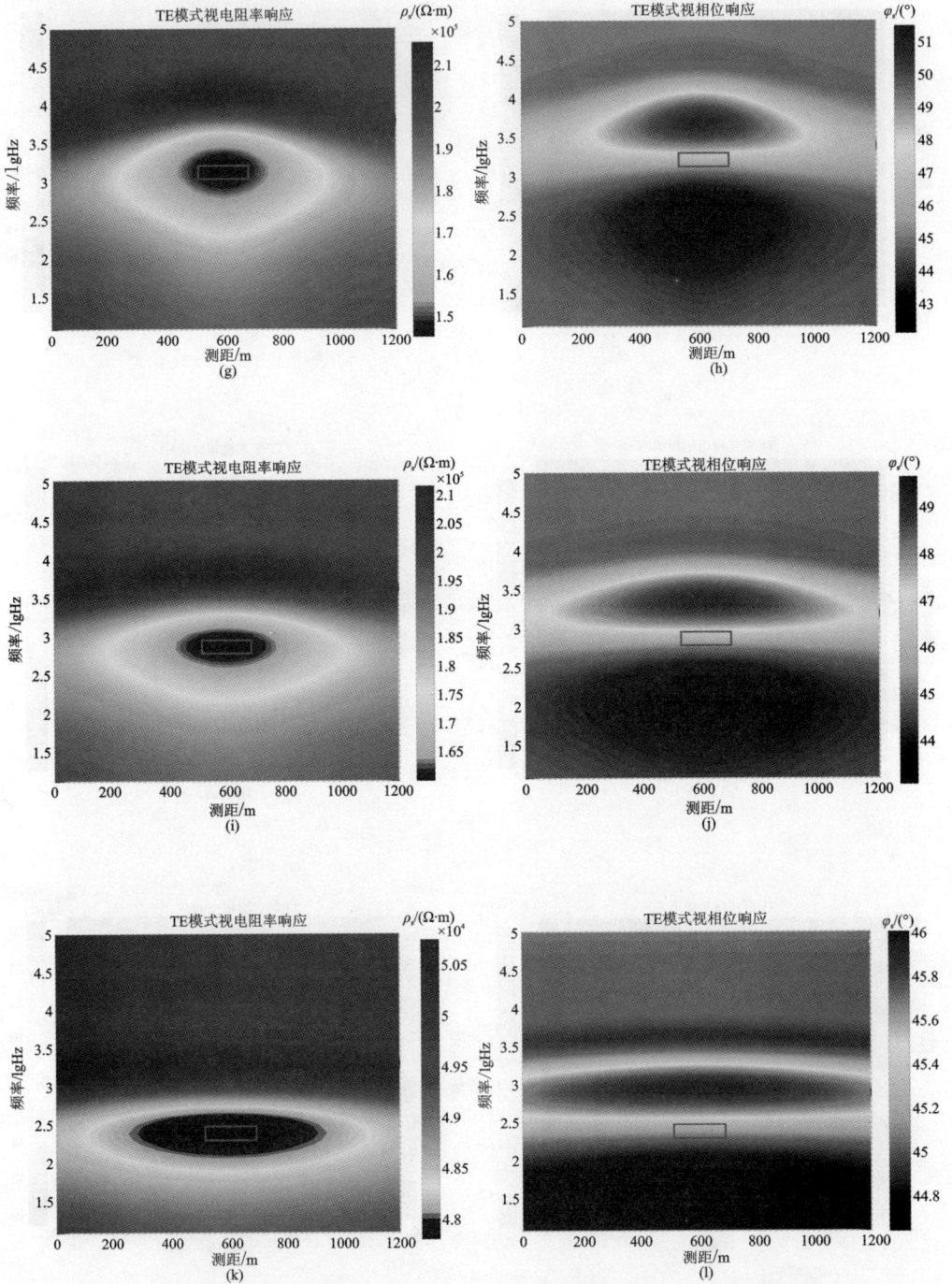

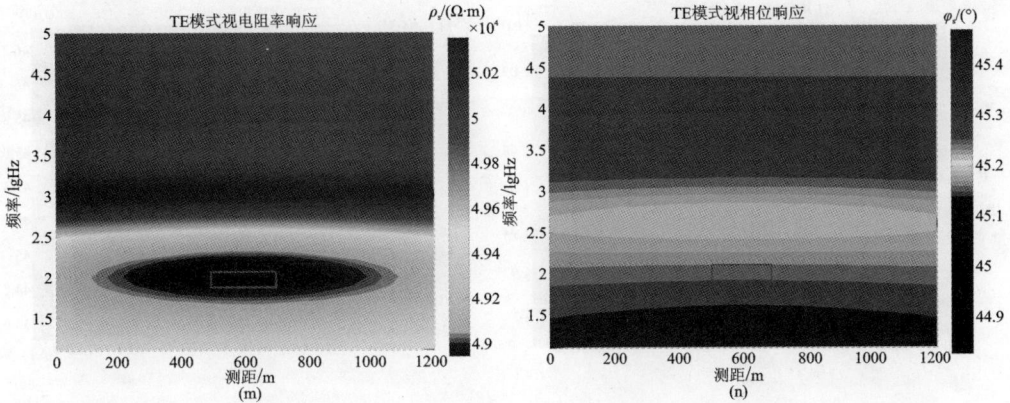

图 3 - 21 不同深度条件下低阻异常随埋深变化视电阻率 ρ_s 和相位 φ_s 计算结果

(a)异常 20 ~ 40 m 深度时视电阻率;(b)异常 20 ~ 40 m 深度时视相位;
(c)异常 80 ~ 100 m 深度时视电阻率;(d)异常 80 ~ 100 m 深度时视相位;
(e)异常 160 ~ 180 m 深度时视电阻率;(f)异常 160 ~ 180 m 深度时视相位;
(g)异常 260 ~ 280 m 深度时视电阻率;(h)异常 260 ~ 280 m 深度时视相位;
(i)异常 400 ~ 420 m 深度时视电阻率;(j)异常 400 ~ 420 m 深度时视相位;
(k)异常 800 ~ 820 m 深度时视电阻率;(l)异常 800 ~ 820 m 深度时视相位;
(m)异常 1200 m ~ 1220 m 深度时视电阻率;(n)异常 1200 m ~ 1220 m 深度时视相位

件下频率为 501 ~ 3160 Hz),当异常体深度为 800 m 以下时计算得到的视电阻率范围已经很小,异常体规模变大且横向拉伸,当异常体深度为 1200 m 时,低阻异常已经基本上横向跨越整个剖面。(2)相位特征:首先与视电阻率的异常中心对应的位置都为高值和低值的拐点位置,高极值点和低极值点具有类似双极源电性特征对偶分布特点,随着异常体的埋深增加,相位的两个异常范围具有横向扩大、变得平扁的特征,异常分辨能力最好的深度(或者对应的频率范围)与视电阻率计算结果一致,深度达到 800 m 以下时,计算得到的相位区间仅仅在 2° 范围内,作者认为已经很难分辨,但异常规模足够大也可能分辨。接下来针对 EH4 在上述条件下的探测能力,设计计算单个异常体随着规模变化引起的异常响应,异常埋深在地表下 400 ~ 420 m 深度。

据图 3 - 22 可见,当异常体的长度扩大一倍时,在这种条件下出现明显异常,当异常体的厚度再增加一倍时,异常范围变化很大,从侧面也说明电磁法分辨率没有电法高,对异常体的规模很敏感。

对于人工源频率域大地电磁法,目前应用成熟的是二维反演,即根据远区(波区)数据运用无源的大地电磁处理方法进行处理,在项目参与过程中,作者发现在同等收发距下的高阻区和东南沿海低阻区有着不同的特点,特别是目前很多

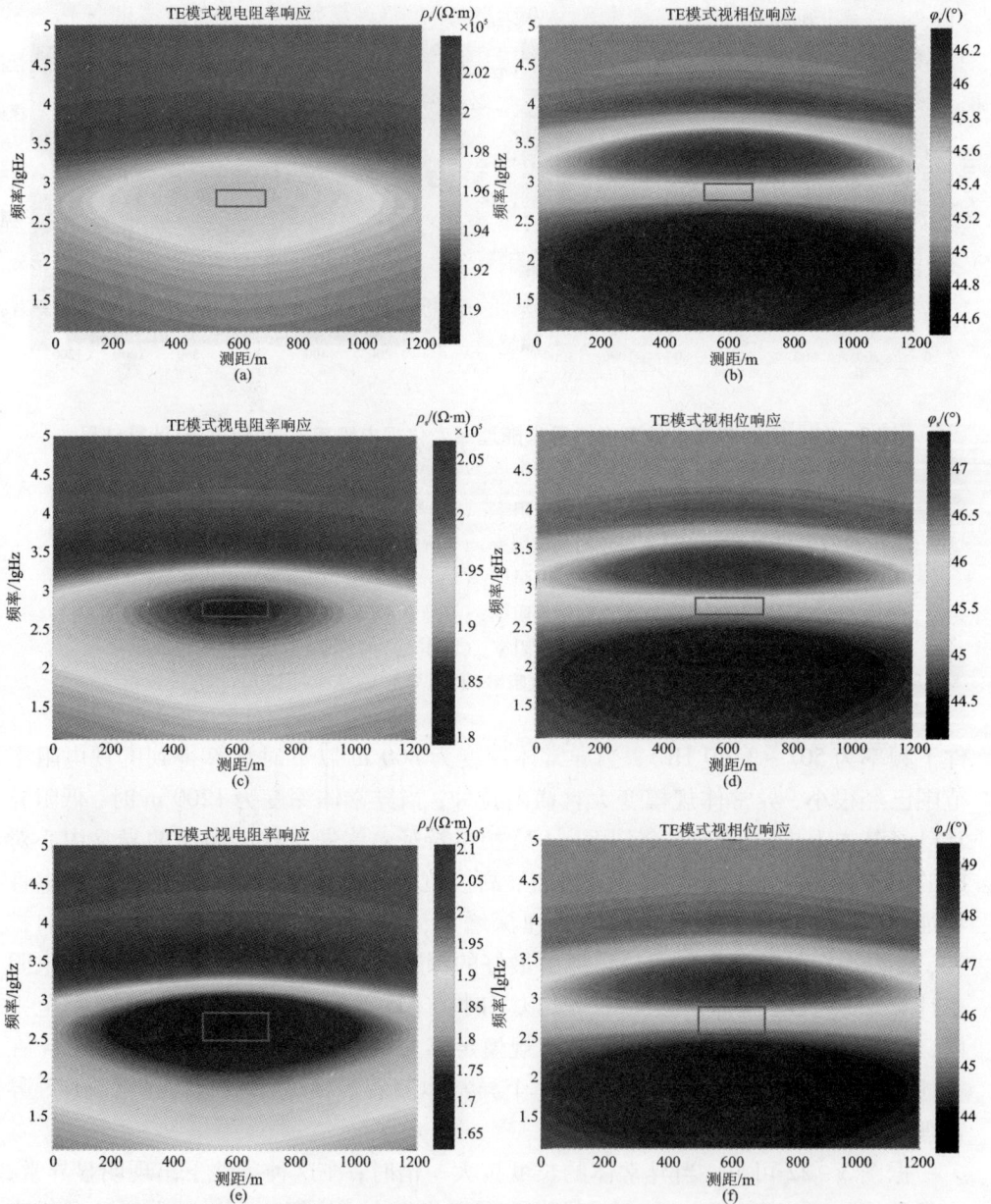

图 3 – 22　不同规模条件下低阻异常视电阻率 ρ_s 和 φ_s 相位计算结果

(a)异常 400~420 m 深度视电阻率；(b)异常 400~420 m 深度视相位；
(c)异常 400~420 m 长度扩大一倍视电阻率；(d)异常 400~420 m 长度扩大一倍视相位；
(e)异常 400~420 m 整体扩大一倍视电阻率；(f)异常 400~420 m 整体扩大一倍视相位

单位在施工时对采集近区、过渡区和远区数据始终分辨不明显，且目前相关规范和文献只是笼统地说明了收发距为探测深度的 3 ~ 6 倍[130-134]，很多时候概念过于模糊。本书将针对东昆仑地层条件的电阻特征，利用层状介质的 MT、CSAMT 电偶源进行数值模拟，具体地分析研究这一状况。

为了计算的频点选择一致，MT、CSAMT 选择的正演频率皆为 $f = [\,0.125\ 0.25$ 0.5 1 1.41 22.82 4 5.6 8 11.2 16 22.4 32 45 64 90 128 180 256 360 512 721 1024 1441 2048 2882 4096 5765 8192]Hz；第一层厚度为 100 m，电阻率为50 $\Omega \cdot$ m，基底电阻为2000 $\Omega \cdot$ m(图 3-23)；分别计算 CSAMT 收发距为 4 km、8 km 和 15 km 时两层电性介质的正演响应，结果如图 3-24 所示。

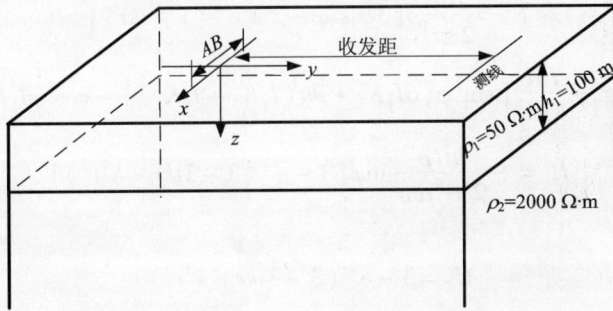

图 3-23　MT、CSAMT 两层介质模型示意图

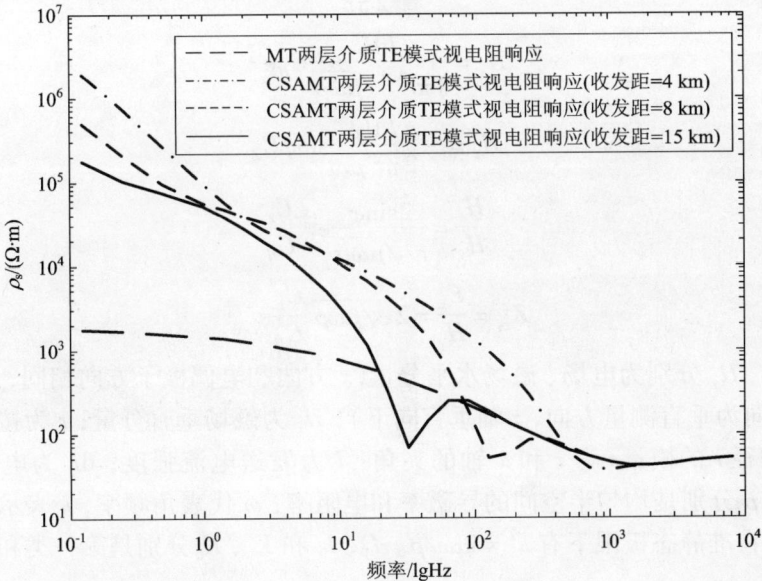

图 3-24　不同收发距条件下 CSAMT 两层介质 TE 与 MT 模式 ρ_s 正演计算结果对比

对 MT 法的一维正演,阻抗 Z 可通过下面的递推计算公式得出[129]:

$$Z_i = Z_{0i} \frac{1 + \dfrac{Z_{i+1} - Z_{0i}}{Z_{i+1} + Z_{0i}} e^{-2k_i h_i}}{1 - \dfrac{Z_{i+1} - Z_{0i}}{Z_{i+1} + Z_{0i}} e^{-2k_i h_i}} \quad (3-28)$$

式中,Z_{0i}、k_i、Z_i 分别为第 i 层的特征阻抗、第 i 层的复传播系数和第 i 层表面的波阻抗。

对于可控源音频大地电磁法的一维正演,将均匀半空间表面水平电偶源产生的电磁场表示为(直角坐标系)[130-134]:

$$E_x = \frac{IdL}{2\pi r^3}\rho [3\cos^2\varphi - 2 + e^{ikr}(1 - ikr)] \quad (3-29)$$

$$H_y = -\frac{IdL}{4\pi r^2}[\sin^2\varphi(6I_1K_1 + ikr(I_1K_0 - I_0K_1)) - \cos^2\varphi I_1K_1] \quad (3-30)$$

$$H_z = -\frac{IdL\rho}{2\pi r^4 \mu\omega}\sin\varphi[3 - e^{ikr}(3 - 3ikr - k^2r^2)] \quad (3-31)$$

若令:

$$C_Z = 3 - e^{ikr}(3 - 3ikr - k^2r^2) \quad (3-32)$$

则:

$$E_x = \frac{IdL\rho}{2\pi r^3}C_E \quad (3-33)$$

$$H_y = \frac{IdL}{4\pi r^3 \sqrt{\mu\omega\sigma}}C_H e^{i\frac{\pi}{4}} \quad (3-34)$$

$$H_z = -\frac{IdL\rho}{2\pi r^4 \mu\omega}\sin\varphi C_Z \quad (3-35)$$

$$\frac{H_z}{H_y} = \frac{2\sin\varphi}{r \sqrt{\mu\omega\sigma}}e^{i\frac{\pi}{4}}\frac{C_z}{C_H} \quad (3-36)$$

$$Z_{xy} = \frac{E_x}{H_y} = 2 \sqrt{\mu\omega\rho}\frac{C_E}{C_H}e^{-i\frac{\pi}{4}} \quad (3-37)$$

式中,E_x、H_y 分别为电场、磁场水平分量(x 方向和电偶极子方向相同,与测线平行,y 方向为垂直测量方向,z 轴垂直向下),H_z 为磁场垂直分量;r 为接收点到偶极中心矢径 r 的模;φ 为 r 和 x 轴的夹角;I 为发送电流强度;dL 为电偶极子长度。μ 和 ρ 分别是均匀半空间的导磁率和电阻率;ω 代表角频率,k 表示电磁波传播波数;在准静态极限下有 $k^2 = i\mu\omega/\rho$。I_1、I_0 和 K_1、K_0 分别是第一类和第二类以 $\dfrac{ikr}{2}$ 为宗量的虚宗量贝塞耳函数,0 和 1 代表阶数,$m_i = \sqrt{m^2 - k_i^2}$,$k_i^2 = i\omega\mu\sigma_i$,$R^*$ 和 R 是联系各层电性参数(层厚和电阻率)的函数,其关系如下[130]:

$$R^* = \coth\left[m_1 h_1 + \coth^{-1} \frac{m_1}{m_2} \coth\left(m_2 h_2 + \cdots + \coth^{-1} \frac{m_{N-1}}{m_N} \right) \right] \quad (3-38)$$

$$R = \coth\left[m_1 h_1 + \coth^{-1} \frac{m_1 \rho_1}{m_2 \rho_2} \coth\left(m_2 h_2 + \cdots + \coth^{-1} \frac{m_{N-1} \rho_{N-1}}{m_N \rho_N} \right) \right] \quad (3-39)$$

对于层状介质,本书利用求数值解的方法进行求解。通过迭代计算结果(见图 3-24),CSAMT 两层介质属于 G 型曲线,最高频段接近于 50 Ω·m,最低频部分接近于 2000 Ω·m,曲线圆滑无波谷出现。点画线为收发距 4 km 时的 CSAMT 响应曲线,1024~8192 Hz 属于远区;360~1024 Hz 出现波谷,属于过渡区;小于 360 Hz 的数据位于近区。由于基底电阻设计为 2000 Ω·m,所以近区数据中首先上翘,倾角大于 45°;而在 8 Hz 以下时完全表现为上翘 45°的近区特征。虚线为收发距 8 km 时的响应曲线,明显的 256~8192 Hz 都为远区数据,都可以当作 MT 数据进行处理,其他特征与收发距 4 km 的类似,波谷出现在 8~256 Hz。当收发距为 15 km 时(实线),90 Hz 后都可认为属于远区数据,16~90 Hz 都为波谷过渡区数据。

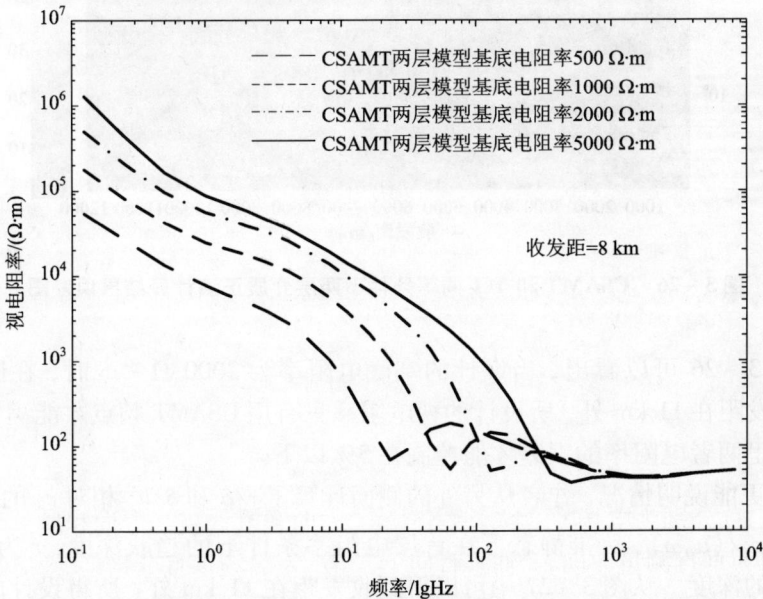

图 3-25　收发距为 8 km 时 CSAMT 两层介质不同基底电阻率 ρ_s 正演计算结果对比

从图 3-25 可以看出,随着基底电阻率的增加,可控源视电阻率曲线在高频时就逐渐进入过渡区,这就说明在北方,特别是西北干燥地区,相对岩石电阻率偏大的地区要比在南方低阻地区的收发距要大一些,这样才能测到更多频点的有效数据。

用 e_ρ 表示同等条件下 CSAMT 和 MT 电阻率误差如下：

$$e_\rho = \left| \frac{\rho_f^{\mathrm{CSAMT}} - \rho_f^{\mathrm{MT}}}{\rho_f^{\mathrm{MT}}} \right| \times 100\% \qquad (3-40)$$

为了了解在基底电阻 2000 Ω·m 条件下的相对高阻地区收发距和 e_ρ 的关系，按照式(3-28)至式(3-40)，计算结果如图 3-26 所示：

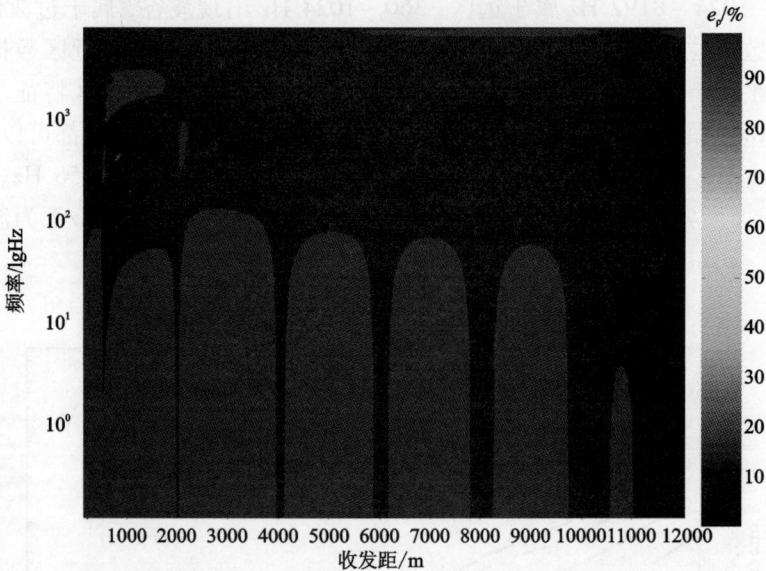

图 3-26 CSAMT 和 MT 同等条件下两层介质正演计算结果误差图

从图 3-26 可以看出，当设计的基底电阻率为 2000 Ω·m 时，在同等条件下，当收发距在 11 km 外，所设计的视电阻率只有用 CSAMT 频点才能满足远区的条件，这里两者电阻率的误差才能控制在 5% 以下。

为了更能说明情况，作者从另外的侧面计算了 r/δ 和 δ/h_1 相对 e_ρ 的结果，其中 $\delta = \sqrt{2\rho_1/(\mu_0\omega)}$，为准静态下在首层电阻率条件下的趋肤深度，$r$ 为收发距，h_1 为首层的深度。从图 3-27 中可以得到收发距在 11 km 外，所得设计的视电阻率只用 CSAMT 频点才能满足远区的条件，这里两者电阻率的误差才能控制在 5% 以下。以上计算和测试两者得出的结论相同。

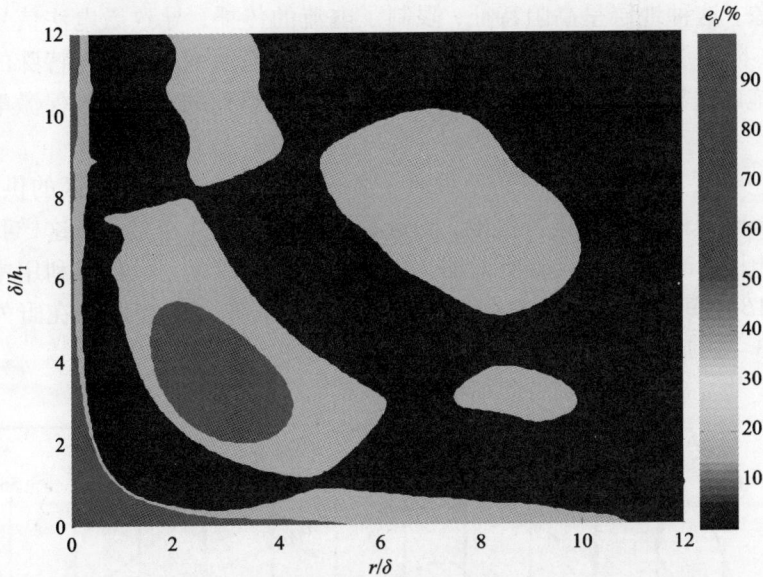

图 3 - 27　CSAMT 和 MT 同等条件下两层介质表面误差计算结果

3.3　高寒区接地电阻的分析及改善

因为电法和电磁法是金属矿探测的首选方法,但在高寒高风化区域保障供电电流是面临的首要解决的问题,增加供电电流一方面可以增加供电电压(功率),另一方面是对接地电阻的改善。对可控源类电磁方法提高功率不现实,因其供电系统笨重,改善成本太大,一般主要改善接地电阻来提高供电电流;对直流供电的常规电法,本书提出了一种电供电系统进行电流电压转换以作为青海东昆仑研究区的供电参考。

3.3.1　高阻屏蔽层供电电流引发的思考

作者所在团队在搜集已有东昆仑成矿带的资料时发现,肯德可克属于复合成因矿床。由于特殊的成矿类型导致物探方法的使用目标明确,青海省地矿局先后设计了磁法、电法等多种方法,但当时仅仅只有磁法效果较好,电法效果较差。经过多次研究和异常干扰调查,发现在钻取的岩芯中普遍存在结冰现象,但既然存在浸染状铅矿体、石墨化 F_1 断层和致密块状磁黄铁矿等现象,应该存在激电异常。排除客观原因,分析应该是电法的供电不同于内地的问题。

　　总结来看，该研究区因处于高寒高海拔区域，地层在一定深度下存在明显的冰冻层现象，这种地层呈高阻特征，限制了电流的传播，导致激电法信号无法传播至地下，限制了激电法的优势发挥。从另外的侧面说明，在进入特殊的景观地貌区域实施电法勘探及被动源电磁测深时要进行一系列的实验，确保激电方法的使用。

　　在第一年度实施中国地调局项目时，第一次利用内地南方地区的供电方法，用 2~3 个 90 V 的电池箱进行供电，测量数据一直显示为小信号，这样我们试着改善接地电阻，改善后电流有所增加，开始试验测量数据，但是在利用中间梯度法时，在 AB 中间区域测量时常会出现小信号现象，作者所在团队在野外试验的结果如表 3-1 所示。

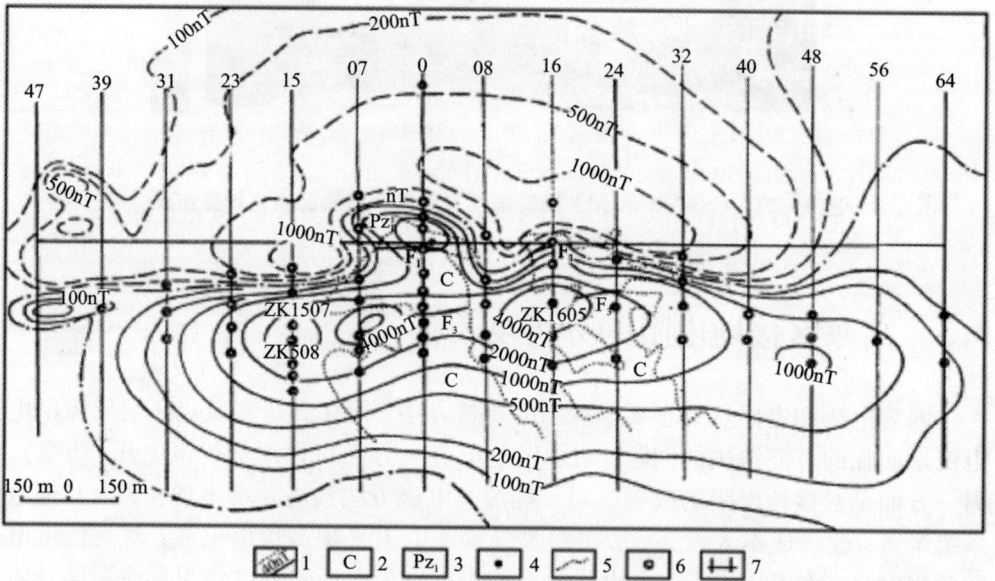

图 3-28　肯德可克 ΔT 等值线平面图[135]

1—ΔT 异常；2—灰岩大理岩；3—泥质硅石岩；4—铁帽；5—地层分界线；6—设计钻孔；7—磁测剖面

表 3-1　双频激电供电实验数据统计表

电源装置	直流电压/V	供电电源 AB 距/m	MN 距/m	双频发送机型号	额定电流/A	供电电流/mA	是否有小信号测量	电流是否稳定
电池箱	180	1200	40	SQ-3C	1	40	有	不稳定
电池箱	270	1200	40	SQ-3C	1	75	有	不稳定
电池箱	350	1200	40	SQ-3C	1	92	有	不稳定

续表 3 - 1

电源装置	直流电压/V	供电电源AB 距/m	MN 距/m	双频发送机型号	额定电流/A	供电电流/mA	是否有小信号测量	电流是否稳定
发电机	360	1200	40	SQ - 5	1	123	有	稳定
发电机	500	1200	40	SQ - 5	4	500	无	稳定

电流在测量过程中显示不稳定状态,具有随着供电时间的增加其供电电流变小的特点。电池箱的电池不仅产生的电流不稳定,而且用过的干电池具有严重的污染,在青藏高原常年冻土的高阻层中原供电系统不适用。在此地区必须使电流达到一定的程度才能保证测量到有用的信号。

3.3.2　接地电阻大小影响分析

对于被动源电磁测深类方法,目前常用的有可控源音频大地电磁测深法、广域电磁方法等,所用发射电流源设备都是大功率仪器,且变频装置和供电电压已经相对固定。(GDP32 额定功率最大为 30 kW,电压分为四个档位:250 V、450 V、750 V 和 1000 V;V8 多功能电法仪的电压为三档:300 V、600 V 和 1000 V)为了提高采集数据的质量,最为有效的方法只能是降低接地电阻,不论是被动源、还是主动源电法、频率域电磁测深法,接地电阻都是必须面对的问题,特别是高寒、高海拔地区,注意并研究接地电阻的机理对采集高质量的野外数据尤为重要。

不管是直流电法,还是双频激电法,或者是可控源类的电磁勘探方法,野外布设的电极都可以分为三类:一类是点电极、另外两类分别为电击棒和面电极。假设地下为均匀电性介质,地球物理勘探野外供电系统如图 3 - 29 所示:

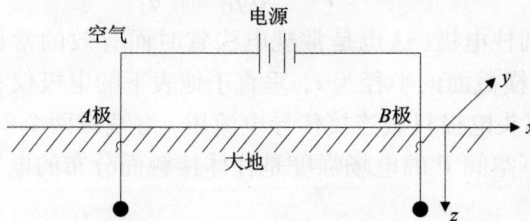

图 3 - 29　供电示意图

图中 A 极、B 极为供电电极,x 轴与沿地表所测剖面走向一致,z 轴垂直地面向下。

若供电电极为点电极，即可简化为带电量为 q 的点电荷，假设空气中的介电常数为 ξ_0，供电电极间的大地介电常数为 ξ_d，E_1 和 E_2 分别表示电荷 q_1 与其镜像电荷 q_2 产生的矢量电场场值。为了计算空间下任何一个点 $P(x, y, z)$ 的场强，设电荷 q_1 的空间位置坐标为 $P(x_0, y_0, z_0)$、R_1 和 R_2 分别为电荷 q_1 与其镜像电荷 q_2 与坐标 $P(x, y, z)$ 的距离，对应的 e_{R1} 和 e_{R2} 分别表示这两个方向上的单位矢量，则有下式成立[136]：

$$
\begin{cases}
E_x = \dfrac{q_1}{4\pi\xi_d} \cdot \dfrac{x-x_0}{\left(\sqrt{(x-x_0)^2+(y-y_0)^2+(z-z_0)^2}\right)} + \dfrac{q_2}{4\pi\xi_d} \cdot \dfrac{x-x_0}{\left(\sqrt{(x-x_0)^2+(y-y_0)^2+(z-z_0)^2}\right)} \\[3mm]
E_y = \dfrac{q_1}{4\pi\xi_d} \cdot \dfrac{y-y_0}{\left(\sqrt{(x-x_0)^2+(y-y_0)^2+(z-z_0)^2}\right)} + \dfrac{q_2}{4\pi\xi_d} \cdot \dfrac{y-y_0}{\left(\sqrt{(x-x_0)^2+(y-y_0)^2+(z-z_0)^2}\right)} \\[3mm]
E_z = \dfrac{q_1}{4\pi\xi_d} \cdot \dfrac{z-z_0}{\left(\sqrt{(x-x_0)^2+(y-y_0)^2+(z-z_0)^2}\right)} + \dfrac{q_2}{4\pi\xi_d} \cdot \dfrac{z-z_0}{\left(\sqrt{(x-x_0)^2+(y-y_0)^2+(z-z_0)^2}\right)}
\end{cases}
$$

$$(3-41)$$

式中，q_1 和 q_2 的关系如下式[136]：

$$q_2 = \frac{\xi_d - \xi_0}{\xi_d + \xi_0} q_1 \tag{3-42}$$

当认为无穷远处的电动势为 0，这样在 A 极或者 B 极位置处相对于无穷远处的电动势用 φ 表示，依据 Guass 定理可以得出点电极的电流为[136]：

$$I = \int j \cdot ds = \int \sigma E ds = \sigma \int E ds = \frac{\sigma q_1}{\xi_d} \tag{3-43}$$

而一个点电源相对无穷远的接地电阻为[136]：

$$R = \frac{\varphi}{I} \tag{3-44}$$

那么 AB 间的接地电阻即为[136]：

$$R_{AB} = 2\frac{\varphi}{I} = 2\frac{\varphi\xi_d}{\sigma q_1} = 2\frac{\varphi\xi_d\rho}{q_1} \tag{3-45}$$

若供电电极为圆柱电极(这也是常规电法省时而有效的常见做法)，假设 A、B 电极的长度为 D，横截面的半径为 r，垂直于地表下的电极仅有与接地有关的电荷分布，地表上的露头电极只做连接传导电流用，继续设两个电极间的距离为 L，则每个电极在地表下空间 P 的电场强度是柱体接触面分布的电场强度矢量和，可用下式表示[136]：

$$E_{柱总} = [(E_{柱侧面x} + E_{柱底面x})^2 + (E_{柱侧面y} + E_{柱底面y})^2 + (E_{柱侧面z} + E_{柱底面z})^2]^{1/2}$$

$$(3-46)$$

同样，根据 Gauss 定理，可以得到[136]：

$$I = \int j \cdot ds = \int \sigma E ds = \sigma \int E ds = \frac{\sigma q_1 s}{\xi_d} \tag{3-47}$$

而一个柱电源相对无穷远的接地电阻为[136]：

$$R_{柱} = \frac{\varphi_{柱}}{I} = \frac{\varphi_{柱}}{\dfrac{\sigma q_1 s}{\xi_d}} = \frac{\varphi_{柱} \xi_d \rho}{q_1 (2\pi rD + \pi r^2)} \qquad (3-48)$$

那么 AB 间的接地电阻即为[137]：

$$R_{柱AB} = 2\frac{\varphi_{柱} \xi_d \rho}{q_1 (2\pi rD + \pi r^2)} \qquad (3-49)$$

若供电电极为面电极，在做可控源时埋设的铝箔、锡箔等即属于这一种情况，设在实际工作当中埋设的电极的面积为 l m $\times j$ m，厚度不计，此面电极可以视为由很多个点电荷集合组成，也可看作是厚度不计（即侧面积不计）的柱状电极，同样容易得到下式[137]：

$$R_{面AB} = 2\frac{\varphi_{面}}{I} = 2\frac{\varphi_{面}}{\dfrac{\sigma q_1 s}{\xi_d}} = 2\frac{\varphi_{面} \xi_d \rho}{q_1 lj} \qquad (3-50)$$

上面三种情况可以总结为一个接地电阻通式[137]：

$$R_{AB通} = C\frac{\varphi}{q_1} \qquad (3-51)$$

上式中 C 为电极固定参数，一旦选定何种电极，它的值也随之确定，上式表明接地电阻与电极电动势 φ 成正比，与电荷量成反比，其中[137]：

$$\varphi = \int_{\infty}^{r} E \cdot dl \qquad (3-52)$$

对于供电电流产生的电场，根据镜像法可知[136-138]：

$$
\begin{aligned}
E &= E_1 + E_2 = \frac{q_1}{4\pi\xi_d R_1^2} e_{R1} + \frac{q_2}{4\pi\xi_d R_2^2} e_{R2} \\
&= \frac{q_1}{4\pi\xi_d R_1^2} e_{R1} + \frac{q_1}{4\pi\xi_d R_2^2} \cdot \frac{\xi_d - \xi_0}{\xi_d + \xi_0} e_{R2} \\
&= \frac{q_1}{4\pi\xi_d} \left(\frac{1}{R_1^2} e_{R1} + \frac{1}{R_2^2} \cdot \frac{\xi_d - \xi_0}{\xi_d + \xi_0} e_{R2} \right) \qquad (3-53)
\end{aligned}
$$

而电荷 q_1 与其镜像电荷 q_2 在 y 方向矢量抵消，所以，上式又可变为[136-138]：

$$
\begin{aligned}
R_{AB通} &= C\frac{\displaystyle\int_{\infty}^{r} E \cdot dl}{q_1} = \frac{C}{4\pi\xi_d} \int_{\infty}^{r} \left(\frac{1}{R_1^2} e_{R1} + \frac{1}{R_2^2} \cdot \frac{\xi_d - \xi_0}{\xi_d + \xi_0} e_{R2} \right) dl \\
&= \frac{C}{4\pi\xi_d} \int_{\infty}^{r} \left(\frac{1}{R_1^2} e_{Rx} + \frac{1}{R_2^2} \cdot \frac{\xi_d - \xi_0}{\xi_d + \xi_0} e_{Rx} \right) dl \qquad (3-54)
\end{aligned}
$$

式（3-54）即为计算接地电阻的通式。

第四系的介电常数为 8.85 × 1011 F/m,空气中的介电常数为 8.85 × 1012 F/m,取地表下电极处电阻为 20 Ω·m,电极为两种:一种为棒状圆柱体,其横截面半径为 0.01 m,另一种为正方形铝箔,其边长为 1 m,其埋深都设计为 1 m,将上式离散化,用数值积分计算包括点电极在内的三种情况下的接地电阻,其结果如图 3 - 30 所示:

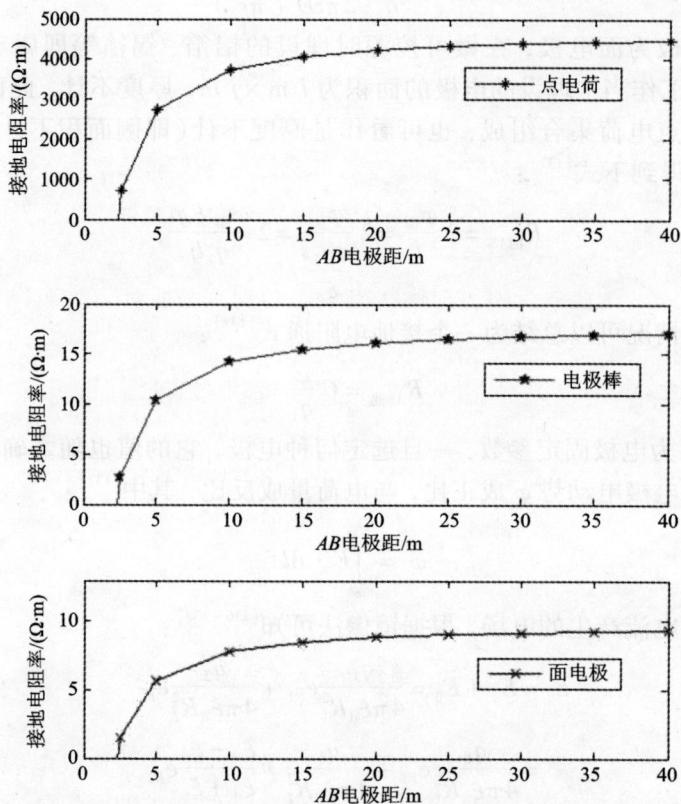

图 3 - 30 三种电极接地电阻计算结果

通过以上分析,接地电阻不仅与电极周围及地表下的地层电阻率有关,而且与围岩本身的电阻相关,通过图 3 - 30 来看,这三种情况在电极距小于 10 m 的情况下视电阻率很不稳定,从 2 Ω·m 左右慢慢增大,当电极距大于 15 m 时接地电阻逐渐趋于稳定。这就意味着我们在野外工作进行设计时 MN 之间的距离最好为 40 m 左右,在做对称四极测深时,AB < 10 m 时接地电阻往往变化很大,会导致测量的数据不准确。

在野外进行供电电极布设时,并不是电极埋深越深越好,请看图 3 - 31 及其分析：图 3-31 为面电极的埋深与接地电阻关系，作者发现，在埋深 1.2 m 以后接地电阻基本上趋于稳定，所以在实际工作当中埋设面电极要为 0.8 m 到 1.2 m，这样基本上就保证了最好的接地条件。

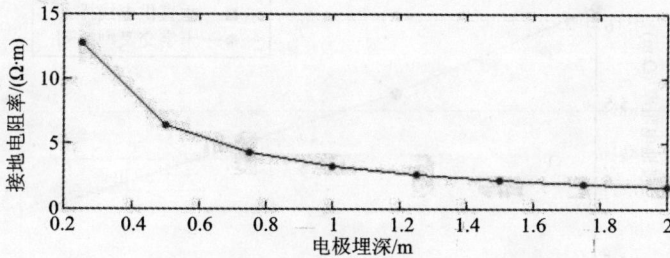

图 3-31　电极埋深与接地电阻关系计算结果

在野外经常会遇到埋设很多根棒状电极的情况，一般有三种布设方式，如图 3-32 所示：

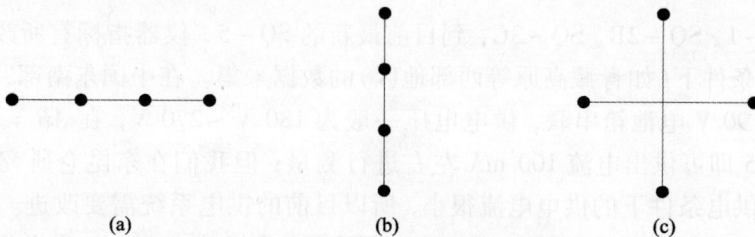

图 3-32　电极布设方式示意图

电极棒按照图 3-32 中三种排列的方式分别为：（a）沿着供电线方向布设；（b）垂直于供电线布设；（c）十字交叉布设。对这三种方式进行积分计算，设电极棒的横截面积半径为 1 cm，可以得到的接地电阻如图 3-33 所示：

图 3-33 中，对三种排列方式，接地电阻都是随着供电电极间的距离增大而减小，但垂直供电线排列方式的接地电阻最好，变化范围幅度不变；而十字交叉方式的接地电阻呈递减函数，减幅较大，接地电阻居中；平行供电线排列方式的接地电阻最大，但变化幅度不大。

3.3.3　对双频激电供电电源的改进

作者及其团队在东昆仑工作时选用的激电仪都是双频激电仪，因其轻便、采集数据效率高、测试结果稳定而在工作中被广泛使用。双频激电仪经过几代更

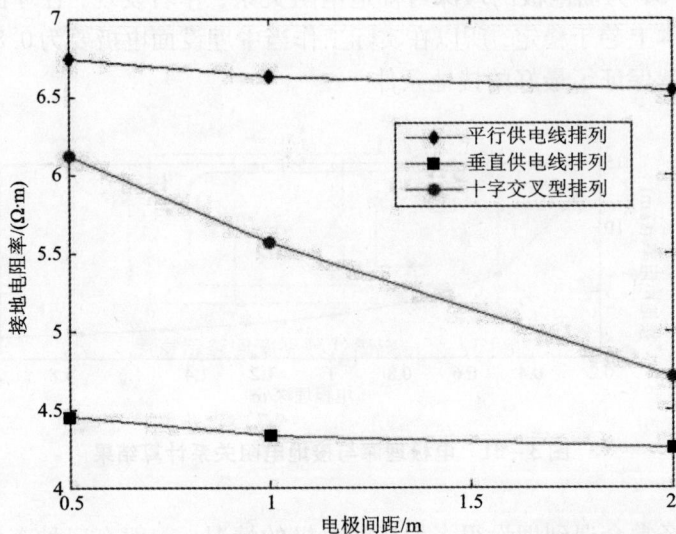

图3-33　不同电极布设方式的电极间距与接地电阻计算结果

新：从 F-1、SQ-2B、SQ-3C，到目前最新的 SQ-5，仪器指标有所改进，特别适合复杂条件下(如青藏高原等西部地区)的数据采集。在中国东南部，往往可用供电电流 90 V 电池箱串联，供电电压一般为 180 V～270 V，在 $AB=1200$ m 以内，SQ-5 即可供出电流 100 mA 左右进行测量；但我们在东昆仑研究区做了试验，这种供电条件下的供电电流很小，所以目前的供电系统需要改进。我们利用电子元器件设计了供电系统，电源可以采用市电发送或者 220 V 发电机供电，若为发电机供电，发电机功率常用 0.95～3 kW，野外实验得到的电流最大可达 600 mA。

在稳定状态下，一个开关周期中，电容安秒积(C·A/s)的代数和为零，即电感伏秒(V/s)平衡，这是能量守恒的一种表现，如图 3-34 所示[139-141]：

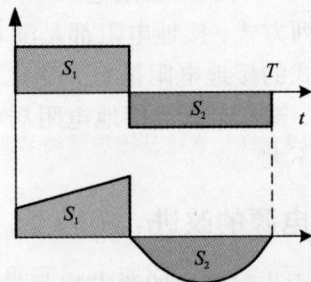

图3-34　电感伏秒平衡示意图

从图 3 – 34 中可以容易看出：$S_1 = S_2$

据图 3 – 35 所示当直流电输入稳定后，有下列数学关系[139 – 140]：

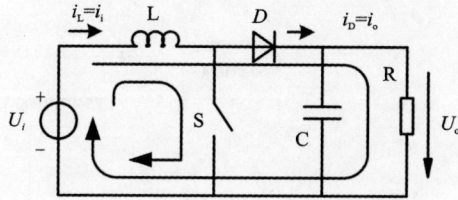

图 3 – 35　电感伏秒平衡回路示意图

$$U_i DT + (U_i - U_o)(1 - D)T = 0 \qquad (3 - 55)$$

$$\frac{U_o}{U_i} = \frac{1}{1 - D} = \frac{U_{\text{bus}}}{U_{\text{busin}}} \qquad (3 - 56)$$

据式(3 – 56)，调节占空比 D，就可以得到所需变换的电压。

按照上述原理，设计了两种方案，第一种其元器件的设计如图 3 – 36 所示，该方法称为变压器升压法，原理是用市电 220 V 进行变压器升压，然后通过二极管进行转换。

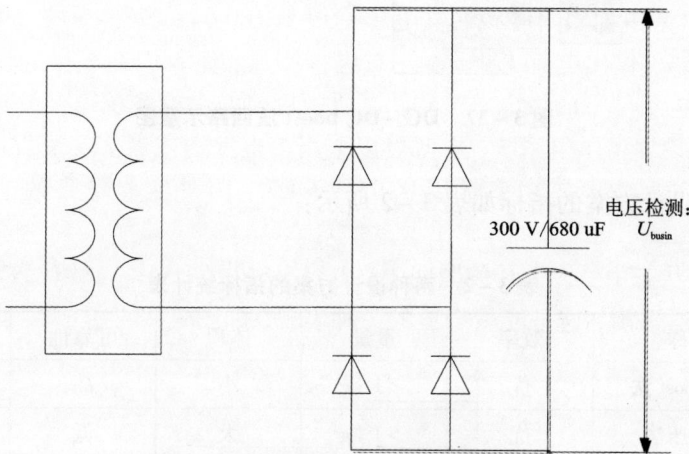

图 3 – 36　直接升压法回路示意图

第二种为 DC – DC boost 法，基本工作原理是：单相市电经过二极管调控整流得到直流母线电压 257 V，经过 DC – DC boost 变换输出直流电压 500 V，其中 mosfet 占空比基本公式见式(3 – 56)，式中 U_{busin} 和 U_{bus} 经过检测电路从单片机 AD

接口采样后可以计算占空比 D，进行 PWM 输出，得到 500 V 母线电压，电流采样的目的是为了进行电流保护，当输入电流大于 4 A，单片机输出 PWM 波截止，保护 mosfet 和主功率器件不损坏。这种方法的电路较为复杂。

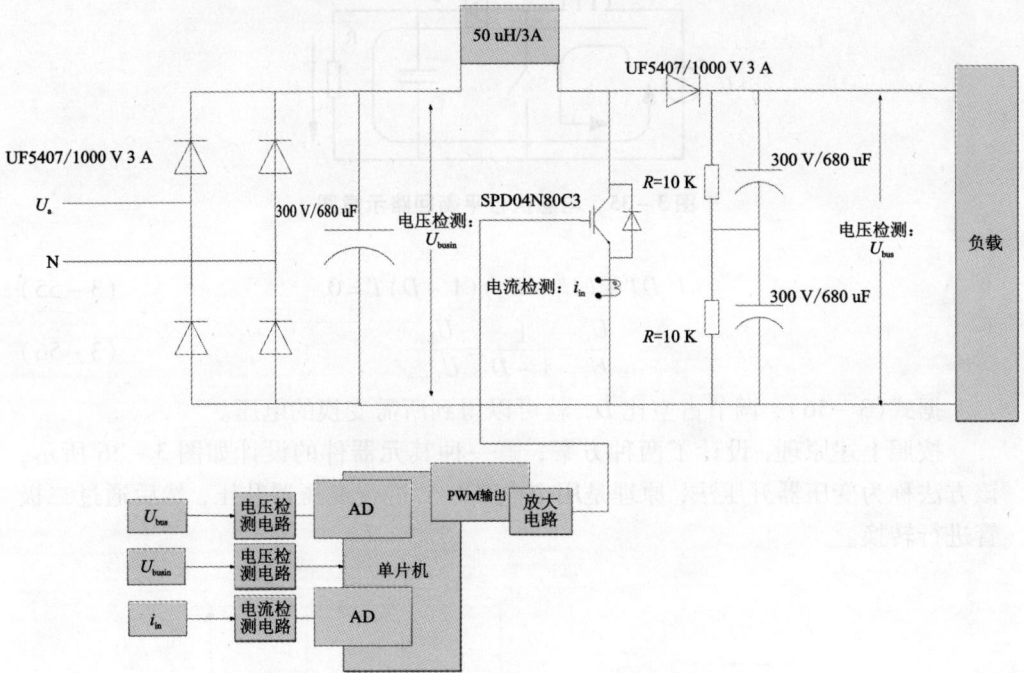

图 3 – 37　DC – DC boost 法回路示意图

这两种设计方案的指标如表 3 – 2 所示：

表 3 – 2　两种设计方案的指标统计表

方案名称	效率	重量	体积	可靠性	滤波
DC – DC boost 法	优	< 1 kg	小	高	可滤波
变压器升压法	优	> 1 kg	大	低	可滤波

在野外选择的是 DC – DC boost 法，输入电压信号波和输出电压信号波如图 3 – 38 所示。

经过 100 千欧(5% 功率电阻)与 1 千欧(5% 功率电阻)分压后测得波形如图 3 – 38 所示，经过放大后纹波电压在 20 mV 左右，即在 1% 以内，放大 100 倍后为

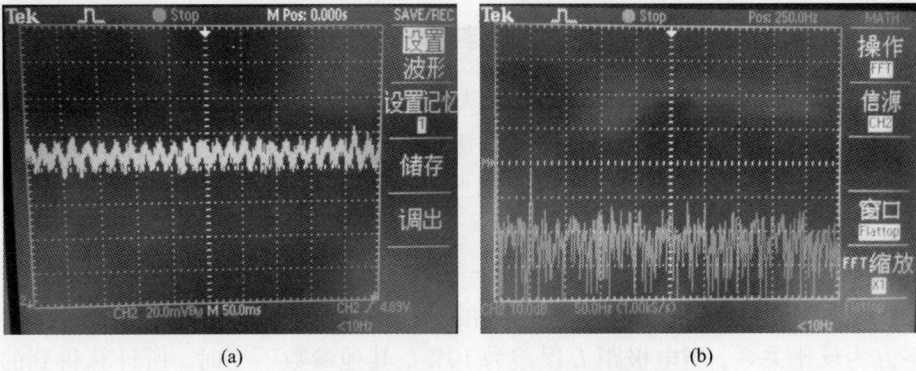

(a)　　　　　　　　　　　　　　　(b)

图 3 – 38　输入输出信号示波器检测结果

(a)输入发电机 220 V 正弦波；(b)输出直流波

5 V。把该时域图像转换到频率域，除了底噪之外，50 Hz 的噪声最大，该噪声为工频输入耦合噪声，通过时域图可知，该耦合噪声在 1% 以内。最终的发射电源供电电路如图 3 – 39 所示。

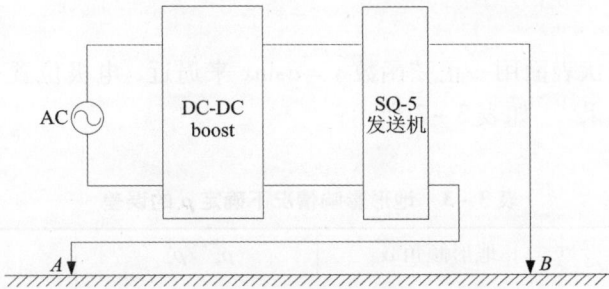

图 3 – 39　双频激电供电接入示意图

3.3.4　接地电阻的改善措施

依据上述分析，在东昆仑地区改善接地电阻措施的建议如下：

(1)进行供电电极布设时要垂直 AB 极大极距，不使用生锈电极，电极充分接地；

(2)因为东昆仑干燥，必须要用大功率供电系统，优选铝箔锡纸等面电极进行供电；

(3)在埋设电极时放入适量的食盐水进行浇灌；

(4)较为适宜的极坑深度为 0.8 ~ 1.2 m。

3.3.5 布极方式对卡尼亚视电阻率的影响

在野外实际测量中,很多单位技术人员没有考虑到电极距、两个电极的相对位置和磁探头的摆放位置对实测数据的影响,现做一简单分析,以提供参考。

电极距指两个方向测量电极之间的水平距离,电场强度由电极距与所收到的电位差共同决定[142]。

$$E = U/L \qquad\qquad (3-57)$$

式中,U 为电位,单位为 mV;L 表示电极距,单位为 km。视电阻率 ρ 与电极距 L 的平方为反比关系,当电极距 L 误差为 10%、其他参数不变时,所计算得到的视电阻率 ρ 误差为 21%;当电极距 L 误差为 1% 时,所计算得到的视电阻率 ρ 误差为 2.01%。

由此可见,电极距 L 的误差对视电阻率的测量结果影响很大,因此在采集数据过程中需要提高电极距 L 的测量精度。测量电极距时需要进行地形改正,以提高总体测量精度,所以在前期定点工作中,应采用经纬仪或全站仪测量地形及电极距 L 的长度。为了保证电位的测量精度,就必须提高电极距的相对精度,电极长度也不能太短。从提高观测精度而言,保证电极距的精度比保证点位的精度更为重要。

假设地形起伏表面用一正弦函数 $y = a\sin x$ 来逼近,电极位置相对高差 $\Delta H/L$ 的影响的试验结果[142]如表 3 - 3 所示:

表 3 - 3 地形影响情况下确定 ρ 的误差

$\Delta H/L$	地形倾角 α	ρ_s^{E*}/ρ_s^E	ρ_s^{H*}/ρ_s^H
0.08	4°27′	1.01	1.02
0.16	9°05′	1.12	1.17
0.24	13°30′	1.44	1.63
0.32	17°45′	1.77	2.14
0.40	21°48′	2.41	3.22
0.48	25°38′	2.92	4.18
0.56	29°15′	3.72	5.77

表中,ρ_s^{E*}、ρ_s^{H*} 分别为考虑地形影响计算的 E 极化和 H 极化视电阻率,ρ_s^E、ρ_s^H 分别为没有考虑地形影响计算的 E 极化和 H 极化视电阻率。所谓 $E(H)$ 极化是指电

场 E (磁场 H) 平行于二维构造走向的方向、而磁场 (电场) 与之垂直时电极电势偏离平衡电极电势的现象。试验表明，当在导电介质中的波长与地表起伏不均匀的几何尺寸相当时，就会产生地形对频率测深曲线的最大影响。这一现象通过有效勘探深度 (或趋肤深度) 可得到部分解释。当频率较高时，探测对象的深度相比经验公式计算的深度可能更小。如对于 EH4 的最高频 100 kHz，当地表电阻率为 100 Ω·m，则勘探深度为 11.25 m；当电阻率为 10 Ω·m 时，其趋肤深度减为 3.6 m。可见对于 EH4 的高频段，当地表电阻率较低时，地形起伏相对于其趋肤深度的影响会很大，所以很有必要讨论地形起伏对测量结果的影响。

　　磁探头与电极夹角偏差 θ 的影响：当磁棒和电极布线方向夹角有偏差时，野外所测得的磁场 H_r 值为 H_x 与 H_y 在 H_r 方向上的矢量和，即[142]：

$$H_r = H_x \times \cos\theta + H_y \times \sin\theta \qquad (3-58)$$

假设大地为均匀大地或均匀分层大地，则上式可转化为[142]：

$$\frac{\Delta\rho}{\rho} = \frac{(\rho_r - \rho)}{\rho} = \left(\frac{1}{\sin\theta + \cos\theta}\right)^2 - 1 \qquad (3-59)$$

　　根据式 (3-59)，绘制电阻率误差与偏差角度 θ 的关系特征曲线如图 3-40 所示。

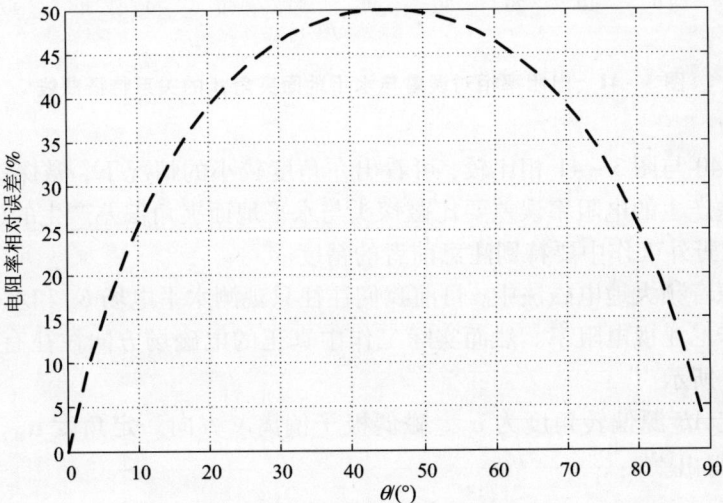

图 3-40　电阻率相对误差与偏差角度 θ 的关系特征曲线

　　从图中可见，在均匀大地中角度偏差 θ 达 45° 时实测电阻率误差可达本身的 50%。

　　磁探头与水平地面夹角 β 的影响：假设磁探头与水平地面夹角为 β，水平磁

场为 H_x，实际测量磁场为 H_m，则 $H_m = H_x\cos\beta$，其产生的电阻率相对误差为[142]：

$$\frac{\Delta\rho}{\rho} = \tan^2\beta \qquad (3-60)$$

电阻率相对误差与水平地面夹角 β 的关系如图 3-41 所示。

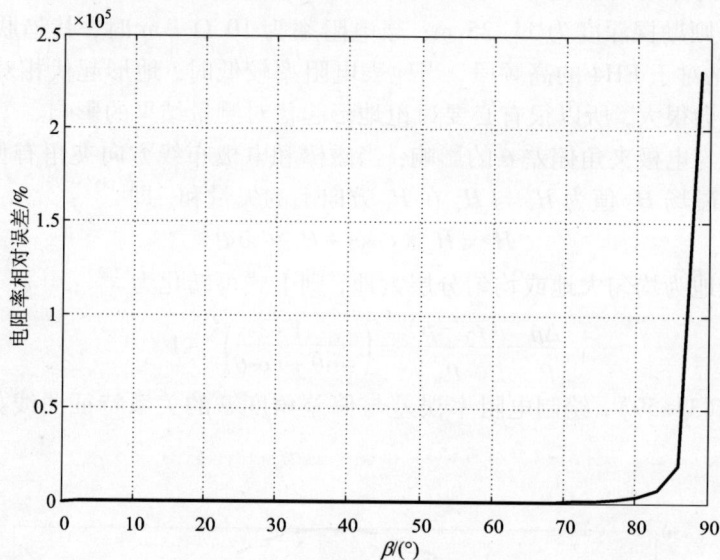

图 3-41 电阻率相对误差与水平地面夹角 β 的关系特征曲线

图 3-40 与图 3-41 相比较，可看出在角度较小的情况下，磁探头与电场电极夹角误差产生的电阻率误差要比磁探头与水平地面夹角偏差产生的误差要大得多，所以在野外工作中要特别注意前者的精度。

可控源音频大地电磁法中，目前我们往往只观测水平电场 E_x 和水平磁场 H_y，然后求得卡尼亚视电阻率。然而实际工作中真正的电磁场方向往往有偏转角度，如图 3-42 所示[131]：

若规定 AB 源偏转角度为 α_E，磁偶极子偏离 y 方向一定角度 α_M，则根据图 3-42可以得出[131]：

$$E_\alpha = E_x\cos\alpha_E - E_y\sin\alpha_E \qquad (3-61)$$

$$E_x = E_r\cos\varphi - E_\varphi\sin\varphi \qquad (3-62)$$

$$E_y = E_r\sin\varphi + E_\varphi\cos\varphi \qquad (3-63)$$

$$E_\alpha = E_r\cos(\varphi + \alpha_E) - E_\varphi\sin(\varphi + \alpha_E) \qquad (3-64)$$

$$H_\alpha = H_r\sin(\varphi + \alpha_M) + H_\varphi\cos(\varphi + \alpha_M) \qquad (3-65)$$

由以上各式计算卡尼亚视电阻率[131]为：

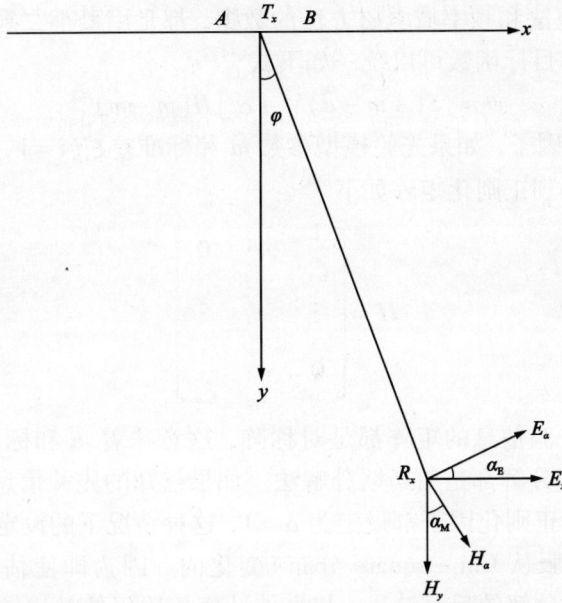

图 3 - 42　CSAMT 布设电磁场方位示意图[131]

$$\rho_\omega^{|Z|}(\alpha) = \rho_\omega^{|Z|} \left| \frac{\cos\varphi\cos(\varphi + \alpha_E) - 2\sin\varphi\sin(\varphi + \alpha_E)}{\cos\varphi\cos(\varphi + \alpha_M) - 2\sin\varphi\sin(\varphi + \alpha_M)} \right|^2 \qquad (3-66)$$

上式中，当 $\alpha_E = \alpha_M$ 时，偏转角度对卡尼亚视电阻无影响；当 $\alpha_E \neq \alpha_M$，对卡尼亚视电阻率有影响，此时的卡尼亚视电阻率仅仅与偏转角度有关。

3.4　噪声对电法、电磁方法的影响

　　测量实际数据时，由于研究区内的供电、钻探及坑探等工作引起的人文干扰会使数据产生一定误差，在此条件下会影响数据反演的效果，本节将对层状介质条件下含有不同噪声的数据进行正演模拟分析。

　　设计 4 层层状模型进行正反演的研究，以权衡电法和频率域电磁方法的探测深度，参数如表 3 - 4 所示。

表 3 - 4　层状模型参数

层数	1	2	3	4
厚度/m	100	100	180	均匀半空间
电阻率/(Ω·m)	200	100	500	1400

本书中对于电法和频率域电磁方法的数据，都是用最小二乘正则化方法进行反演求得的，总体目标函数可以统一如下式[143]：

$$\psi = |S(A\vec{m} - \vec{d})|^2 + \alpha |H(\vec{m} - \hat{m})|^2 \qquad (3-67)$$

式中，α 为正则化因子，如果先验模型参数 $\hat{m}$ 和标准差 $\xi_i(i=1,\cdots,m)$ 都可加以利用，那么可以得到正则化矩阵如下[143]：

$$H = \begin{bmatrix} \dfrac{1}{\xi_1} & \cdots & 0 \\ \vdots & \ddots & \vdots \\ 0 & \cdots & \dfrac{1}{\xi_m} \end{bmatrix} \qquad (3-68)$$

设定数据和先验信息的矩阵都是对称阵，这意味着 $\hat{m}$ 和标准差 ξ_i 伴随着假设模型先验参数的分解都是用高斯分解法。如果已知的先验信息是比较好的，一般情况下，我们把正则化因子都设定为 $\alpha=1$，这种情况下的设定参数是依赖于 χ^2 分布(即数据拟合服从 Chi - square 分布)变化的。因为即使估计的参数是不定的，但通过奇异值分解的反演结果，与零估计值相比仍然是比较好的选择。根据 H 的不同，处理问题上可以选择最平滑模型、最平坦模型和最小化模型，最平滑模型反演效果较好[143]，正则化矩阵 H 可被离散成对角矩阵的形式[143]：

$$H = \text{tridiag}\left[\frac{-1}{(z_{i+1} - z_i)^2} \quad \frac{(z_{i+2} - z_i)}{(z_{i+2} - z_{i+1})(z_{i+1} - z_i)^2} \quad \frac{-1}{(z_{i+2} - z_{i+1})(z_{i+1} - z_i)}\right]$$

$$(3-69)$$

上式底部最后两行为零。如果无法先验知道基模型 $\hat{m}$ 的结构信息，可假设 $\hat{m}=0$，那么可以得到[143]：

$$|H(\vec{m} - \hat{m})|^2 = \sum_{i=1}^{m-2} \left|\frac{\partial^2 m}{\partial z^2}\right| \qquad (3-70)$$

这种加入了二阶偏导数先验信息的公式称之为最平滑模型正则化反演公式。如果令 $Z_{i+1} - Z_i = \Delta$ 为常数，则有[143]：

$$H = \begin{bmatrix} -1 & 2 & -1 & 0 & \cdots & 0 & 0 & 0 \\ 0 & -1 & 2 & -1 & \cdots & 0 & 0 & 0 \\ \vdots & \vdots & \vdots & \vdots & & \vdots & \vdots & \vdots \\ 0 & 0 & 0 & 0 & \cdots & -1 & 2 & 1 \\ 0 & 0 & 0 & 0 & \cdots & 0 & 0 & 0 \\ 0 & 0 & 0 & 0 & \cdots & 0 & 0 & 0 \end{bmatrix} \qquad (3-71)$$

接下来就针对在常规电法和电磁测深数据中再加入 0.02%、2%、20% 的噪声三种情况下的正则化反演结果来进行研究。

通过计算，得到的电法、频率域电磁法加入噪声后的模拟结果如图3－43、图

3 - 44 所示:

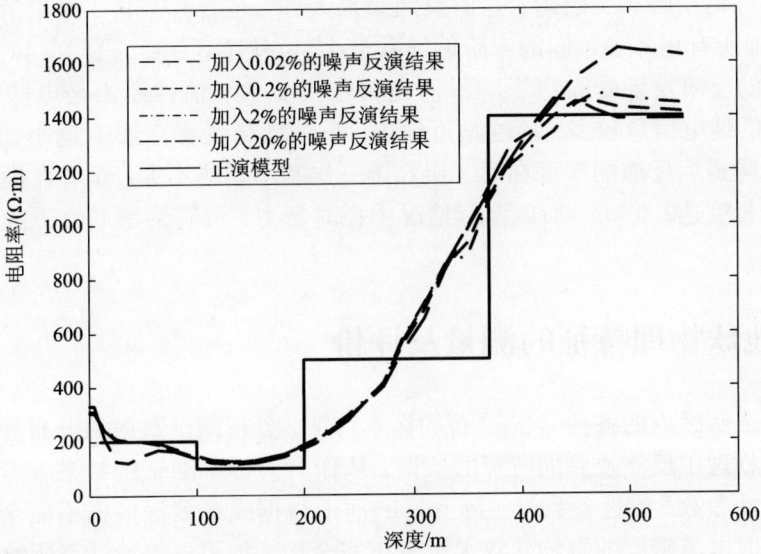

图 3 - 43　加入不同噪声最平滑模型直流电反演结果拟合图

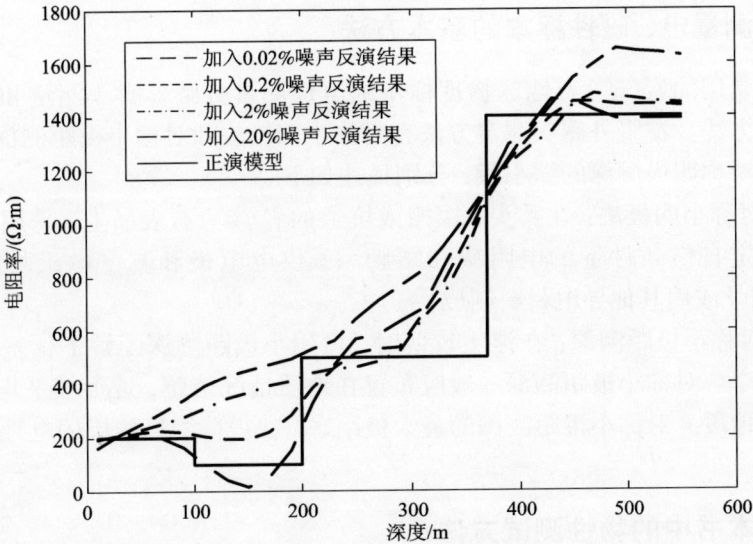

图 3 - 44　加入不同噪声最平滑模型 MT 反演结果拟合图

从图 3 - 43、图 3 - 44 可以看出,总体上随着噪声的增加,曲线都越来越不符合初始模型，当噪声足够小时，可以有效地反演出模型结构信息。随着数据噪声的增大(干扰信号的增加)，反演结果越来越差。当噪声达到20%时，反演结果完全不能很好地反映真实结构。这时反演结果大部分信息是来自于最平滑结构的先验信息(即所有相邻参数间的二阶偏导数最小)。从图3-43、图3-44中明显可见：电法的反演效果受噪声影响没有电磁法那么大，估计原因是电法数据点密集，提供的地电信息较多，且越是近地表，反演效果受噪声影响越小，在加入各种不同的噪声后反演的深度在第二层和第三层基本影响不大；作者在模拟实验时此条剖面长度达2.6 km，所以实际情况中耗时费力，没有频率域电磁法测深那么方便。

3.5 地球物理特征的测量及评价

研究成矿区内的各种岩(矿)石的标本特征，分析测试数据的分布和区间，是指导地球物理正反演及后期解释的依据，从作者对标本测试的结果来看，每个研究区的电性参数、磁性参数与实际测量的面上数据或者测深数据不完全对应，可能是测量时电流密度的影响导致无法真正完全均一地可以等量计算所致。本节第三部分尝试了针对这种实际测量标本数据与研究区整体面上数据难以对应的问题提出一种确定异常下限的新思路。

3.5.1 测量电、磁性标本的基本方法

目前常用的岩(矿)石地球物理标本的电性测量分野外露头测量和室内标本测定两类方法。在野外露头测定方法有对称小四极法和对称小极距测深两种，实际上均为对称四极测深的缩小版，分别描述如下[135]：

(1)对称小四极法：在露头、探槽或坑道的岩(矿)石表面上，采用对称小四极装置测定自然条件下的电阻率和幅频率，供电电极和测量电极均可用直径2 mm的铜丝或用其他导电材料制成。

(2)对称小极距测深：在浮土较薄时，可用小极距测深了解下伏基岩的电阻率和幅频率。对称小极距测深一般应布置在地质情况清楚，地形较平坦，岩层倾角不大的地段。对称小极距测深的最大极距，以获得待测目的层的电性参数渐近线为准。

3.5.2 本书中的物性测试方法

上述方法为目前广泛应用的方法，但由于人为参与因素较大，且测量标本环境往往不一致，测量结果有一定的偶然误差，有时候测量的数据跳变范围过大，对后期解释造成误导。所以在本书中对标本的测量利用引进的加拿大GDD公司

生产的 SCIP 岩芯电参数测试仪 Sample Core I. P. Tester[见图 3 - 45(a)]，对岩石样本的电阻率 ρ_s、极化率 η_s 和磁化率进行测量。

　　岩(矿)石样品的电性参数分析在中南大学地球科学与信息物理学院完成，测试参数选取发射恒压 12 V、堆栈次数 10 次、信号时序 2 s，实验分析误差小于 5%。测试前，所有岩石样本需通过由上海纽迈电子科技有限公司生产的真空饱和装置[图 3 - 45(b)]进行抽真空、水饱和处理，以模拟地下岩(矿)石赋存环境，提高测试的准确度，具体的实验过程参照《时间域激发极化法技术规范》(DZ/T 0070—93)进行。

　　为保证测量结果的准确性及精确度，要对所有室内电性参数测试的岩(矿)石样本进行标型加工。其中，选择研究区 78 块岩(矿)石样本统一加工成标准长方体(规格：长 28 ~ 54 mm，宽 27 ~ 40 mm，高 26 ~ 36 mm)，具体加工过程参照《岩(矿)石物性调查技术规程》(DD2006—03)执行。

　　在开始正式测量前，首先对仪器进行了重复性检测，在正常和正确操作情况下，由同一操作人员在同一实验室内，在短期内对相同的岩样进行多个单次测试，待每次测得数据稳定、误差维持在 5% 以内后，再开始对所有的样本进行系统的测量。

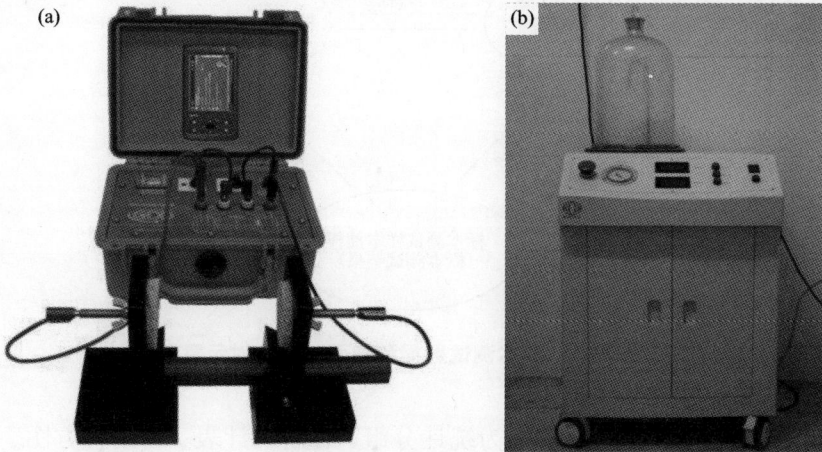

图 3 - 45　物性参数测试仪器
(a)SCIP 电性参数测试仪；(b)抽真空、水饱和装置

3.5.3　标本数据的统计分析方法

　　标本测试完后就需要进行数据分析，以前的文献中，作者基本上是统计某个参数的最小值、最大值和平均值，少部分学者对研究区只列出了常见范围，解释

时也只是提出某个研究区的异常体呈"低阻高极化"等模糊概念,或仅仅只分出了异常范围,但对矿山地球物理使用最多的激发极化参数基本没有给出明确的异常下限判别方法。对此,作者试图利用样本映射抽样方法确定 F_S 的异常下限,归纳出一种新的方法,提高解释精度。

统计时要对一个区域的样本进行抽样调查分析,抽取的数据要体现随机性和完备性,假如对每个研究区按照与扫面网度一样进行标本采集及测量,即构成了一个调查数据的总体,与扫面数据的采集位置是一一对应的;通过标本采集的这个总体进行抽样,得到的抽样数据与扫面数据进行一一对应,得出较为准确的确定异常下限的方法。但此过程中的抽样需要符合地层岩性面上的分布特点,比如某个地区由花岗岩、灰岩和白云岩组成,矿(化)体位于花岗岩和灰岩的接触带上,通过地表调查,面积上花岗岩占30%,灰岩占40%,白云岩占25%,矿化体占5%,则测试的岩(矿)石标本分别随机在这四种不同的岩(矿)石上采集,采集标本比例亦为:花岗岩∶灰岩∶白云岩∶矿化体=30%∶40%∶25%∶5%,即当矿化体岩石采集30块时,白云岩需要采集150块,灰岩需要采集240块,花岗岩需要采集180块。然后通过如图3-46所示映射关系即可推算扫面数据的异常下限。

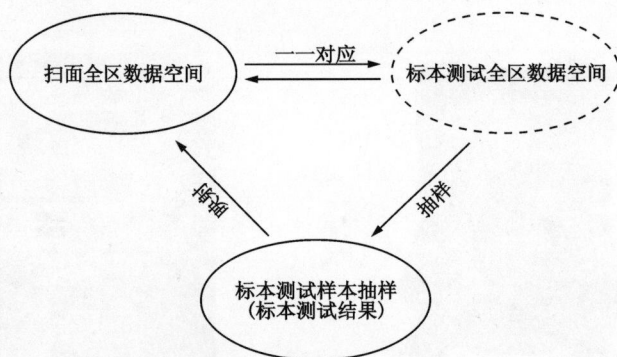

图3-46 标本测试数据和扫面数据映射示意图

数据统计分析的一般步骤分为统计分组、编制统计表、绘制直方图、制作频率曲线等,在这些基础上分析数据特征,从而为评价实际问题做出科学分析。

研究区内岩(矿)石标本测试统计见表3-5。测试统计的具体步骤如下:

根据实测的数据变化范围,将其分成若干组,组的间距长度称为组距,组距按等差划分,区间内所占数据的个数为频数,各组数据的个数与总个数的商称为频率。根据前人在统计分析磁测标本时给出的确定统计数组的经验曲线(图3-47),对 F_S 进行同样的分析。在研究区我们采集标本最终的位置如图3-48所示,视极化率的统计如表3-6所示,根据岩性和矿化分布,采集的标本为112

块，按照标本统计组数经验曲线，取组距为 9 个。

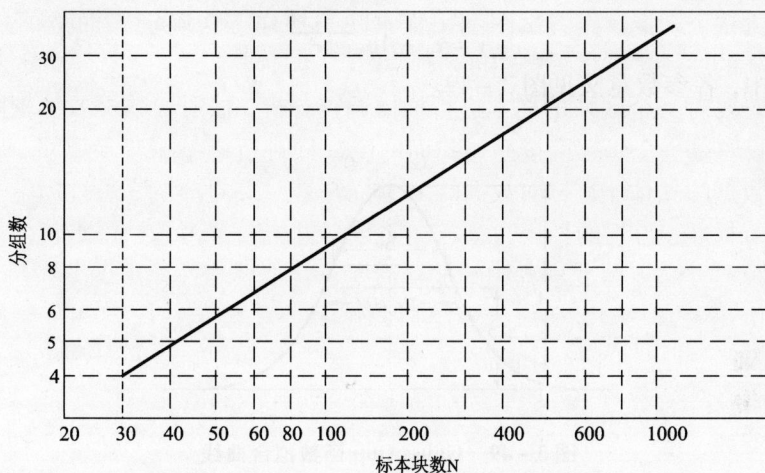

图 3 - 47　确定统计数组的经验曲线

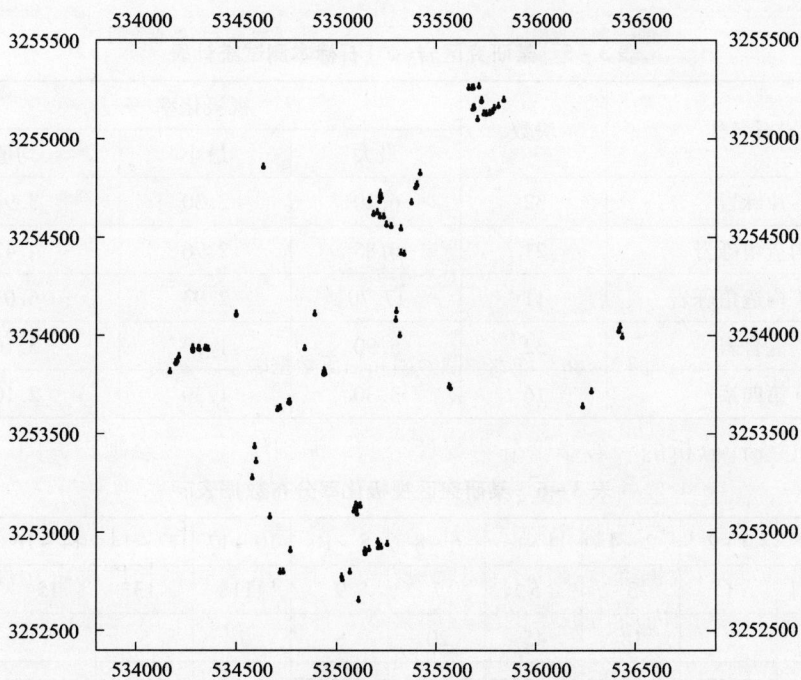

图 3 - 48　某研究区标本采集位置点位分布图

根据表 3 – 6，以极化率分组值为横坐标，频率为纵坐标，绘制出频率直方图，然后再对直方图进行 GaussAmp 函数拟合，具体公式如下：

$$y = y_0 + A e^{-\frac{(x - x_c)^2}{2w^2}} \tag{3 – 72}$$

上式中，各参数意义见图 3 –49。

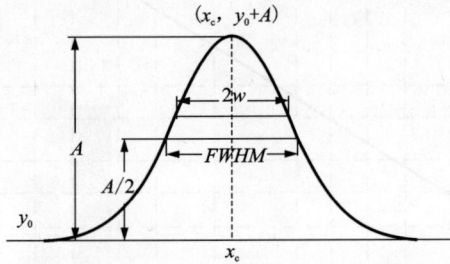

图 3 –49　GaussAmp 函数拟合曲线

图中，$A > 0$，$w > 0$，$y_0 = 0$，x_c 为取值范围的中点，A 为峰值的长度，$FWHM$ 为 $A/2$ 对应的两个 x 之间的距离，$w = FWHM/\sqrt{\ln 4}$。

表 3 –5　某研究区岩(矿)石标本测试统计表

岩石名称	块数	视极化率/%		
		最大	最小	均值
片麻岩	32	6.20	2.30	3.94
构造角砾岩	21	6.85	2.76	4.42
含矿构造角砾岩	11	17.70	2.93	6.01
混合岩	32	5.90	1.10	3.16
第四系	16	3.30	1.30	2.10

表 3 –6　某研究区视极化率分布数据表

组距	0 ~ 2	2 ~ 4	4 ~ 6	6 ~ 8	8 ~ 10	10 ~ 12	12 ~ 14	14 ~ 16	16 ~ 18
各组中值	1	3	5	7	9	11	13	15	17
频数	2	18	45	20	8	7	5	5	2
频率/%	1.785714	16.07143	40.17857	17.85714	7.142857	6.25	4.464286	4.464286	1.785714
累积频率/%	1.785714	17.85714	58.03571	75.89286	83.03571	89.28571	93.75	98.21429	100

利用同样的方法对全区 2350 个扫面数据的 F_S 进行处理, 即可得到如图 3 - 50 所示结果, 图 3 - 50(a) 为 F_S 标本测试结果, 图 3 - 50(b) 为 F_S 全区实测扫面结果; 对比两图可以看出, 本区内高于背景场的峰值即为异常。从两个高斯拟合曲线看: 形状类似, 但对应的 F_S 不一样, 标本测试的 F_S 为 6.041% 时, 研究区对应的平面异常为 3.5%, 说明若不考虑其他原因, 则大于这个数值($F_S = 3.5\%$) 的扫面视幅频率即为矿致异常频率, 提高了解释精度。

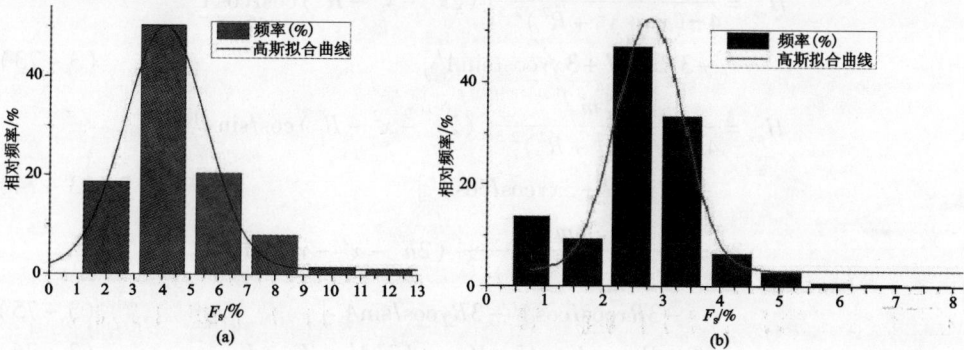

图 3 - 50 标本测试和全区扫面 F_S 频率直方图
(a)标本测试;(b)激电中梯扫面

3.6 东昆仑成矿带典型构造响应特征

地球物理方法与地质、化探方法一样, 是一种研究矿床规律的方法; 对采集的地球物理数据进行分析, 就要依靠一定的响应规律来判别方法的有效性, 然后针对性地对不同研究区内的矿床异常分布特征进行评价。但本区域内精细的物探研究工作的成果少见, 因而有必要研究本区内典型矿山的精细物探方法对不同构造、地质体的响应特征。本小节将针对不同的岩体、断裂构造、岩性接触带等物理容矿空间中产生的不同类型矿床, 研究其精细勘探过程中的最常用的高精度磁测、电法、频率域电磁法的响应特征, 对电性响应特征进行数值模拟和理论分析, 以便对普遍高阻条件下的电(磁)响应特征和规律进行深入研究。

3.6.1 磁异常响应特征

东昆仑地区处于我国的高纬度地区: 北纬 35° ~ 35.5°、东经 95° ~ 100°。根据国际地磁学和高空物理学国际协会(简称 IAGA)的参考地磁场 IGRF 最新的 8 代模型可以计算出此区域的磁倾角为 52° 左右, 磁偏角为 - 0.6° ~ 0.1°。磁测的最后成果是异常平面等值线图和平面剖面图。在进行解释前，要先对磁测资料进行分析和处理，即对磁异常进行处理与转换。处理的首要步骤就是地磁场化极，化极时通常假设地磁场方向和磁化方向一致，磁性体不存在剩余磁化强度和退磁作用的影响。为了说明磁异常的转换，我们根据前文提到的一般特征参数：磁偏角取0°，磁倾角取52°，当地磁场强度取53400 nT，利用这些参数进行球体磁异常的转换。其满足的正演公式如下[120]：

$$H_{ax} = \frac{\mu_0 m}{4\pi(x^2+y^2+R^2)^{2.5}}\big[(2x^2-y^2-R^2)\cos I\cos A'$$
$$-3Rx\sin I + 3xy\cos I\sin A'\big] \tag{3-73}$$

$$H_{ay} = \frac{\mu_0 m}{4\pi(x^2+y^2+R^2)^{2.5}}\big[(2y^2-x^2-R^2)\cos I\sin A'$$
$$-3Ry\sin I + 3xy\cos I\cos A'\big] \tag{3-74}$$

$$Z_a = \frac{\mu_0 m}{4\pi(x^2+y^2+R^2)^{2.5}}\big[(2h^2-x^2-y^2)\sin I$$
$$-3Rx\cos I\cos A' - 3Ry\cos I\sin A'\big] \tag{3-75}$$

$$\Delta T = H_{ax}\cos I\cos A' + H_{ay}\cos I\sin A' + Z_a\sin I \tag{3-76}$$

以上4式中，R 为球体的埋深；m 为球体磁矩，且 $m=MV$（M 为磁化强度；V 为球体体积）；I 为磁倾角，A' 为观测剖面与磁化强度的水平投影夹角（一般实际测量中视为零）。选取球体埋深 $R=15$ m 的球体磁异常在坐标系 x，$y=(0,0)$ 时，计算其 Z_a、H_{ax}、H_{ay} 和 ΔT，计算结果如图3-51所示。

从图3-51可以看出，磁异常在上述四个量的计算结果中，都因为磁倾角的影响使磁异常中心发生了变化，为了解释分析磁异常源的分布，经过对此区域的地磁场进行化极，化极后的结果如图3-52所示。

从图3-52可以看出，理论模型在化极后可实现异常的归位（20世纪90年代之前许多地磁解释图利用 Z_a 解释，目前基本上利用 ΔT 进行数据处理和解释分析），在实际地层地磁特征解释当中，磁异常源的形态和特征千变万化，所以我们必须进行化极后才能进行延拓和磁异常转换等处理工作来显示不同的构造、地层的空间分布特征。利用此区域的参数：磁倾角取52°、当地磁场背景场值选为53400 nT、磁异常体间距为200 m，利用3.1.1小节中的方法进行化极，化极后向上延拓，其中两个异常体埋深都为50 m，左边的球形异常体半径为15 m，右边的为30 m，K 值均为0.015 SI（见图3-53）。

计算结果如图3-54所示。

从图3-54可以看出，设计的理论计算剖面随着延拓深度的增加，大异常左边的小异常逐步变小，当大异常的延拓深度和弱小异常的延拓深度基本一致时，弱小磁异常已经无法从此条剖面上分辨，但大异常的峰值也会被削弱。经过延

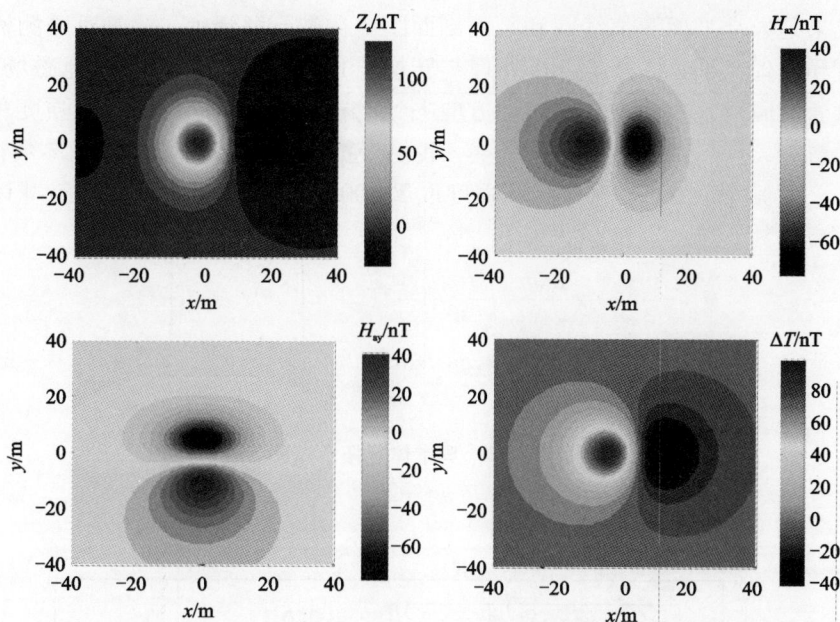

图 3 – 51　Z_a、H_{ax}、H_{ay} 和 ΔT 计算结果

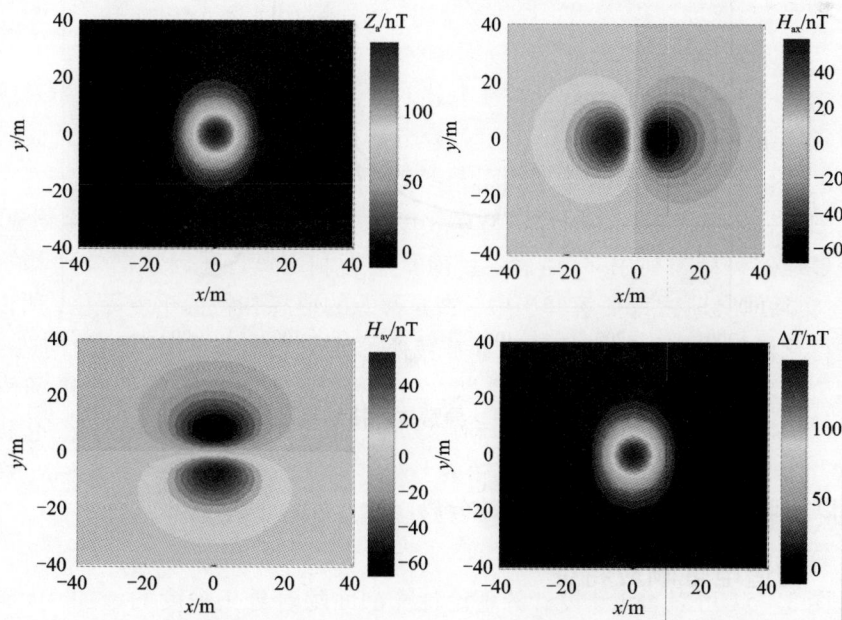

图 3 – 52　化极后 Z_a、H_{ax}、H_{ay} 和 ΔT 计算结果

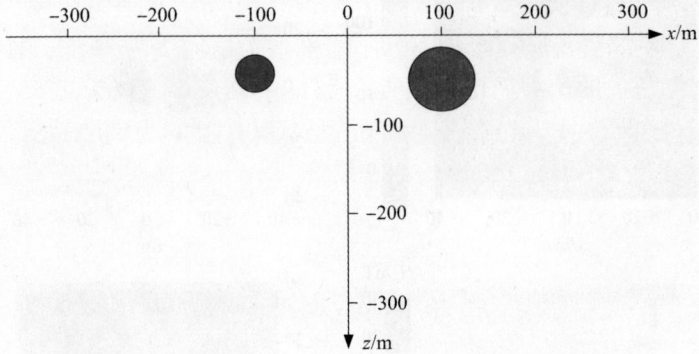

图 3-53 异常体延拓示意图

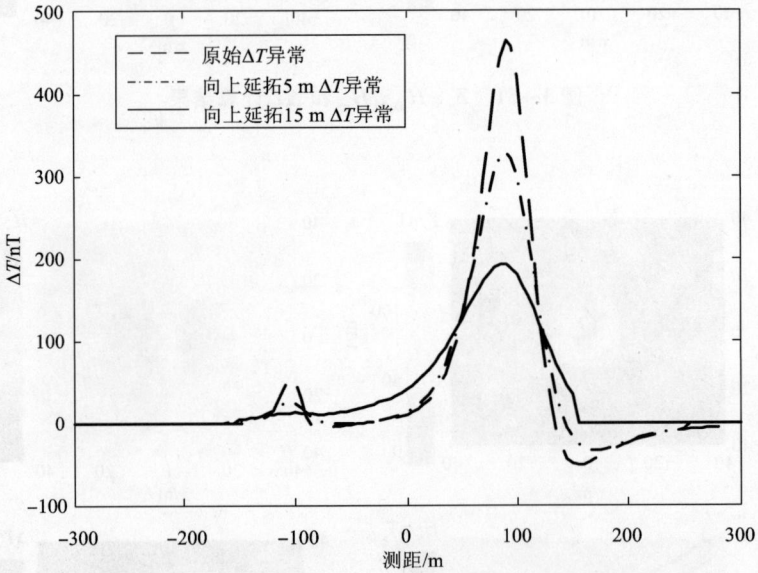

图 3-54 异常体延拓结果图

拓,可以实现大异常体与小异常体的分离。

3.6.2 构造电性响应特征

本小节针对实测数据在地质解释时遇到的正断层、逆断层、不同岩性接触带、岩体内裂隙、高阻岩脉及断裂这几类常见的地质构造的 F_s 和 ρ_s 都进行了数值模拟。正演方法利用的是有限单元法[144]。

　　针对正断层，设计两层电性介质如图 3 – 55 所示。地表电阻率为 50 Ω · m，极化率为 1%；左部覆盖层厚度为 10 m，右部覆盖层厚度为 20 m，围岩的电阻率设计为2000 Ω · m，极化率为 0.5%，由于实际上断层厚度仅为几米左右，且断层内部往往含有硫化物或者蚀变产物，故设计其电阻率为 50 Ω · m，极化率为 10%，剖面总长度为 640 m，深度为 280 m。

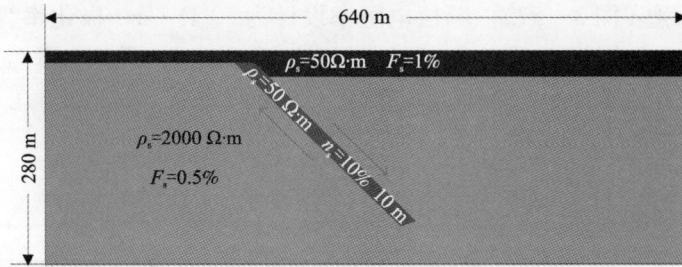

图 3 – 55　正断层激电测深正演模型示意图

　　根据图 3 –55 所示模型示意图，经过正演计算，采用偶极 – 偶极装置，对正演的视电阻率以 $AB/4$ 极距和测点距离为纵横坐标绘制剖面，结果见图 3 – 56。

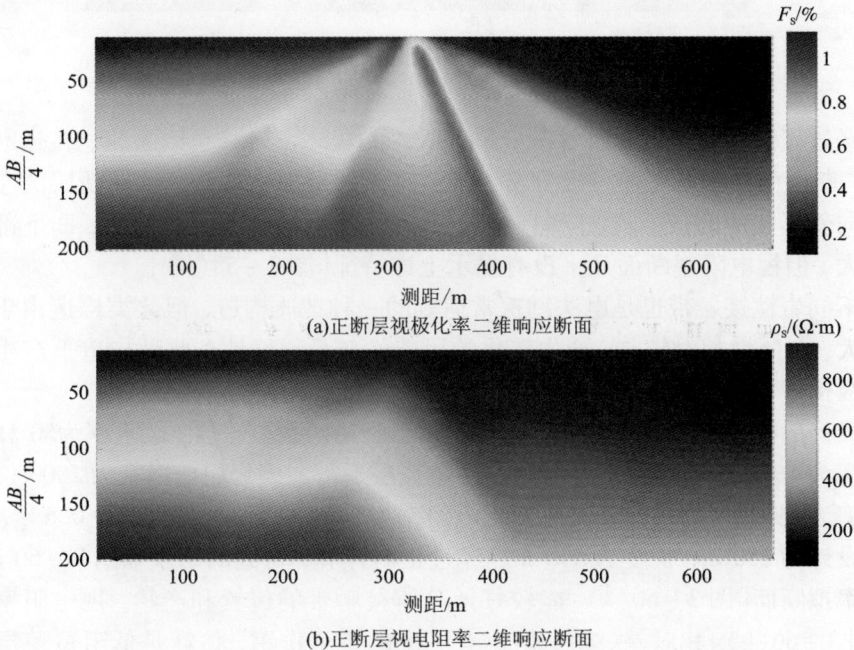

(a)正断层视极化率二维响应断面

(b)正断层视电阻率二维响应断面

图 3 – 56　正断层激电测深正演结果二维拟断面图

图 3-56(a)为视极化率断面图,图 3-56(b)为视电阻率断面图。从图 3-56 中可以看出,正断层的整体形态基本上能够分辨,但视极化率模拟结果相对误差大一些,视电阻率对产状的模拟结果与设计产状比较吻合。由于地表低电阻的影响或者装置的影响,在断层处异常的顶部左侧出现一个小小的凹状低阻低极化部位,凹下部位较小,与断层的产状疑似直角关系,在视极化率断面图上也有显示;因此在野外进行实测时需要对这种情况仔细甄别分析。

众所周知,逆断层与正断层的受力是相反的,相应的断层左侧低阻覆盖层往往比右侧厚一些(图 3-57)。断层电阻率设计为 50 Ω·m,极化率为 10%;覆盖层厚度在断层左侧设计为 20 m,在断层右侧设计为 10 m,覆盖层电阻率为 50 Ω·m,极化率为 1%;围岩的电阻率为 2000 Ω·m,极化率为 0.5%,剖面深度为 280 m,长度为 640 m。

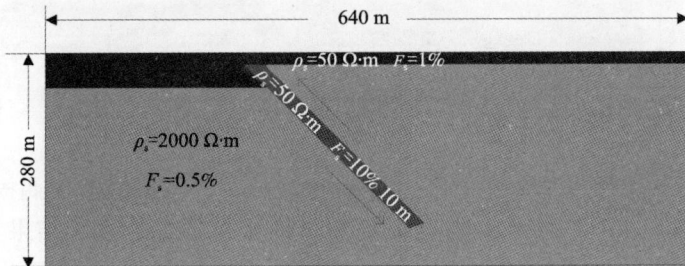

图 3-57 逆断层激电测深正演模型示意图

经过正演计算,结果如图 3-58 所示,从图 3-58(a)可以看出,在逆断层条件下,断层的产状虽然还可以分辨,但没有正断层那么明显,且在断层的左侧出现了向斜形状的凹状低阻,倾向右侧,出现的断层构造成锐角特征,凹下部位相对较大,但视电阻率断面几乎没有显示上述特征[图 3-58(b)]。

不同岩性接触带也是电法勘探常遇到的一种地质构造,但此类构造由于接触面积大,封闭性相对较差,产生矿化的可能性较低,只是在此种构造下产生的旁侧次级构造可成为容矿空间,构造模型如图 3-59 所示。

设计的模型顶部为低阻体覆盖层,相当于第四系覆盖层,电阻率为 50 Ω·m,极化率为 1%,覆盖层厚度为 10 m,在覆盖层下部左侧岩层电阻率为 2000 Ω·m,极化率为 1%,与其接触的右侧岩层电阻率为 5000 Ω·m,极化率为 0.5%,剖面深度设计为 280 m,长度为 640 m。经过正演计算,得到的结果如图 3-60 所示。极化率拟断面[图 3-60(a)]能较好地分辨接触带的位置和产状,视电阻率拟断面[图 3-60(b)]相对差一些,但也有一定的指示作用,估计是低阻覆盖层电性差异的原因。F_s 和 ρ_s 的正演结果都没有出现类似于正、逆断层模型中的那些凹

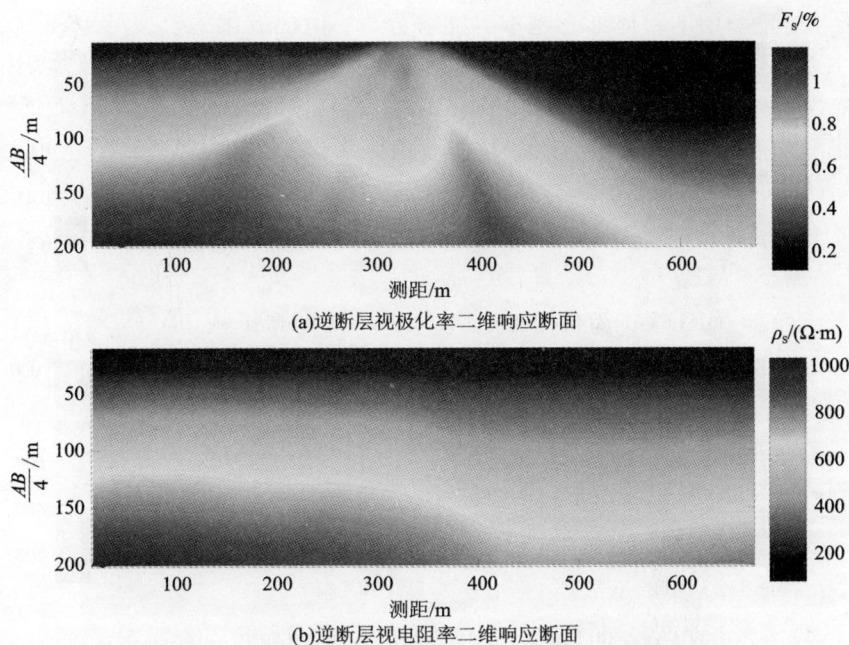

(a)逆断层视极化率二维响应断面

(b)逆断层视电阻率二维响应断面

图 3 - 58　逆断层激电测深正演结果二维拟断面图

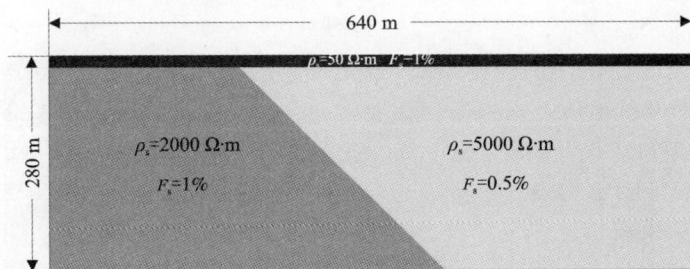

图 3 - 59　不同岩性接触带激电测深正演模型

凸形状，结构相对较为单一，与正、逆断层模型有一定的区别。

岩体内裂隙往往是容矿最多的空间，地表覆盖层的电阻率也不一致，根据作者经验，岩体内裂隙的电阻率往往比第四系的稍微高点，所以设计的模型（图 3 -61）中，低阻覆盖层电阻率为 50 Ω·m，极化率为 1%，厚度为 10 m；底部围岩电阻率为 2000 Ω·m，极化率为 1%；而岩体裂隙内的矿化体电阻率为 100 Ω·m，极化率为 10%，厚度为 10 m，正演计算的结果如图 3 -62 所示。

(a)不同岩性接触带视极化率二维响应断面

(b)不同岩性接触带视电阻率二维响应断面

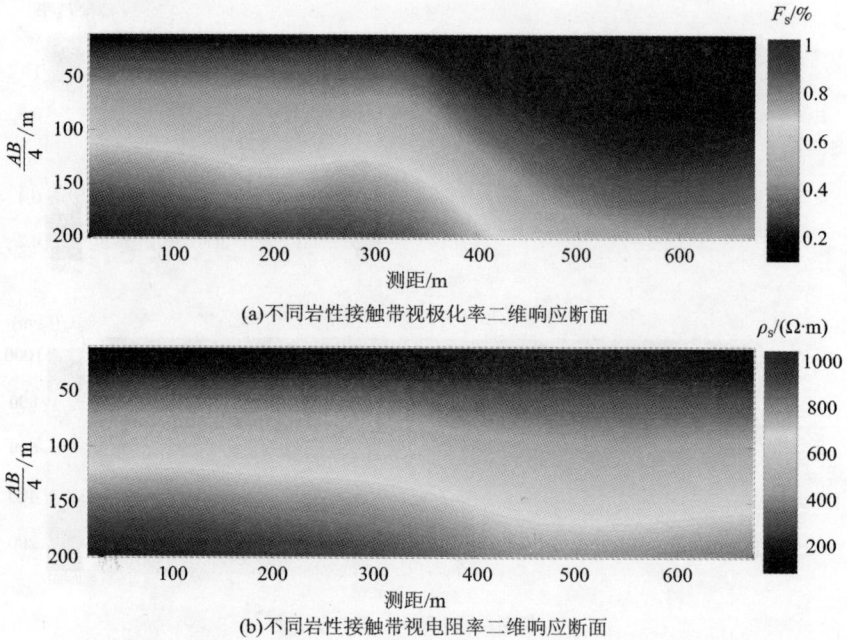

图 3 - 60 不同岩性接触带激电测深正演结果二维拟断面图

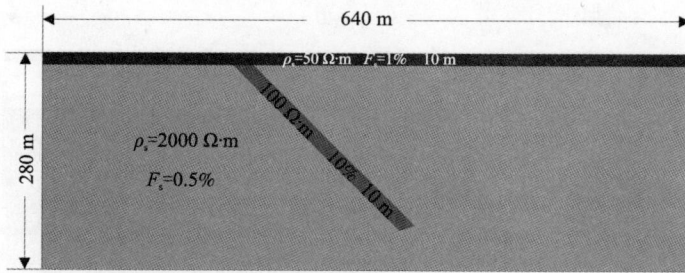

图 3 - 61 岩体内裂隙极化体激电测深正演模型

据图 3 - 62 可以明显看出, 正演得到的视电阻率拟断面几乎显示层状介质特征, 而极化率拟断面有一定的激发极化现象, 极化率在裂隙附近有一定的起伏, 对裂隙产状也有一定的指示, 但需仔细甄别, 如果野外存在一定的噪声, 估计就很难分辨了。若此裂隙正好是含矿断裂或者岩性接触带, 那么将会出现如图 3 - 56(a)、图 3 - 58(a) 和图 3 - 60(a) 所示的断面形态。

在寻找金矿床或者金银多金属矿床时, 这些金属元素往往含在高阻高极化的

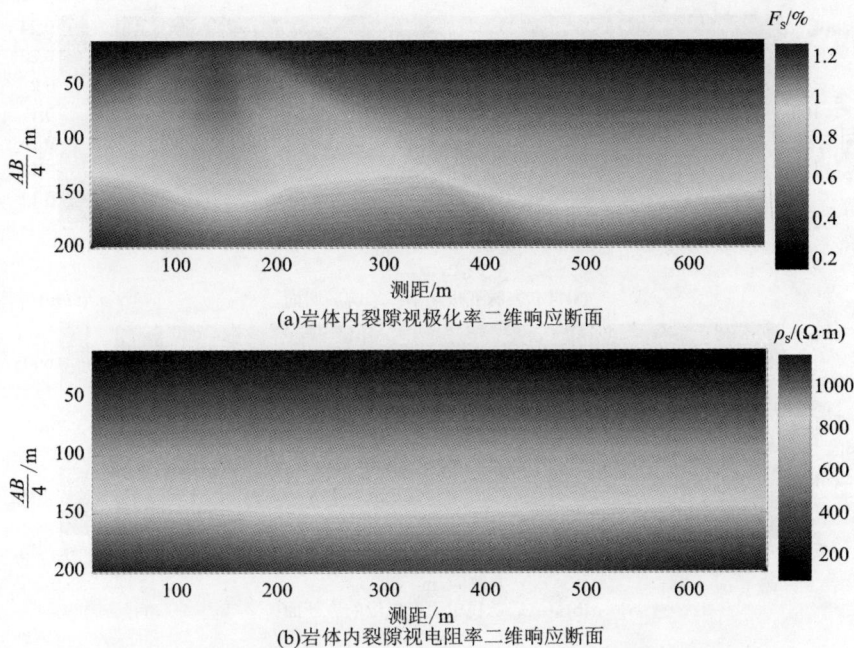

$F_s/\%$

(a)岩体内裂隙视极化率二维响应断面

$\rho_s/(\Omega\cdot m)$

(b)岩体内裂隙视电阻率二维响应断面

图 3 – 62　岩体内裂隙极化体激电测深正演结果二维拟断面图

石英岩脉里面，所以作者针对这种情况进行了模型设计（图 3 – 63）。

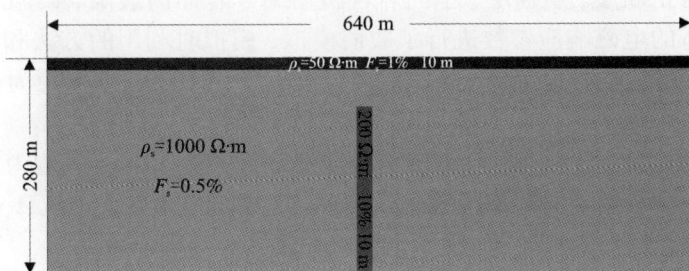

图 3 – 63　高阻岩脉激电正演二维模型

　　设计的模型中，低阻覆盖层电阻率为 50 Ω·m，极化率为 1%，厚度为 10 m；底部围岩电阻率为 1000 Ω·m，极化率为 0.5%；高阻岩脉的电阻率为 200 Ω·m，极化率为 10%，厚度为 10 m，正演计算的结果如图 3 – 64 所示。正演中的视电阻率几乎没有反映，而视极化率体现出了相对高极化的锥形异常体特征，正演顶部埋深也得到了体现，说明激电测深对此类异常体还是可以分辨的。

(a)直立岩脉视极化率二维响应断面

(b)直立岩脉视电阻率二维响应断面

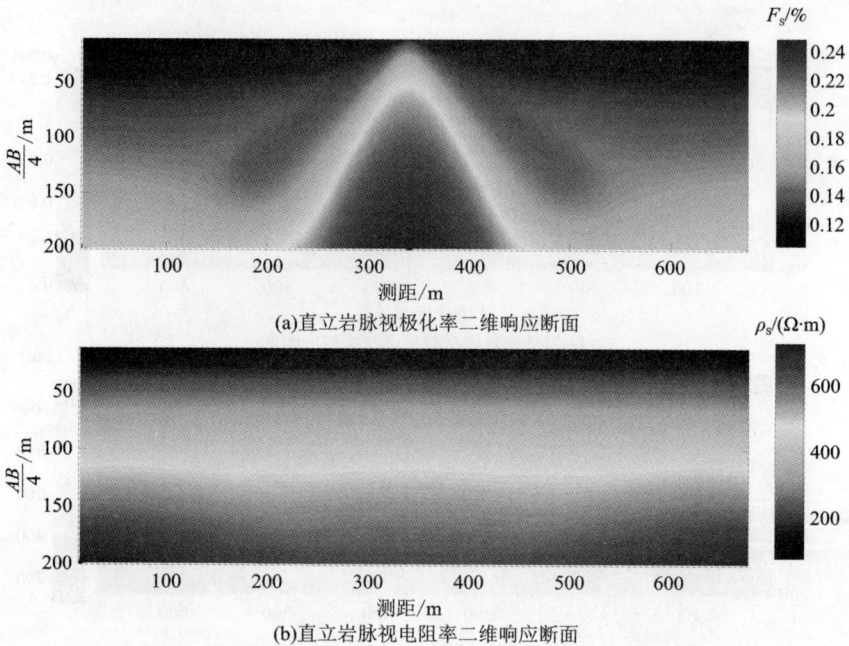

图 3 - 64　高阻岩脉激电测深正演结果二维拟断面图

3.6.3　构造电磁响应特征

　　本书针对正断层、逆断层、不同岩性接触带、岩体内裂隙、高阻岩脉这些常见的地质构造的电磁响应参数进行了数值模拟,模拟时利用的方法和3.2.2中的方法一致,采用的频率也一致,测深剖面长度设计为 1000 m,点距为 20 m,采用有限单元法进行模拟。

　　正断层的设计(图 3 - 65):低阻覆盖层厚度左侧为 10 m,右侧为 20 m,电阻率均为 50 Ω·m;围岩电阻率为 5000 Ω·m;断层的电阻率为 100 Ω·m,厚度为 10 m,断层深部倾向右侧。

　　经过有限单元法正演计算得到的 TE 模式、TM 模式视电阻率和相位如图 3 - 66所示。从图 3 - 66(a)和(c)中可以看出,断层的位置和倾向相对得到了反映,相位图[图 3 - 66(b)和(d)]也反映断层的特征,而且还可以明显地发现视电阻率的分界面刚好是相位的极小值对应的界面。值得注意的是,在此种模型下TM 模式视电阻率和相位断面也有微弱下凹的现象,但规模较小,出现在断裂构造的顶部。

　　逆断层的设计(图 3 - 67):参数和结构与正断层一致,只是顶部的覆盖层左部变为 20 m 厚的地层,右侧厚度变为 10 m。

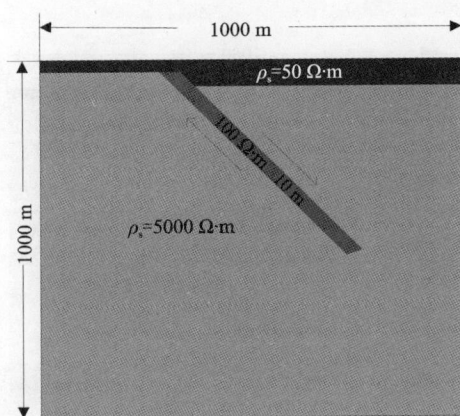

图 3 – 65　正断层频率域电磁正演二维模型

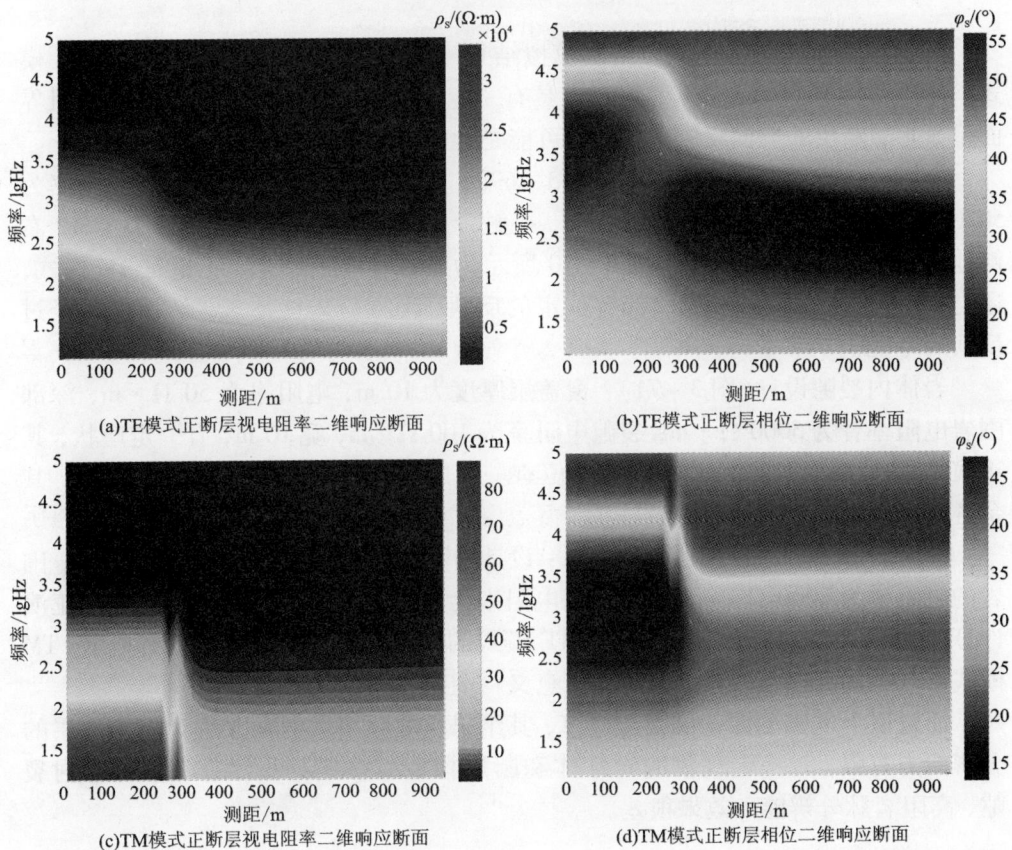

(a)TE模式正断层视电阻率二维响应断面

(b)TE模式正断层相位二维响应断面

(c)TM模式正断层视电阻率二维响应断面

(d)TM模式正断层相位二维响应断面

图 3 – 66　正断层频率域电磁正演结果二维拟断面图

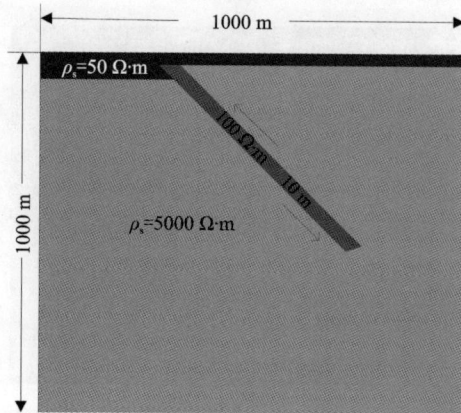

图3-67 逆断层频率域电磁正演二维模型

图3-68为逆断层有限元正演模拟结果。从图中可以看出,在TE和TM模式下断层不能较好地被分辨,但还有具有一定的特点,在断裂顶部出现的低阻界面呈S形,断层的倾向反映不出来,可能是地表低阻覆盖层影响所致。

不同岩性接触带模型的设计(图3-69):低阻覆盖层厚度为10 m,电阻率为50 Ω·m,接触带倾向于剖面的右端,接触带左侧地层电阻率为5000 Ω·m,右侧地层电阻率为100 Ω·m。图3-70所示为其正演计算结果,不论是TE模式,还是TM模式,对接触带虽然都有一定的反映,但方位未能体现,估计需要经过反演后才能识别。

岩体内裂隙设计(图3-71):覆盖层厚度为10 m,电阻率为50 Ω·m,深部围岩电阻率皆为5000 Ω·m,裂隙电阻率为100 Ω·m,宽10 m,有一定产状,其正演结果(图3-72)除TE模式的相位有一定的变化外(但很难总结其特征),其余各分量参数都没有明显的反映。

高阻岩脉的模型设计(图3-73):设计为直立岩脉,电阻率为500 Ω·m;围岩的电阻率为2000 Ω·m;覆盖层的电阻率为50 Ω·m,厚度为10 m。经过正演计算,得到的结果如图3-74所示,TE模式的视电阻率和相位几乎没有指示,TM模式出现了局部极值点,但具体有何意义目前未知。

通过以上电磁测深正演模型计算,其结果反映频率域电磁方法对弱小地层的分辨能力有限,对一定规模的异常体和断层构造有一定的指示作用,对岩内裂隙、高阻岩脉分辨能力效果很差。

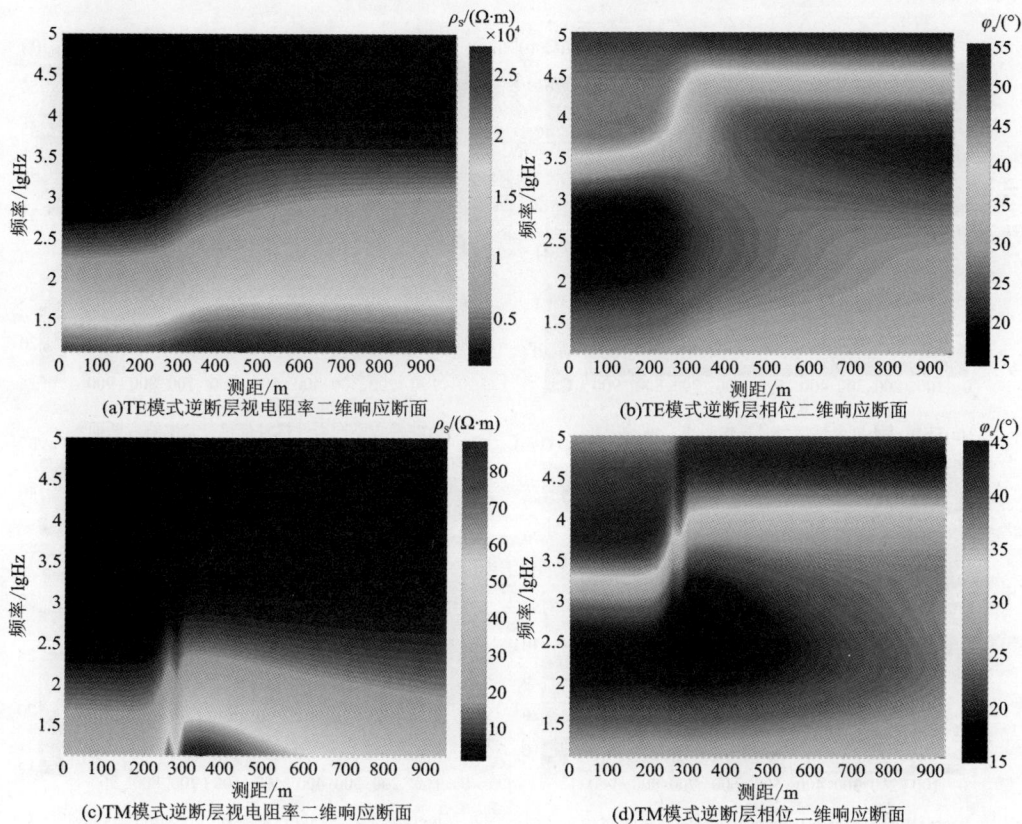

(a)TE模式逆断层视电阻率二维响应断面

(b)TE模式逆断层相位二维响应断面

(c)TM模式逆断层视电阻率二维响应断面

(d)TM模式逆断层相位二维响应断面

图 3－68　逆断层频率域电磁正演结果二维拟断面图

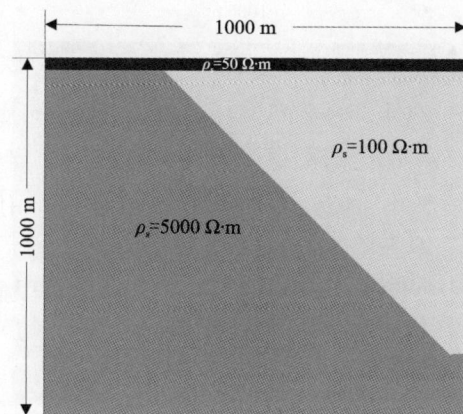

图 3－69　不同岩性接触带频率域电磁正演二维模型

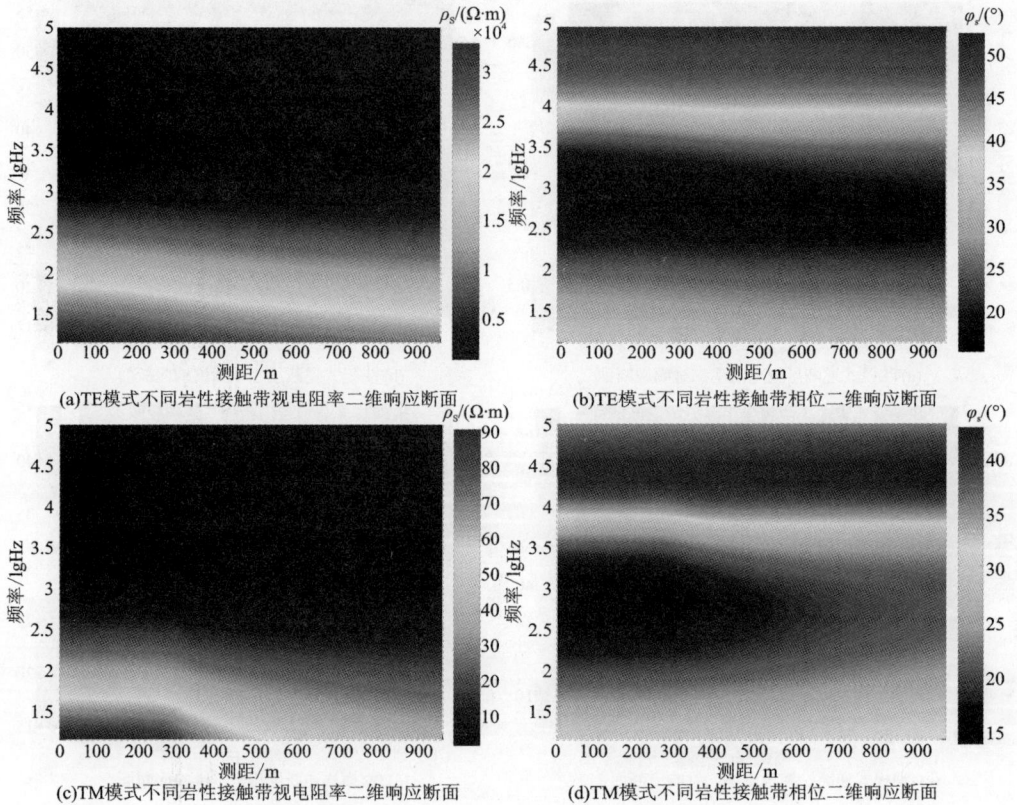

(a)TE模式不同岩性接触带视电阻率二维响应断面

(b)TE模式不同岩性接触带相位二维响应断面

(c)TM模式不同岩性接触带视电阻率二维响应断面

(d)TM模式不同岩性接触带相位二维响应断面

图 3-70　不同岩性接触带频率域正演结果二维拟断面图

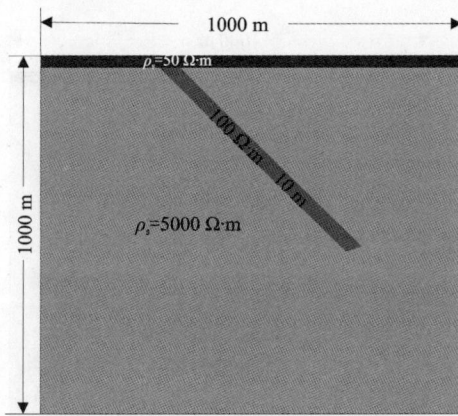

图 3-71　岩体内裂隙频率域正演二维模型

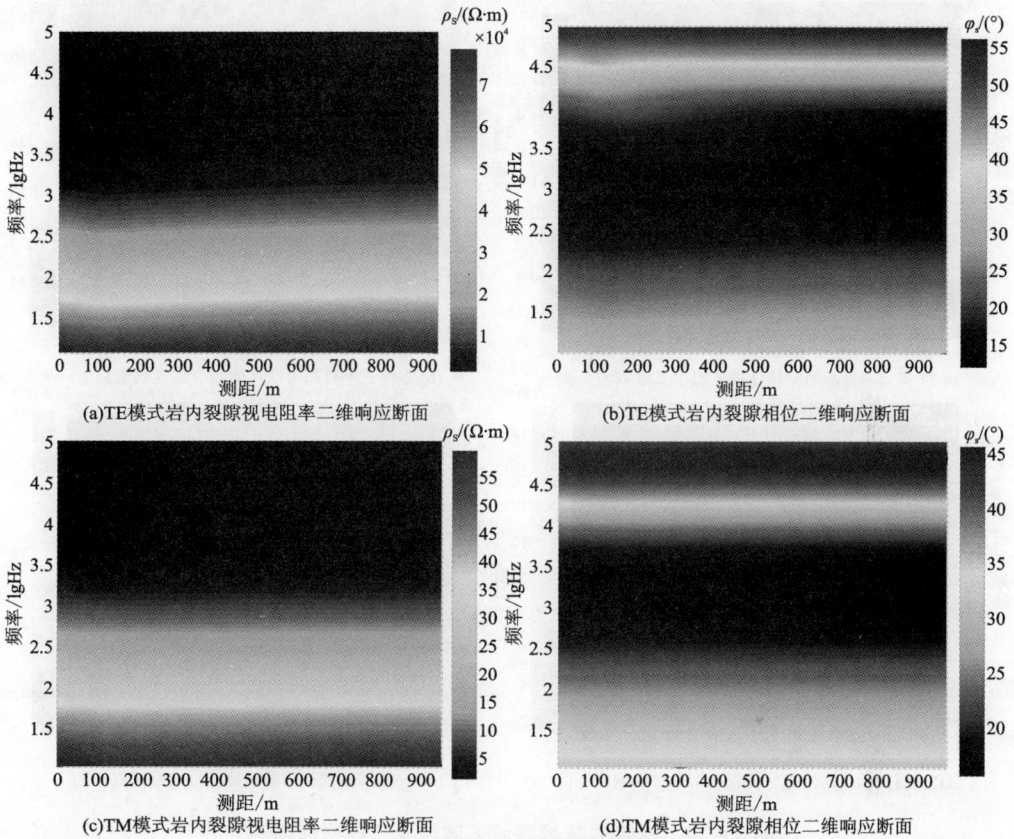

(a)TE模式岩内裂隙视电阻率二维响应断面　　　(b)TE模式岩内裂隙相位二维响应断面

(c)TM模式岩内裂隙视电阻率二维响应断面　　　(d)TM模式岩内裂隙相位二维响应断面

图 3-72　岩体内裂隙频率域正演结果二维拟断面图

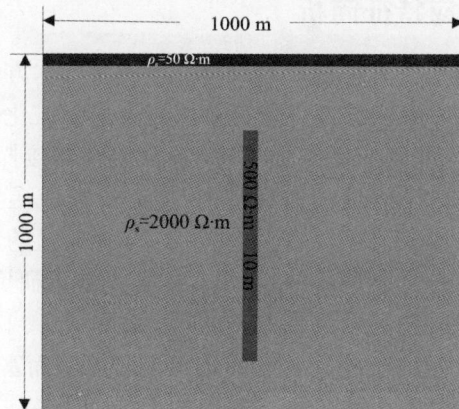

图 3-73　高阻岩脉频率域正演二维模型

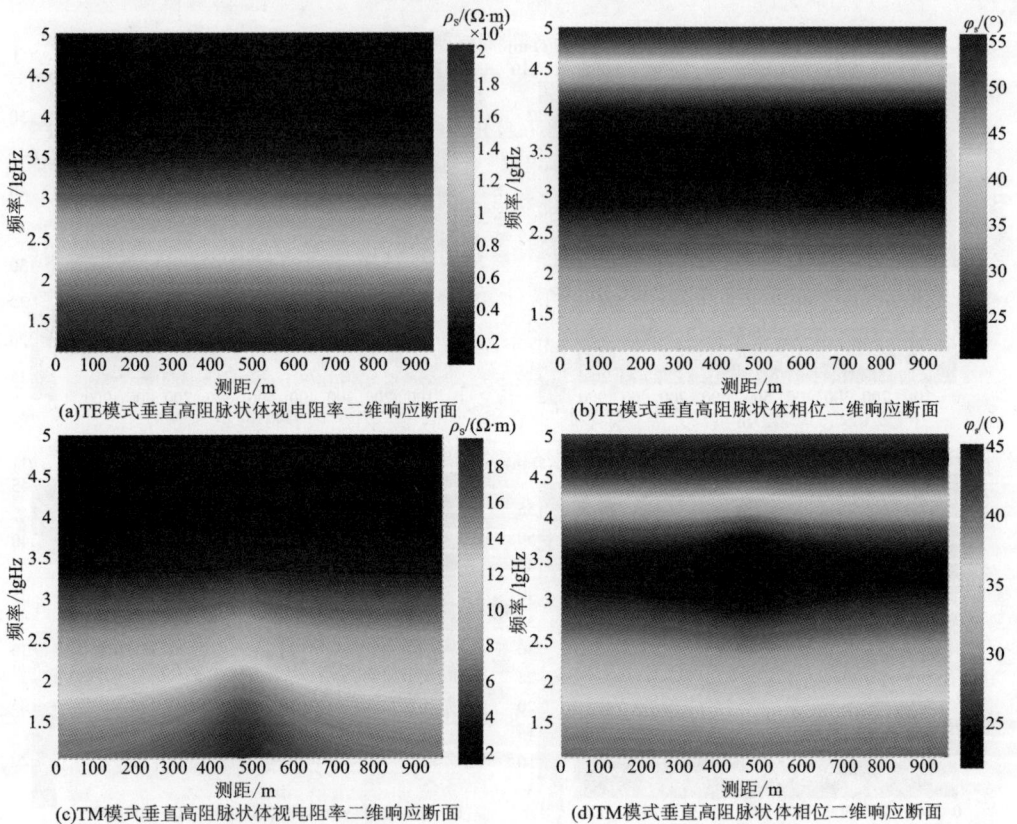

(a)TE模式垂直高阻脉状体视电阻率二维响应断面

(b)TE模式垂直高阻脉状体相位二维响应断面

(c)TM模式垂直高阻脉状体视电阻率二维响应断面

(d)TM模式垂直高阻脉状体相位二维响应断面

图 3-74　高阻岩脉频率域正演结果二维拟断面图

3.6.4　典型矿床响应特征简析

东昆仑地区与东南地区其他成矿带一样, 用物探技术方法进行金属矿小区域精细探测时可分为两类: 第一类方法是直接探测聚集的矿化体呈现出的具有物性差异(高激发极化特征、低阻或者高阻等)的异常以及间接探测构造和地层(构造往往在响应曲线的拐点、极值点和梯度带), 从而研究成矿异常远景。作者认为激发极化参数是直接找矿信息的体现(本书大部分研究区的成矿物质都以硫化物的形式存在, 如卡而却卡、虎头崖、乌兰乌珠、托克托等研究区), 磁铁矿床直接利用高精度磁测即可研究出异常的形态与规模(如尕林格、四角羊沟等), 属于第一类方法。第二类方法是由于我国矿产的特点为矿点多而富集的大型矿床相对较少, 且从矿床成因上来说矿化体往往与各种构造、接触带或者侵入体有关, 因此使用电法、电磁测深方法进行探测。这类方法往往辅助第一类方法组成综合物探技术，可以排除无用异常。这种综合物探技术进行矿床预测已成为目前的主流。

东昆仑地区，富矿和贫矿都存在。金矿往往存在于侵入围岩的斑岩体中，且一般伴生黄铁矿化，所以往往呈相对高阻高幅频率特征（如东昆仑沟里金研究区），物探方法中仅激电法有效；而斑岩型铜钼矿往往生成于花岗斑岩中，在硅化等蚀变条件下于岩体内部的小裂隙中发生矿化，伴生有硫化物，品位一般较低，所以激发极化现象相对较弱，但围岩物性特征单一，一般呈相对低阻及较高极化特征（如东昆仑多龙恰柔铜钼矿研究区），通过前述激电法和频率域电磁测深即可达到探矿的目的；接触交代型矿床往往生成于灰岩、白云岩等与中酸性岩浆岩接触的不同岩性接触面上，且成矿物质本身即为硫化物，所以围岩物性与矿体物性有差异，异常呈低阻高极化特征，电（磁）方法探测皆有效；复合成因矿床成因复杂，一般分为：①叠加型复合成因矿床；②改造型复合成因矿床。复合成因矿床由于成因复杂导致地球物理特征也具有复杂性，物探方法的使用要因地制宜，具体问题具体分析。

3.7　本章小结

（1）本章对精细类物探方法在东昆仑特殊地貌条件下的应用进行了基础研究、数值计算及正演模拟，分析了高精度磁测面上各参数间的关系，通过有限单元法实现了中间梯度法在野外实际情况下的二度异常体的模拟，计算了测线方位和异常体随夹角变化的特点，确定了适合中间梯度法布线的原则。

（2）正演模拟了进行激电测深、电磁测深的异常体随深度、规模变化的响应规律，分析了高阻体旁侧的低阻高极化体的影响。通过二维层状介质的 MT 和 CSAMT 电阻率的正演，计算了在不同收发距、不同基底电阻率条件下的响应规律，给出了适合东昆仑地区的满足设计条件的最小收发距计算公式。利用设计的层状模型和正则化反演方法在加入不同幅度噪声条件下对电法测深和电磁测深反演的影响进行了理论计算和分析。

（3）通过十年前东昆仑西部肯德可克多金属矿电法供电不能探测到有效的地电信息数据的问题，分析了原因，在东昆仑地区研制了改进型电法供电装置并进行了新的双频激电仪的供电试验；从理论上计算了电极的最佳布极方式和方法。对于经常出现的电磁法布极方位偏差问题也进行了理论计算和讨论，得出了有益的结论。

（4）提出了将实测面上数据和标本数据进行统一衡量的方法以用确定激发极化面上异常下限的方法。

（5）对常用的高精度磁测、激电法和频率域电磁法，从理论上模拟计算了化极、延拓、不同构造的响应，分析了这些方法探测地层岩石结构的有效性。

第4章 斑岩型矿床电(磁)响应特征及成矿模式识别
——以东昆仑东部某钼铜矿床为例

4.1 地理概况

　　研究区位于察汗乌苏河上游的都呆滩北东,地势总体上东北高西南低,地形陡峻。海拔一般为4400~5160 m,相对高差为300~800 m,北侧都龙山最高海拔为5162 m。研究区位于察汗乌苏河和青根河分水岭的西侧,属察汗乌苏河的发源地之一,察汗乌苏河向西流入柴达木盆地。区内经济落后,人烟稀少,仅有较少的蒙族、藏族牧民,季节性分散放牧。

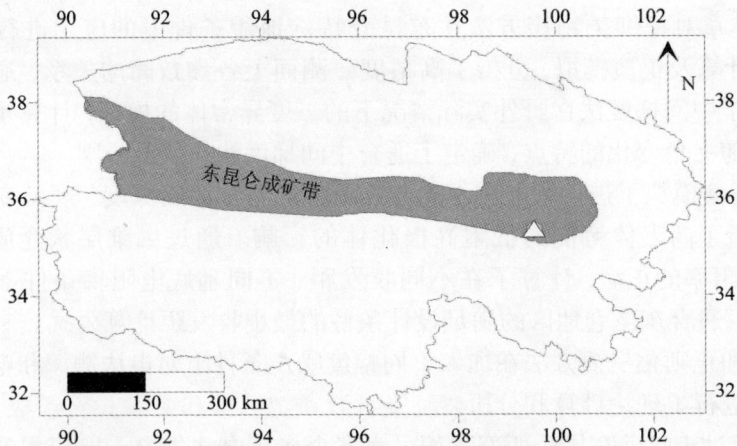

图4-1　东昆仑东部某铜钼多金属矿位置示意图

(三角形处为研究区示意位置)

4.2 地质概况

　　研究区位于鄂拉山隆起带中段南坡,研究区内断裂构造、岩浆岩十分发育,部分地表第四系覆盖较厚,部分地区有辉钼矿化、黄铜矿化和黄铁矿化。

4.2.1 地层

研究区位于鄂拉山隆起带中段南坡，地质构造复杂。地层主要有下元古界金水口群白沙河组、第三系贵德群(NG)及第四系全新统($Q_{4a}L_{pl}$)。下元古界金水口群白沙河组(Ar_3Pt_1b)分布于研究区南东角，岩性为浅灰色含石榴石黑云母斜长片麻岩，条带状混合岩夹大理石英岩及斜长大理岩。第三系贵德群(NG)主要分布在研究区西北部低洼处，为内陆湖泊沉积相，下部由红色砖红色砾岩、砂砾岩组成；上部由灰色、灰黄-黄褐色泥岩、粉砂岩及泥灰岩组成。第四系全新统($Q_{4a}L_{pl}$)分布于研究区南西和西部边缘。

4.2.2 构造

研究区内褶皱构造不明显，断裂构造发育。主要有两条北西向逆断层 F_1 和 F_2，F_1 发育于印支期花岗闪长岩中，区域资料表明其倾向北东，蚀变带宽10～20 m。F_2 位于 F_1 断层的西侧，与 F_1 平行展布，两者相距约800 m，发育于印支期灰白色中粗粒花岗闪长岩与燕山期灰白色-浅红色钾长花岗岩的接触带，倾向北东。断裂破碎带沿地表"V"形沟谷发育，且在其东盘见宽约30 m的硅化蚀变带，在其西盘围岩中有一组近南北向的裂隙极为发育(走向130°，倾向SW，倾角70°左右)，且沿裂隙面硅化蚀变强烈，有矿化现象。该断裂北延段也是第三系地层与印支期花岗闪长岩的接触界线。

4.2.3 岩浆岩

研究区岩浆岩主要为印支期花岗闪长岩和燕山期灰白色-浅红色钾长花岗岩。印支期花岗闪长岩分布于研究区的北部和东部，占全区面积的3/4左右，由灰色、灰白色花岗闪长岩和似斑状花岗闪长岩组成，中粒花岗结构，似斑状结构，块状构造。主要成分有斜长石、中长石、条纹长石；具环带构造，帘石化及绢云母化强烈；石英呈它形粒状，具裂纹及波状消光，常和条纹长石组成文象结构；黑云母呈不规则片状、鳞片状集合体，被石英溶蚀成不规则锯齿状外形；锆石为正方晶系柱状双锥体，淡黄色玻璃光泽。燕山期灰白色-浅红色钾长花岗岩主要分布于 F_2 断层的南西侧，中-细粒花岗结构，块状构造，主要成分有钾长石、斜长石、石英、黑云母等，岩石具较强的硅化、绿泥石化、高岭土化等蚀变，沿岩石的裂隙石英脉发育。

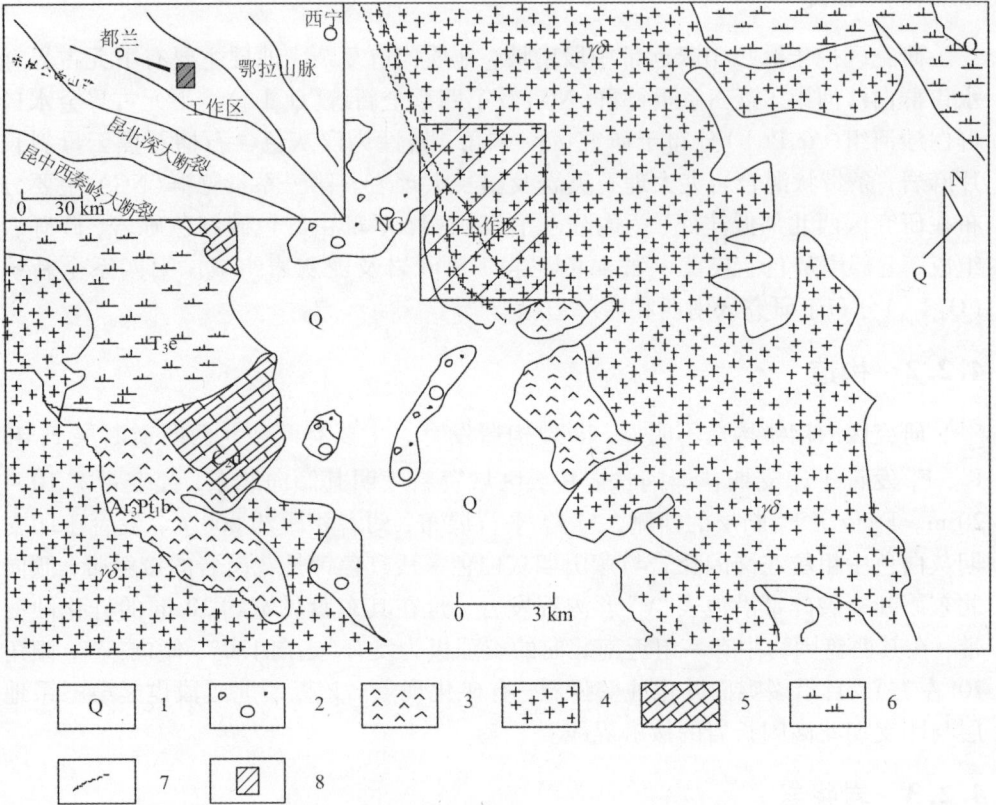

图 4 - 2 研究区地质图

1—第四系；2—第三系贵德群；3—下元古界白沙河组；4—印支期花岗岩；5—上石炭统缔敖苏组；
6—上三叠统鄂拉山组；7—断层；8—工作区

4.3 物性测试结果及成矿类型初步判定

4.3.1 研究区内标本测试结果

研究区的岩石基本由中细粒钾长花岗岩、钾长花岗闪长岩、细粒花岗闪长斑岩及泥质粉砂岩组成，矿(化)体位于花岗岩内部裂隙中，受区内的次级断裂控制。通过地表调查，面积上钾长花岗闪长岩占 42%，细粒花岗闪长斑岩占 27%，泥质粉砂岩占 14%，具有矿化现象的岩石占 17%。最终在多龙恰柔研究区共采集岩(矿)石标本 705 块，采用泥团法，利用小对称四极方法及 Sample Core I. P. Tester 方法进行标本测试，结果如表 4 - 1 所示。

表 4 – 1　研究区岩(矿)石标本地球物理特征测试结果

岩性	块数	变化范围		几何平均值	
		$F_S/\%$	$\rho_S/(\Omega \cdot m)$	$F_S/\%$	$\rho_S/(\Omega \cdot m)$
辉钼矿化中细粒钾长花岗岩	32	2 ~ 6.3	30.9 ~ 666.9	3.9	579.6
辉钼矿化中细粒钾长花岗斑岩	39	2.3 ~ 4.7	14.1 ~ 993.1	3.2	603.7
辉钼矿化钾长花岗岩	37	2.2 ~ 4.3	10.1 ~ 1406.8	3	863.8
钾长花岗闪长岩(围岩)	303	0.3 ~ 1.0	800.2 ~ 3211.7	0.8	1998.3
细粒花岗闪长斑岩(围岩)	193	0.5 ~ 1.5	600.3 ~ 4200.3	1.1	2252.8
泥质粉砂岩(地表)	101	0.2 ~ 0.6	12 ~ 121.2	0.4	60.9

　　本区有两种高极化率(或略高极化率)的岩(矿)石,即辉钼矿化中细粒钾长花岗岩和辉钼矿化钾长花岗斑岩。产生激电异常的矿化体,均显示低(或略低)于围岩的电阻率;含水破碎带、断裂带和地表均呈现低电阻。辉钼矿化中细粒钾长花岗岩和辉钼矿化钾长花岗斑岩矿层可形成幅频率大于 1.75% 的相对高极化率异常,视电阻率变化范围较大,为 $14.1 ~ 1500\ \Omega \cdot m$,在该范围内都有可能成矿,原因是实验室内所测的电阻率有误差存在,且视电阻率受含水、压力、孔隙度等因素影响很大,只能作为参考;研究区内不含矿的钾长花岗闪长岩、细粒花岗闪长斑岩两种岩石的极化率变化范围较小,都在 1.0% 左右,视电阻率明显高于含矿岩体。可见,此研究区的各种岩石具有电性参数的差异,只要综合、合理地利用电法、电磁法等勘探方法,就可查明研究区内的岩石构架及成矿空间分布。

4.3.2　成矿类型初步判定及地球物理方法组合技术选择

　　研究区内的矿化体在花岗闪长岩和似斑状钾长花岗岩的裂隙中形成,以硫化钼、硫化铜矿化为主,其围岩伴随有硅化、钾化、褪色化、孔雀石化等蚀变现象;而在中细粒花岗岩和钾长花岗岩中形成的矿体,主要受两条构造 F_1 和 F_2 控制,F_2 位于 F_1 断层的西侧,与 F_1 平行展布,两者相距约 800 m,根据调查初步推断本区成矿类型为斑岩型钼多金属矿床。

　　F_1 和 F_2 平行,走向 130°,倾向 SW,根据地形地貌,按照 3.1.2 中的原则,设计测线方向基本垂直于构造带延伸方向,为 NW65°。该矿床具有品位低但储量规模大的特点,矿体往往出现在小裂隙中,要实现快速靶区筛选,设计用双频激电法进行激电扫面,以寻找硫化铜、硫化钼和硫化铁(黄铁矿化)等成矿物质的平面异常位置,辅助以少量激电测深即可判定硫化物异常在地表下 200 m 左右的空间分布状态;初步研究认为矿床受 F_1 和 F_2 构造的次级断裂控制,查明 F_1 和 F_2

的走向和深部空间分布状态是分析矿床成矿的前提,但激电测深深度有限,故采用频率域电磁测深。根据电磁测深,在断裂附近存在有地质地球化学异常同时又有物探的低阻异常,这是圈定靶区的依据,本区内选择 EH4 方法进行研究。

4.4 电(磁)响应特征及电磁模型构建

4.4.1 面上响应特征

本次使用的双频激电仪的频率组合为 3 频组的 2 Hz 和 2/13 Hz 组合,其中视幅频率计算公式为[146-148]:

$$F_S = \frac{\Delta V_L - \Delta V_H}{\Delta V_L} \times 100\% \tag{4-1}$$

式中,ΔV_L 表示低频电压,ΔV_H 表示高频电压。

视电阻率计算公式为[146-148]:

$$\rho_S = K \frac{\Delta V}{I} \tag{4-2}$$

式中,K 为装置参数。

按照 4.3 节中的方法,采取 100 m × 20 m 的网度进行激电中梯扫面,工作中 AB 极距为 1200 m,MN 为 40 m,点距为 20 m,测网网度为 100 m × 20 m,测线方向为 NW75°,基本垂直于构造带延伸方向。按照第 3 章中的方法进行电极布设,工作中供电电流一般保证在 500 mA 以上,野外实测数据 7882 个,F_S 最大值为 4%,但变化范围较小,总体均值为 1.21%,绘制的平面等值线如图 4-3(a)所示,图中的东北角没有异常显示,但事实上我们在扫面跑极中发现地表存在辉钼矿化露头,所以我们怀疑资料中的异常划分有问题。对于这种矿化不明显,品位低的斑岩型铜钼矿床来说,由于其峰值较低,大部分异常场和背景场分离不明显。对东昆仑高寒区的斑岩型钼铜矿床所形成的这种低激电异常,本书将利用剖面互相关法进行处理。

在测量大量数据时,人文因素的偶然误差和局部地质地形等情况的变化会形成随机干扰,但矿致异常通常符合某些统计规律,采集平面数据时遇到的随机干扰往往具有如下性质:

(1)可加性:即野外测量的某条测线的 F_S 形成的关于坐标 x 的函数 $f(x)$ 是纯有用信号 $s(x)$ 和干扰信号 $n(x)$ 的代数和

$$f(x) = s(x) + n(x) \tag{4-3}$$

(2)有零均值:这里指干扰的数学期望为零,即

$$\bar{n} = \lim_{x \to \infty} \frac{1}{2x} \int_{-x}^{x} n(x) \, \mathrm{d}x = 0 \tag{4-4}$$

(3)独立性：即不同空间位置的干扰之间或者干扰与有用异常之间互不相关，其中相关函数等于或接近于零。

物探异常在测线上往往是连续的，可以利用异常剖面的变化特征，把两条或者更多条剖面的数据进行互相关处理，可以达到减少随机异常、突出实际异常的目的。

本书的处理如下：对两条不同剖面的视幅频率值用关于 x 坐标的函数表示，即表示为 $f_1(x)$ 和 $f_2(x)$，然后对其进行积分：

$$\int_{-\infty}^{\infty} f_1(x) \cdot f_2(x - \tau) \, \mathrm{d}x = R_{12}(\tau) \tag{4-5}$$

式中，$R_{12}(\tau)$ 即为该两条剖面的互相关函数，可以看出它是两函数的卷积：

$$R_{12}(\tau) = \int_{-\infty}^{\infty} f_1(x) \cdot f_2(x - \tau) \, \mathrm{d}x$$

$$= \int_{-\infty}^{\infty} f_1(x + \tau) \cdot f_2(x) \, \mathrm{d}x = f_1(x) * f_2(x) \tag{4-6}$$

式(4-6)即为与式(4-5)实质相同的一种线性插值滤波运算。

实际上我们实测的数据为有限区间的离散信号，其互相关函数可定义如下：

$$R_{12}(\tau) = \begin{cases} \sum_{j=1}^{v} f_1(x_j) \cdot f_2(x_j - \tau) \\ \sum_{i=1}^{v} f(x_j + \tau) \cdot f_2(x_j) \end{cases} \tag{4-7}$$

式(4-7)中两个函数 $f_1(x)$ 和 $f_2(x)$ 都仅有 v 个离散的测点数据。

包括随机干扰的离散函数即为：

$$f_i(x_j) = S_i(x_j) + n_i(x_j) \tag{4-8}$$

式中，x_j 是剖面上第 j 个测点的测点号，将第 i 条和第 $i+1$ 条剖面进行互相关处理，由上式依据卷积的定义和有关性质可得出：

$$R_{i, i+1}(\tau) = \sum_{j=1}^{v} f_i(x_j) \cdot f_{i+1}(x_j - \tau)$$

$$= \sum_{j=1}^{v} [s_i(x_j) + n_i(x_j)] \cdot [s_{i+1}(x_j - \tau) + n_{i+1}(x_j - \tau)]$$

$$= \sum_{j=1}^{v} s_i(x_j) \cdot s_{i+1}(x_j - \tau) + s_i(x_j) \cdot n_{i+1}(x_j - \tau) + n_i(x_j) \cdot s_{i+1}(x_j - \tau) +$$

$$n_i(x_j) \cdot n_{i+1}(x_j - \tau)$$

$$= R_{s_i, s_{i+1}}(\tau) + R_{s_i, n_{i+1}}(\tau) + R_{n_i, s_{i+1}}(\tau) + R_{n_i, n_{i+1}}(\tau) \tag{4-9}$$

式(4-9)中，因为按照定义噪声干扰 $n_i(x)$ 和 $n_{i+1}(x)$ 与有用的异常 $s_i(x)$ 和

$s_{i+1}(x)$ 之间是相互独立的，且 $n_i(x)$ 和 $n_{i+1}(x)$ 具有零均值的特点，所以可以得到：

$$R_{s_i, n_{i+1}}(\tau) \approx R_{n_i, n_{i+1}}(\tau) \approx R_{n_i, s_{i+1}}(\tau) \approx 0 \qquad (4-10)$$

最终可得：

$$R_{i, i+1}(\tau) \approx R_{s_i, s_{i+1}}(\tau) \qquad (4-11)$$

即最终可得相邻剖面实测值的相关函数 $R_{i, i+1}(\tau)$，它近似等于 $R_{s_i, s_{i+1}}(\tau)$，通过这样处理可以达到改善数据质量、突出异常的目的。

选取 14 测线和 15 测线的 360~460 号测点，每条剖面共计 26 个测点，利用上述方法进行处理，14 线数据对应 $f_1(x)$，15 线数据对应 $f_2(x)$，然后根据互相关程度在 $f_2(x)$ 基础上对 $f_1(x)$ 进行处理，结果见图 4-3；图 4-3(a) 为 14 线数据 F_S 原始曲线，图 4-3(b) 为 15 线数据的 F_S 原始曲线，图 4-3(c) 为两个函数

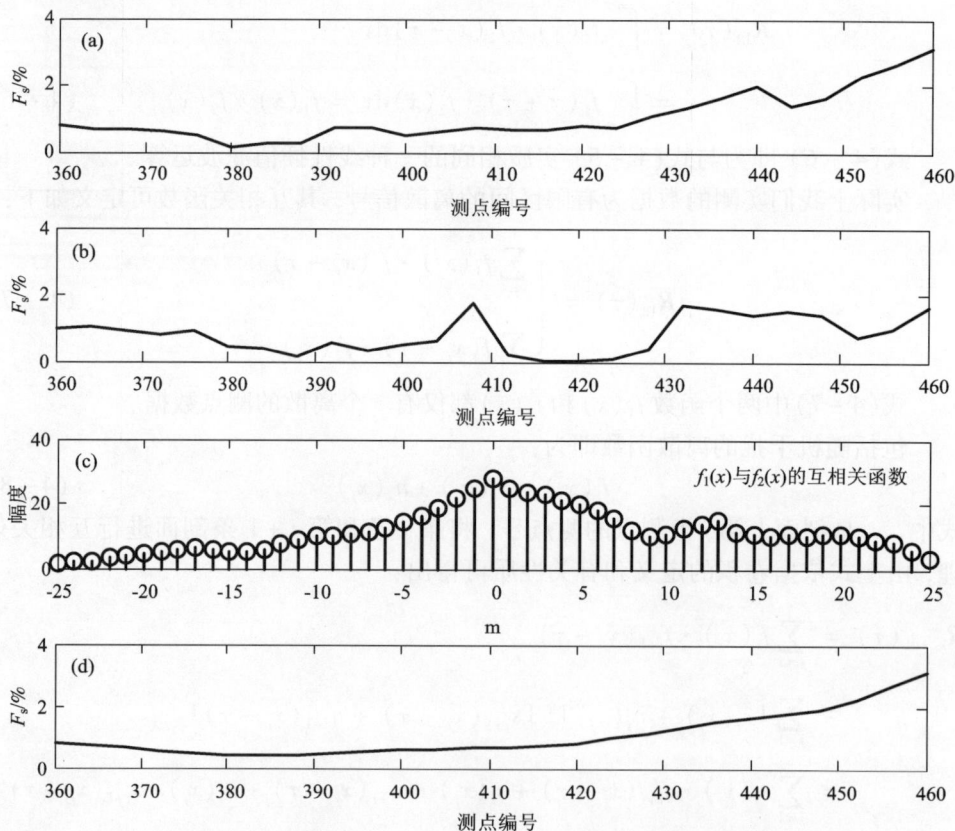

图 4-3 14 号剖面和 15 号剖面互相关函数计算及处理结果

$f_1(x)$ 和 $f_2(x)$ 对 22 个数据点进行互相关函数计算的结果,图 4 - 3(d)为 14 线经过互相关处理后的结果。从结果来看,数据质量得到了改善,数据跳变现象明显减小,单个剖面变得更加圆滑,可以得出结论:最后经过处理的 14 线中已不再包含或只包含很少的随机干扰因素,因而能达到消除或压制干扰和突出异常的目的。

根据上述方法对全区数据进行处理得到的结果如图 4 - 4(b)所示,图 4 - 4(a)为处理之前的图像,全区 F_S 最大值为 4%,最小值为 0%,处理后全区 F_S 最大值变为 4.177%,最小值变为 -0.199%,突出了异常的峰值;处理前离散点相对较多,说明随机干扰数据较多,而处理后得到改善;处理前 F_S 所反映的区内大构造不明显,而处理后高低幅频率反映的区域边界变得明显;特别值得注意的是,在研究区内北部出现的原有异常范围更加明显,东北部的激电异常得到了还原,证实了上述方法的有效性,说明激电扫面的结果可信。

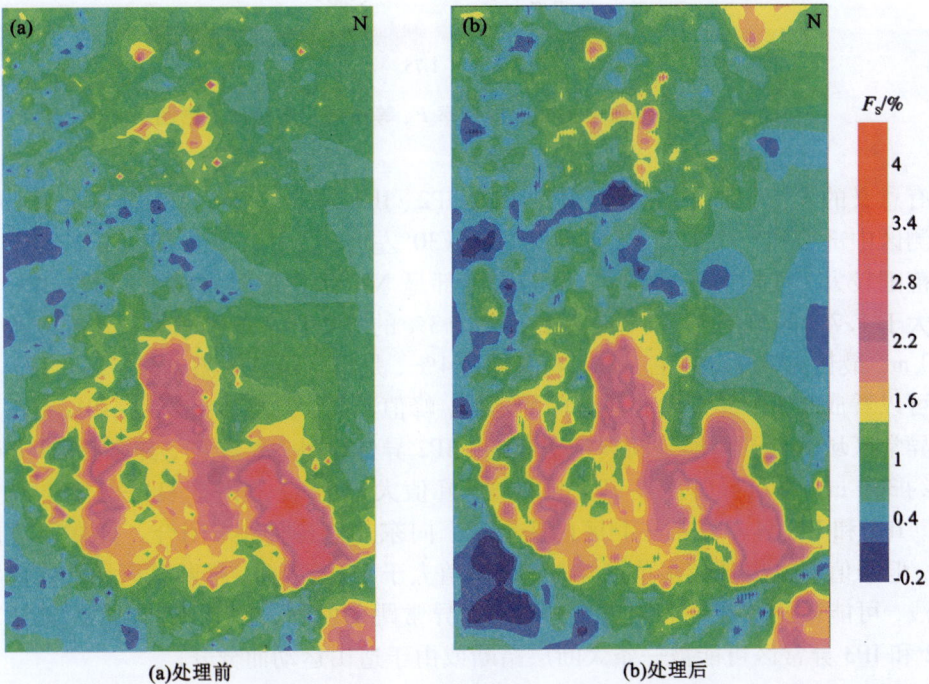

图 4 - 4　互相关法对 F_S 处理前后效果图

根据幅频率结合电阻率的分布特征,共发现有意义的异常 5 处(图 4 - 5),由南向北分别命名为 IP1、IP2、IP3、IP4、IP5。

根据第 3 章的方法进行统计分析,本区内 F_S 大于 1.75% 以上的物探异常即

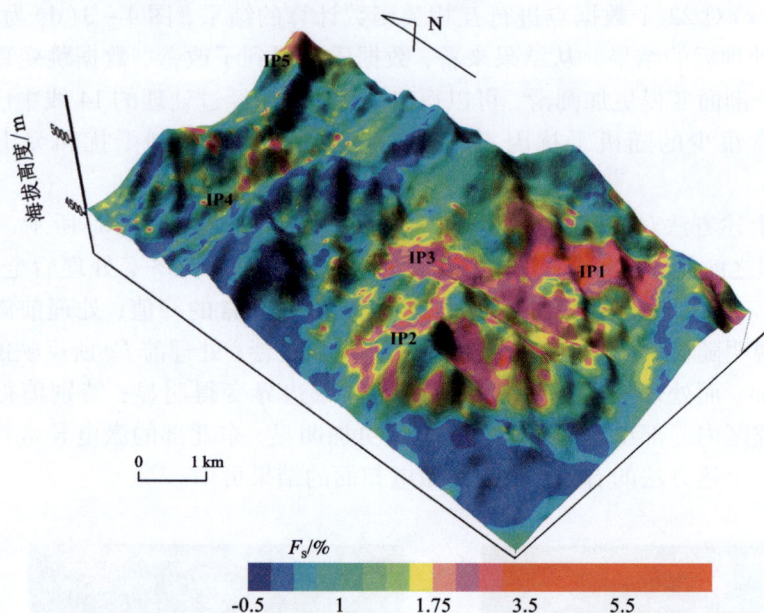

图4-5　双频激电扫面视幅频率 F_S 等值线三维地形投影图

为有意义的异常(见图4-5)。其中IP1、IP2、IP3异常与IP4、IP5异常分开,推断测区中部存在一个大断层(走向 SE—NW30°左右)。中南部的IP1、IP2、IP3异常范围较大,且异常最为明显,推断为浅部呈NW走向的异常体引起的。IP1异常大于1.7%的范围为1.5 km²左右,大于3%的重点异常范围较大,异常最宽达560 m,最长为700 m左右。IP1峰值超过4%,是本区最好的激电异常区。IP3异常可以看成是IP1异常向北西方向的延伸,峰值不高,但范围比较大,IP1、IP3两个异常区域的分开可能是断裂带引起的。IP2异常也呈NW走向,异常区长1 km,宽约300 m,重点异常区在IP2的北侧,峰值大于3%,是一个良好的激电异常区。IP4和IP5异常分布在测区的东北部,向东北侧延伸,未闭合。异常区范围大,但峰值部位出现较多单点异常,最高值大于5%,因此,推断该区异常体埋藏较浅,可能矿化体在地表出露,引起地表异常跳动剧烈,IP4、IP5异常区与IP1、IP2和IP3异常区可能被一条大断层错断或由于造山运动而分开。

研究区内主要异常为IP1、IP2和IP3异常,IP4、IP5异常相对较小,初步推断为细小矿脉及蚀变现象所致,矿化规模不大。

4.4.2　测深响应特征

测深响应分为两部分,一部分是激电测深,一部分是EH4测深。测线布置如图4-6所示,EH4设计了7条剖面,序号从南向北依次增大,分别命名为L1 ~

L7，激电测深点部分选择在 L6 线的 2860 点和 2880 点。

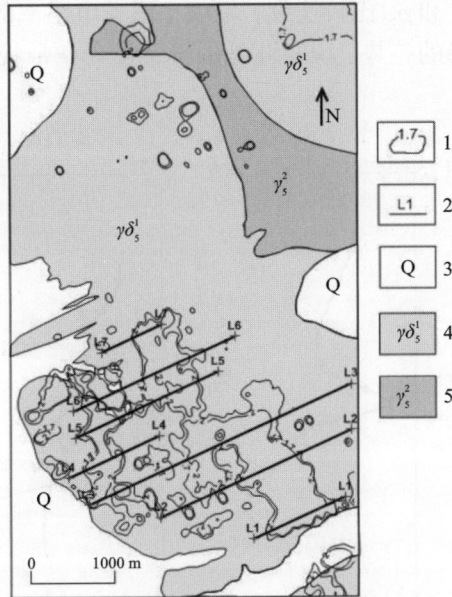

图 4 - 6　测深剖面布置及工作区地质简图

1—双频视幅频率等值线；2—测深剖面；3—第四系；4—印支期花岗闪长岩；5—燕山期细粒花岗岩

1. 激电测深响应特征

本书以贯穿 IP2 和 IP3 的 L6 线物探工作为例说明研究区情况。L6 线总长度为 2120 m，起始点号为 2600，终点号为 4720，点距 20 m，共计物理点 107 个，选取 2860 号点和 2880 号点进行对称四级激电测深；激电测深布线的最大 AB 距离为 700 m，即 $AB/2$ 最大为 350 m，其位移变化基本按照对数增长，当 $AB/2$ 为 20 ~ 90 m 时，$MN/2$ 取 8 m；当 $AB/2$ 为 120 ~ 350 m 时，$MN/2$ 取 40 m。供电极距小于 20 m 时没有进行测量，原因是经过 3.3 节分析，作者认为供电极距小于 20 m 时由于接地电阻不稳定，影响数据质量。将 2860 号和 2880 号这两点的实测数据分别绘制成单点测深曲线如图 4 - 7 所示，图 4 - 7(a)为 2860 测点的视电阻率单点曲线，整体特征属于 KH 型地层[149]，地层可划分为四层，若由上到下地层的电阻率分别用 ρ_1、ρ_2、ρ_3 和 ρ_4 表示，则地层电阻率大小关系应为 $\rho_2 > \rho_4 > \rho_1 > \rho_3$，对应的图 4 - 7(b)为此测点的视幅频率，可以看出第二层对应 ρ_2，应呈低极化高阻特征，且异常深度为 45 m 左右(按照 $AB/4$ 推算)，第三层的 ρ_3 对应的深度为 55 ~ 60 m，呈低阻高极化特征，薄层，深度不大，推断为次级裂隙产生的矿脉，在 140 m 左右电阻率 ρ_4 变高，到达第四层，幅频率有减小的趋势；图 4 - 7(c)和

(d)分别为其相邻点 2880 的视电阻率和视幅频率单点测深曲线,整体上属于 A 型和 KH 型之间的过渡型,说明第三层变得很薄,第四层比 2860 点电阻率大,整体上 2860 号测点的 F_S 和 ρ_S 比较连续,幅频率随着电阻率的变化逐渐变大,到了最后一层的末端有下降的趋势,说明此处的异常体为条带状,倾角不大。

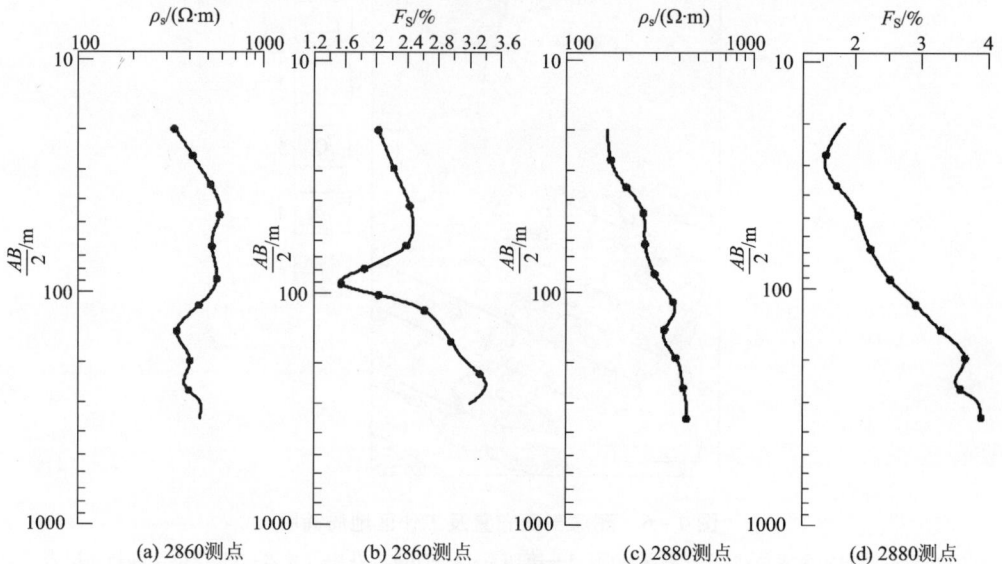

图 4 - 7　2860、2880 测点视参数测量结果对数曲线图

综上所述,推测 60 m 左右探测到的是高幅频率、相对低阻且呈带状的异常体,结合地质情况,推测为燕山期辉钼矿化的细粒花岗岩或者钾长花岗岩,矿物的容矿空间为主断裂产生的次级断裂。

2. EH4 测深响应特征

如图 4 - 6 所示,测区由南往北,设计了 7 条 EH4 剖面,设计的依据是激电面上响应结果和 1∶10000 地表地质填图结果,目的是查明本区内 IP1 和 IP2 异常及区内的 F_1 和 F_2 及其次级断裂的深部空间展布状态、可能的相对低阻异常带。本次利用天然场源 EH4 大地电磁测深系统进行了电性参数的测深工作。采集频率为 $f =$ [12.6 15.8 20 25.1 31.6 39.8 50.1 63.1 79.4 100 126 158 200 251 316 398 501 631 794 1000 1260 1580 2000 2510 3160 3980 5010 6310 7940 10000 12600 15800 20000 25100 31600 39800 50100 63100 79400 100000]Hz,与 3.2.2 节一致。

EH4 数据采集系统有三个后缀文件,分别是 X、Y 和 Z[150 - 151]。仪器具有自带的处理程序。首先,读取 Y 文件的时间序列数据,并进行 FFT 频谱转换,然后进行功率谱估算,最后计算阻抗,进而计算大地电磁响应(包括视电阻率和阻抗相位）。在 EH4 所采集的原始数据中 Y 文件采集的高频段数据和低频段数据如图 4－8 所示。

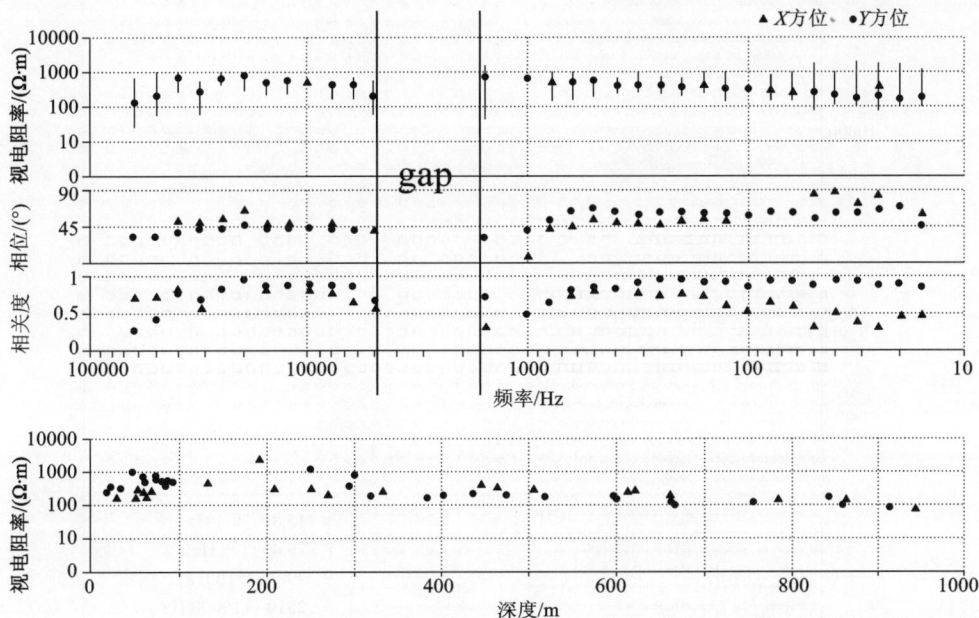

图 4－8　L6 线 3380 点 R_{xy} 方位和 R_{yx} 方位原始数据测量结果

　　图 4－8 中，L6 线 3380 点整体上较为光滑，说明此点所测频点干扰较小（显而易见是因为在青藏高原高海拔地区干扰很少，当地牧民至今没有通电），但遗憾的是并不是所有采集的频率都在此区内存在响应值，原始曲线中在 1800～5000 Hz 中的 2000 Hz、2510 Hz、3160 Hz、3980 Hz 没有测量到响应信息，小于 15 Hz 也没有响应信息。作者发现这种情况后立即对此条剖面的 72 个测点的所有频点进行了分频段统计，结果如图 4－9 所示，大量原始数据中，都不同程度地存在这种缺失数据信息响应的情况。2600 号～3040 号测点，以最有用的频率区间（1000 Hz、1260 Hz、1580 Hz、2000 Hz、2510 Hz、3160 Hz、3980 Hz、5010 Hz）为例，整条剖面的中部 3060 点～4160 点的数据都有不同程度的缺失，缺失 5 个频点以上的测点有 6 个（如 3160、3240、3300、3320、3360、3380 号测点），缺失 3～4 个数据的测点有 9 个（如 3180、3600 号测点等），缺失 1～2 个数据的测点有 27 个，数据完全不缺失的测点有 30 个（如 2620、3120 号测点等）。

　　根据勘探深度经验公式可以得出，对于图 4－9 中部的 1000～5010 Hz 区段缺失数据意味着对地表下 100～400 m 的测量结果都不同程度地存在影响，增加了反演目标函数的多解性，使得模拟反演结果的可信度降低。小于 15 Hz 是死频

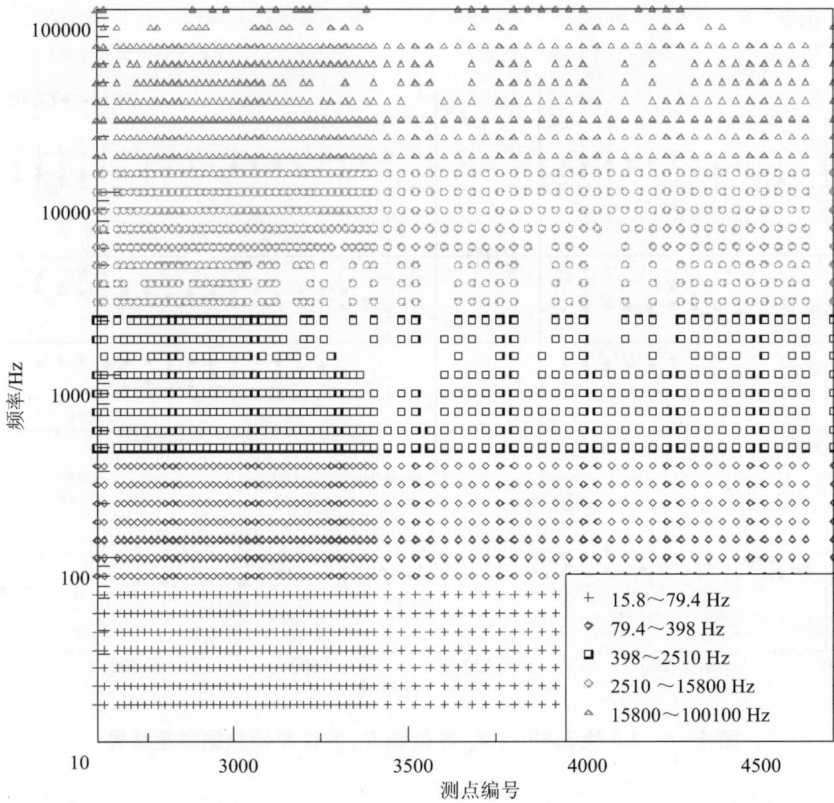

图 4 – 9 L6 号剖面所有测点对应测量频点示意图

带,也受到采样频率的影响。

为了详细了解本条剖面的频率域电磁响应特征,特从 2600～4700 号测点之间选择了 8 个点(2660 测点、3000 测点、3240 测点、3760 测点、3880 测点、4040 测点、4160 测点和 4280 测点,间距 100～200 m 不等),观测每个测点的两个方向的视电阻率和相位,其结果如图 4 – 10 所示,可以看出,每个测点的两个方向的视电阻率在高频大地电磁测深中重合相对较好,说明高频资料具有一维特征,此研究区内没有受到严重的静态效应的影响[152–155],但相位在某些频率点显得稍乱。上述 8 个测点中的 3240 点、3380 点、4040 点和 4160 点在 1000～5010 Hz 之间明显地缺失一定频率的数据。L6 – 2660 点频率曲线中两个方向的视电阻率的大小及变化较为一致,特别是高频段 3160 Hz 以上两个方向的视电阻率曲线基本重合,整体上此点测深曲线有两个极大值和三个极小值,从形态特征来看属于 AK 型,浅层和最底层存在两个低阻层。L6 – 3000 号测点两个方向的视电阻率基

本重合，属于 H 型地层，在 1260 Hz 存在一个低阻带。L6 - 3240 号测点存在严重
的缺失频段数据信息，具体缺 1000 ~ 3160 Hz 频段的数据信息，推断也为 H 型地
层。L6 - 3760 号测点的数据信息缺失不严重，视电阻率出现两个极大值和三个
极小值，判断地层属 AK 型。L6 - 3880 号测点缺失 1000 ~ 3980 Hz 频段的数据，
从采集的频点数据来分析地下属于 H 型地层。L6 - 4040 号测点缺失 1000 ~
5010 Hz 频段的数据，整体上也可以推断地下为 H 型地层，与 3880 号测点反映的
地下情况一致。L - 4160 号测点也同样缺失数据，比 L6 - 4040 号测点仅多了
1260 Hz 的数据，反映的下部地层也可认为属于 H 型地层。L6 - 4280 号测点缺失
数据不严重，地层和 L6 - 2660 点反映的类似，可归类为 AK 型地层。

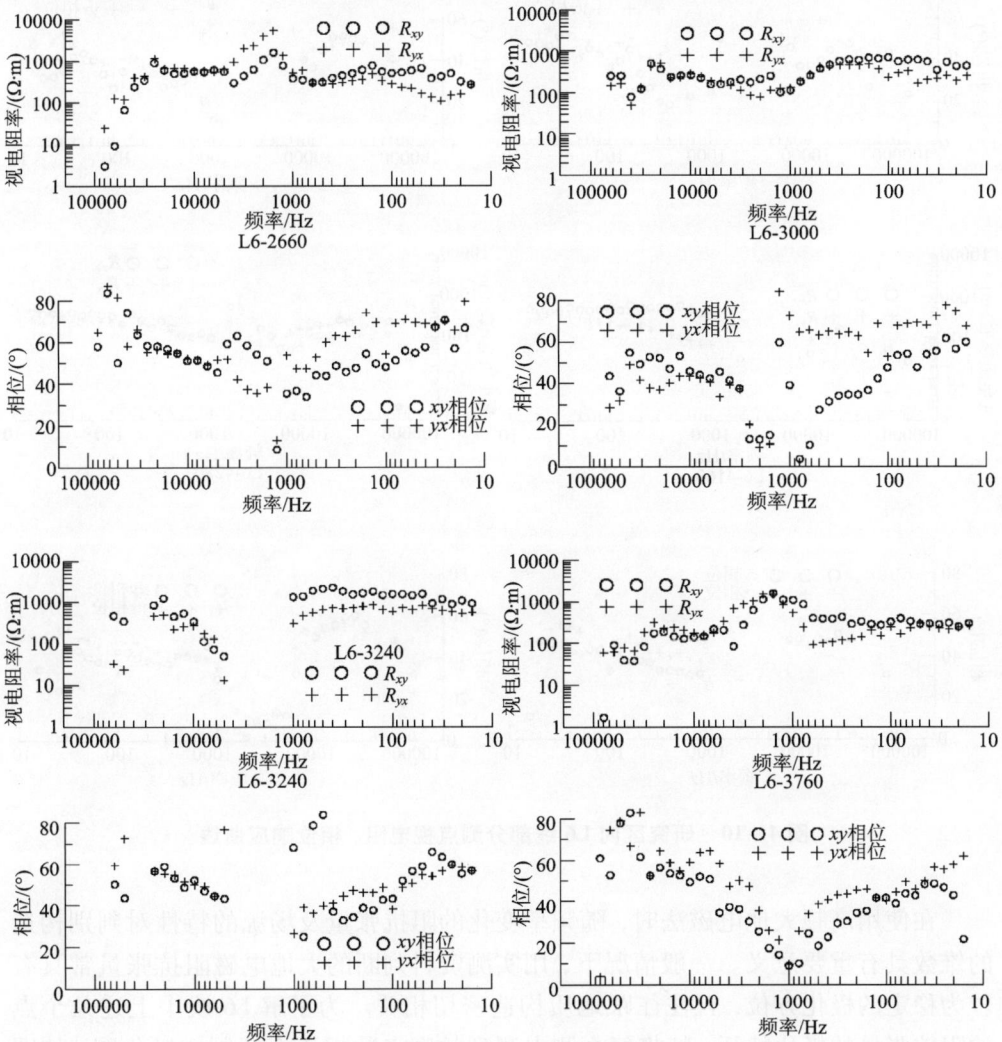

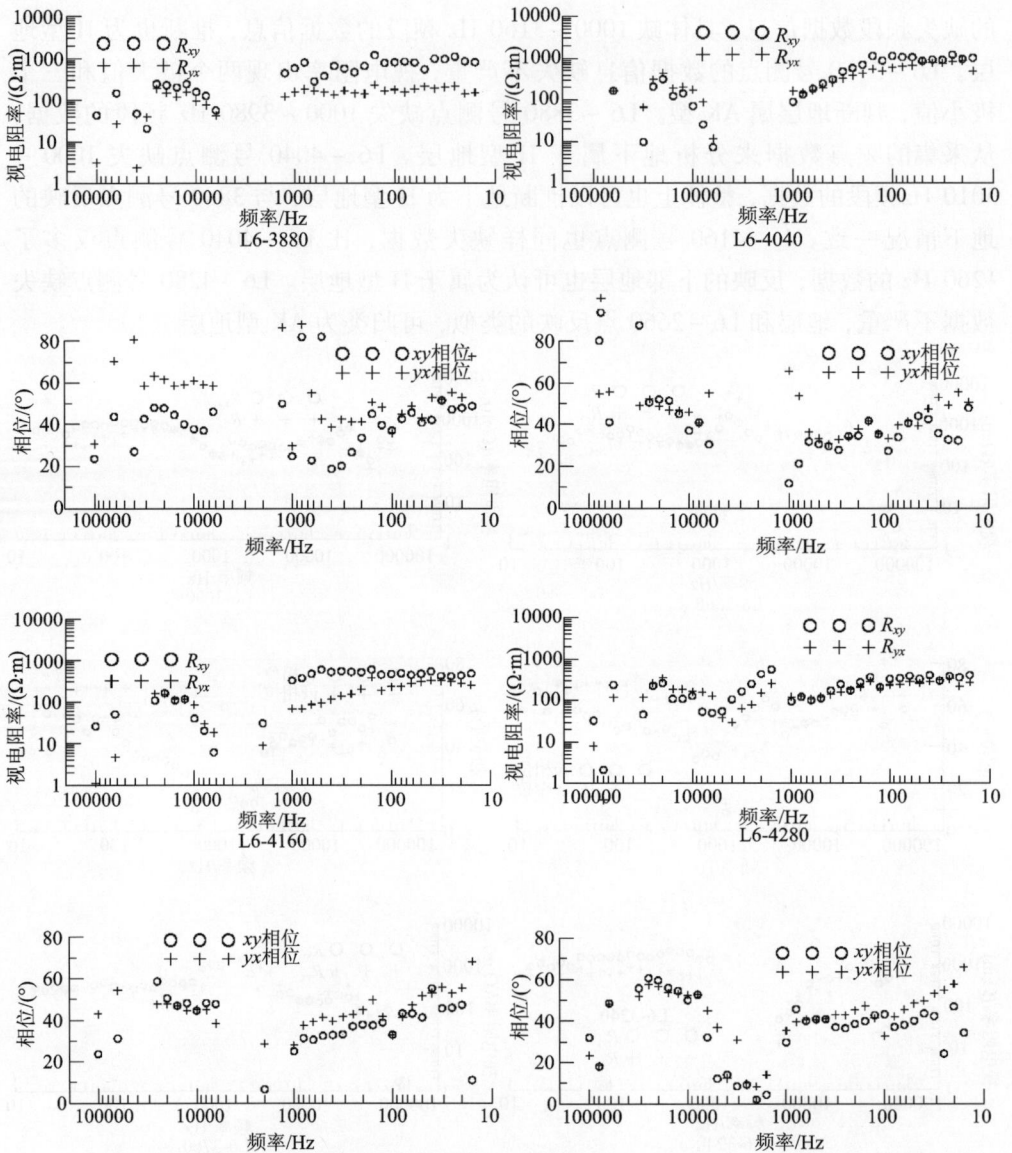

图 4-10　研究区内 L6 线部分测点视电阻、相位响应曲线

在使用高频大地电磁法时,随频率变化的阻抗张量及场源的特性对判别构造的维数具有重要意义。一般情况下,用实测资料判断的大地电磁阻抗张量常具有较为稳定的极化方位,且往往跟地质构造密切相关。为了解 L6 线中上述几个点的阻抗张量的极化特征,特将每个测点测到的频点数据逐个绘制成极化图,如图

4 - 11 ~ 图 4 - 18 所示。

在二维构造中由于存在 TE 和 TM 两种极化模式，电场在岩石内传播是不均匀的，即阻抗 $Zxy(r)$ 和 $Zyx(r)$ 不相等，这时的表面阻抗可表示为[156 - 181]：

$$Z(r) = \begin{bmatrix} 0 & Zxy(r) \\ Zyx(r) & 0 \end{bmatrix} \qquad (4-12)$$

而在三维中，表示阻抗张量的元素除 $Zyx(r)$ 外，还存在 $Zxx(r)$ 或者 $Zyy(r)$，所以研究这几个分量 Zxx、Zxy、Zyx、Zyy 的特征对判别构造的维数和主要构造方向有重要的意义。实测的频率对应的极化图中，红色线代表 Zxy 主阻抗极化图，绿色表示辅助阻抗 Zxx 极化图。整体上绿色圈都远小于红色圈，说明这些剖面的主要构造呈二维特征，主轴方位为西北方向，表明地质体的构造相对比较稳定。个别点的频点呈一维特征，其具体特征是主阻抗接近于圆形，而辅助阻抗基本接近于原点，例如：2660 点 $f =$ [12600　15800　20000] Hz、3000 点 $f = 5010$ Hz、3760 点 $f =$ [10000　12600] Hz、3880 点 $f = 20000$ Hz、4160 点 $f =$ [12600　15800　20000] Hz、4280 点 $f = 631$ Hz，随着频率的降低，主阻抗在此区内的高频区域是呈对称性的，但辅助阻抗的值普遍变大。值得注意的是大于 10000 Hz 的阻抗特征比较杂乱，明显呈三维特征，反映了水平电性的不均匀性，推断其为浅部构造较为复杂所致。

2660 点共采集到 38 个频点的数据，其中 50. 1 Hz、1580 Hz、2000 Hz、2510 Hz、3160 Hz、31600 Hz、39800 Hz、63100 Hz 和 79400 Hz 表现出来的测点构造方位为东北向，12600 Hz、15800 Hz 和 20000 Hz 反映了典型的一维结构；此外其他 26 个频率体现出的主要构造方位为 NW25°左右。

3000 点共采集到 37 个频点的数据，仅有 31600 Hz、39800 Hz 表现出来的测点构造方位为北东 40°左右，5010 Hz 反映了典型的一维结构；此外其他 34 个频率体现出的主要构造方位为 NW30°左右。

3240 点共采集到 29 个频点的数据，缺频数据信息相对较多，其中 5010 Hz 表现出的构造方位为北东 30°左右，50100 Hz 和 63100 Hz 表现出的构造方位为东北方向 75°左右，10000 Hz 和 15800 Hz 反映的构造方位为 NW5°左右，其余 24 个测点反映的平均方位为 NW30°左右。

3760 点共采集到 38 个频点的数据，缺频数据信息相对较少，251 Hz 反映了一维结构；398 ~ 79400 Hz 之间除 10000 Hz、12600 Hz 和 15800 Hz 表现出一维结构、呈东偏北 60°左右的方位外，其余测量频点反映的平均方位为 NW30°左右。此点显示的构造方位较为复杂，浅、中、深部的方位不一。

3880 点共采集到 31 个频点的数据，缺频数据信息较多，其中 20000 Hz 反映了一维结构；剩余 30 个频点除浅部高频信息受干扰影响，其方位杂乱无章外，其余频率体现的构造平均方位为 NW20°左右。

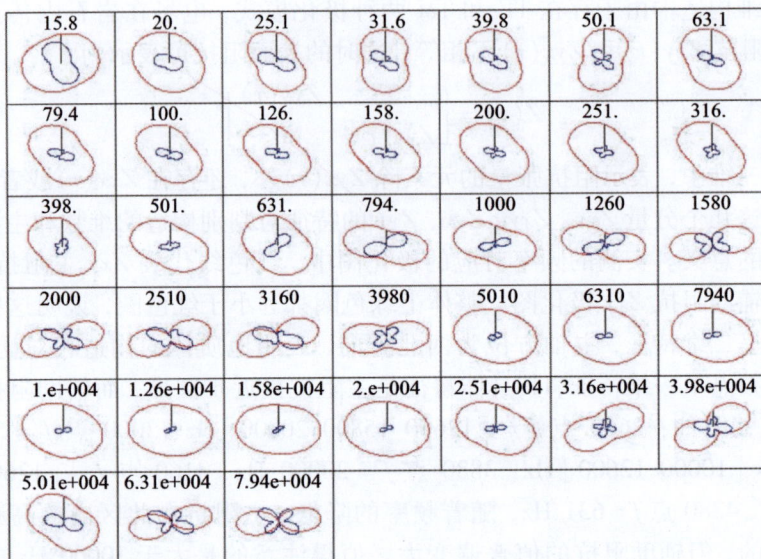

图 4 – 11　L6 线 2660 测点阻抗张量化极结果图

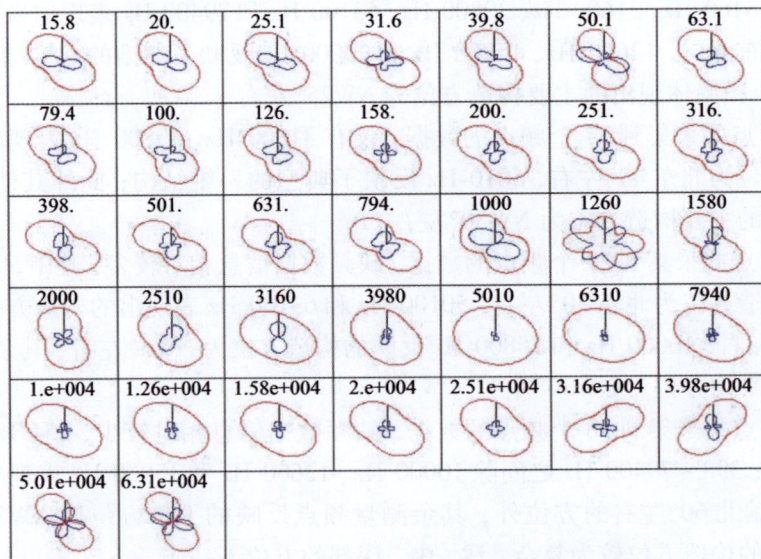

图 4 – 12　L6 线 3000 测点阻抗张量化极结果图

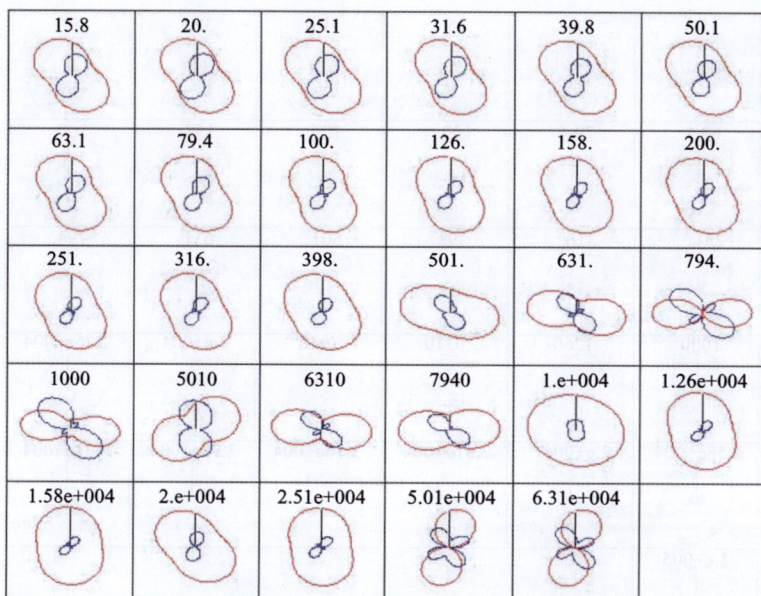

图 4-13 L6 线 3240 测点阻抗张量化极结果图

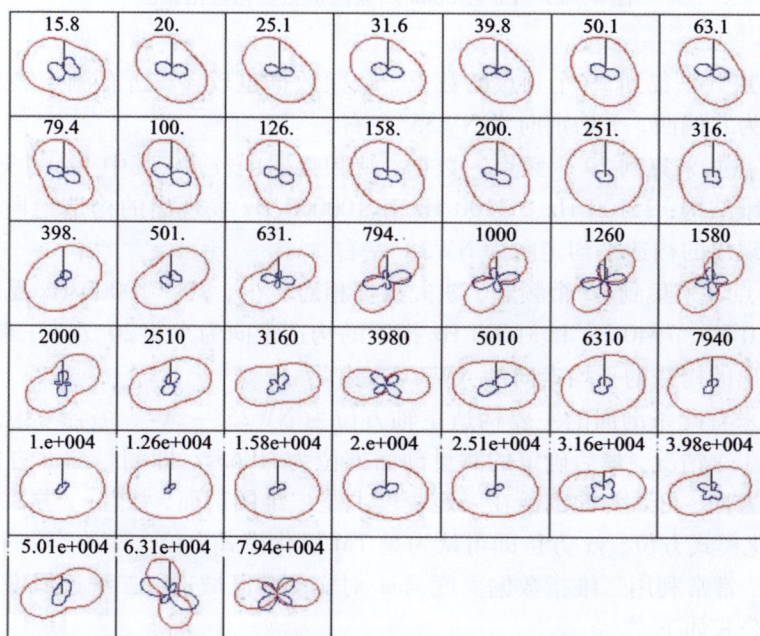

图 4-14 L6 线 3760 测点阻抗张量化极结果图

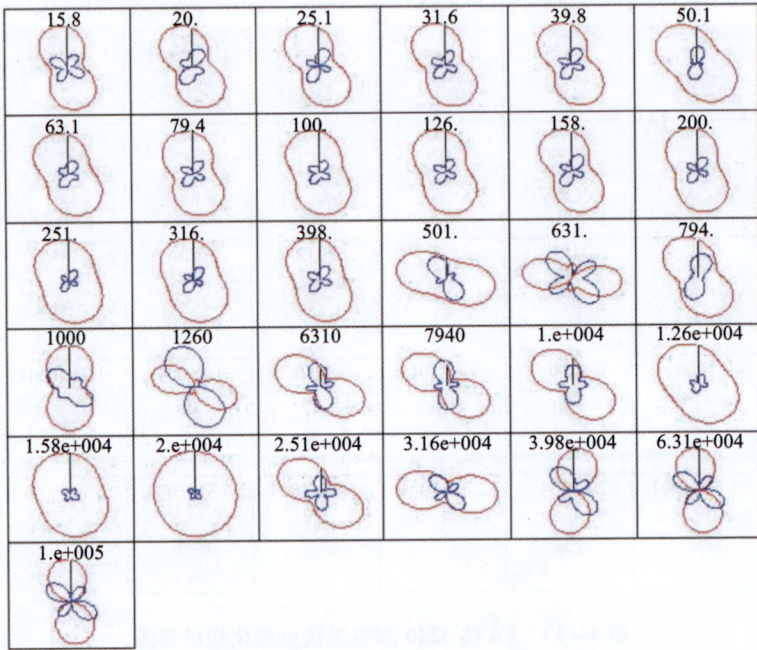

图4-15 L6线3880测点阻抗张量化极结果图

4040点共采集到29个频点的数据，缺频数据也较多，所有测点表现出的构造方位都为北偏西，平均走向为NW35°左右。

4160点共采集到29个频点的数据，缺频数据也较多，其中12600 Hz反映了明显的一维结构；25100 Hz、63100 Hz和100000 Hz表现出的构造走向东北；其余频点表现出的构造平均走向为NW25°左右。

4280点共采集到36个频点，缺失数据相对较少，其中10000 Hz反映了一维结构，6310 Hz、7940 Hz和31600 Hz指示的构造走向为东北20°左右；剩余32个频点表现出的构造的平均走向为NW30°左右。

综合来看此条剖面的主要构造主轴方位为NW25°~30°，综合考虑地质地形条件和施工等情况，最后确定的测量剖面方位为NE65°，即测量剖面方向垂直主要构造线方向，可认为此剖面在一定程度上是二维的剖面，并且xy方位即可认为是TE极化模式方位，yx方位即可认为是TM极化模式方位。

目前，常常利用二维指数偏离度skew对实测的区域进行二维近似度的电性构造评价，公式如下[182]：

$$skew = \left| \frac{Zxx + Zyy}{Zxy - Zyx} \right| \qquad (4-13)$$

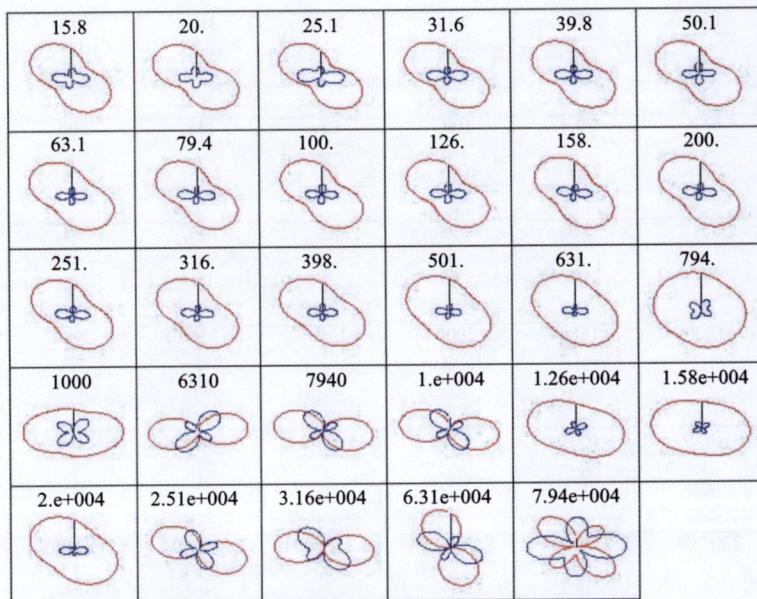

图 4 – 16　L6 线 4040 测点阻抗张量化极结果图

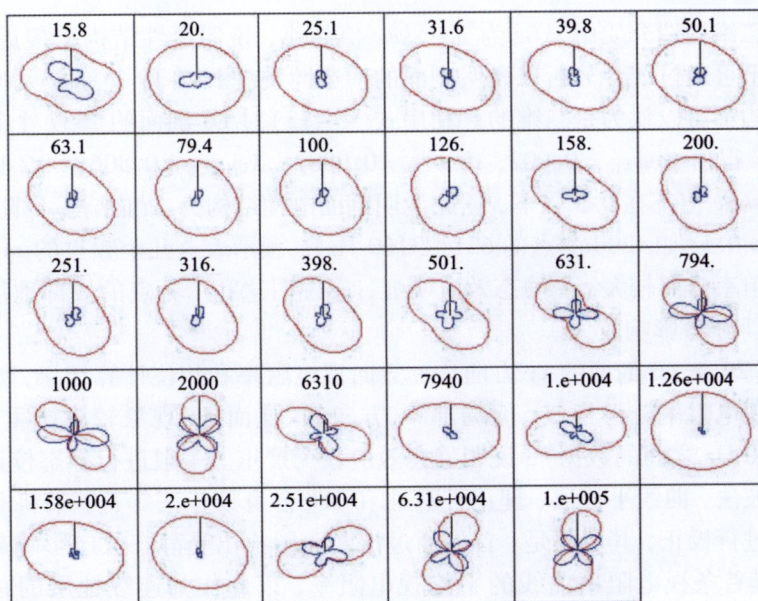

图 4 – 17　L6 线 4160 测点阻抗张量化极结果图

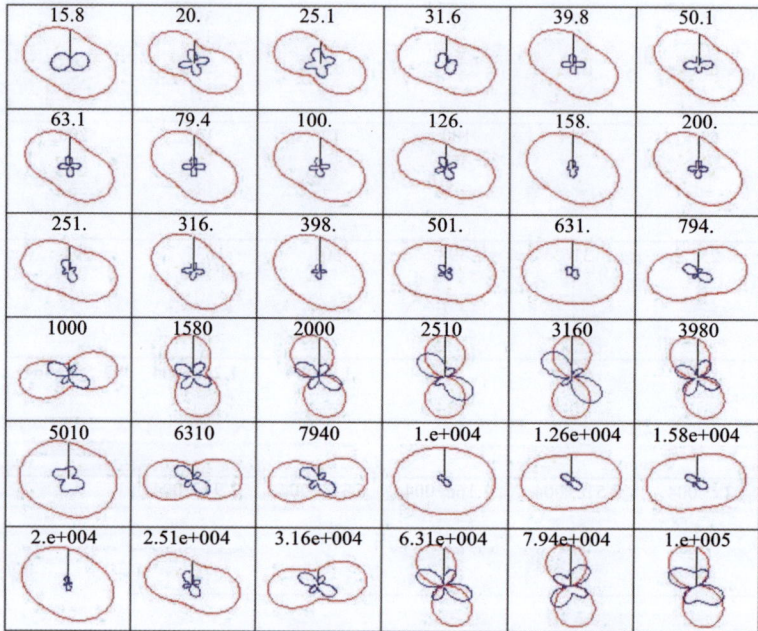

图4-18 L6 线 4280 测点阻抗张量化极结果图

在纯二维构造介质中 *skew* 为零。*skew* 值越小，说明电性结构越接近于二维。一般情况下可通过统计分析来说明剖面的构造性质(图4-19)，*skew* 为0.4以下的电性结构都可以认为是二维的。利用式(4-13)对 L6 剖面的 2537 个频点数据进行计算，得出 $skew_{min}=0.002$，$skew_{max}=0.9887$，$skew_{平均}=0.306$，80%以上的频点数据其 *skew* 值都在 0.3 以下，据此说明剖面电性结构为二维结构。部分测点的频点 *skew* >0.5(如 4200 测点的 631~3160 Hz)，预示着这几个频点的 *xy* 和 *yx* 方向的视电阻率分离较大，受静态效应明显，亦说明这几个频点的浅部地层受人文噪声(地质噪声)影响较大。

图4-20是 L6 剖面的 *xy* 方向、*yx* 方向视电阻率和相位计算结果，整体上两个方位的视电阻率较为相似，但局部 *xy* 方向的"挂面条"现象较为严重(特别是 15.8~1000 Hz 之间的数据)，说明静态效应较为严重。一般进行静态校正的方法有空间滤波法、曲线平移法、理论计算法和 MT 自身校正法等，本书将利用最后一种方法进行校正，其步骤是：首先通过拟断面图找出受静态效应影响最小的曲线，计算其首条视电阻率曲线的平均视电阻率，以此作为连续地层的首层电阻率，对其他连续地层的首条视电阻率进行差值计算，得到差值后根据地表地质情况对整条视电阻率曲线进行向上或向下平移。

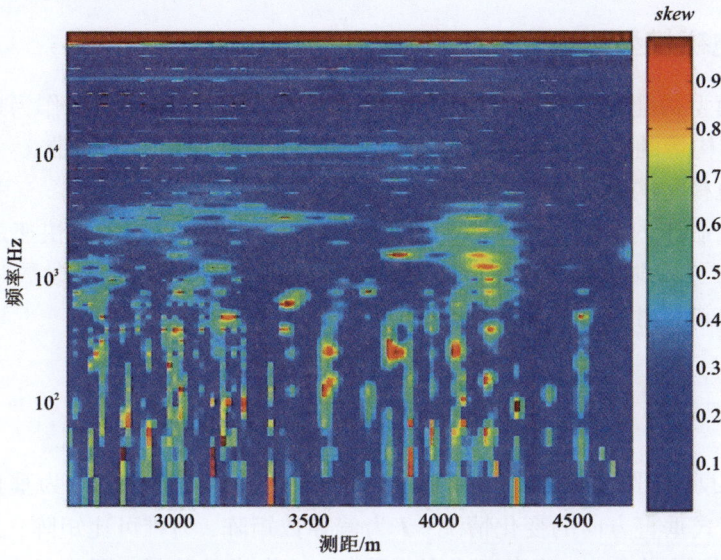

图 4 - 19 L6 线所有频点 *skew* 分界计算结果

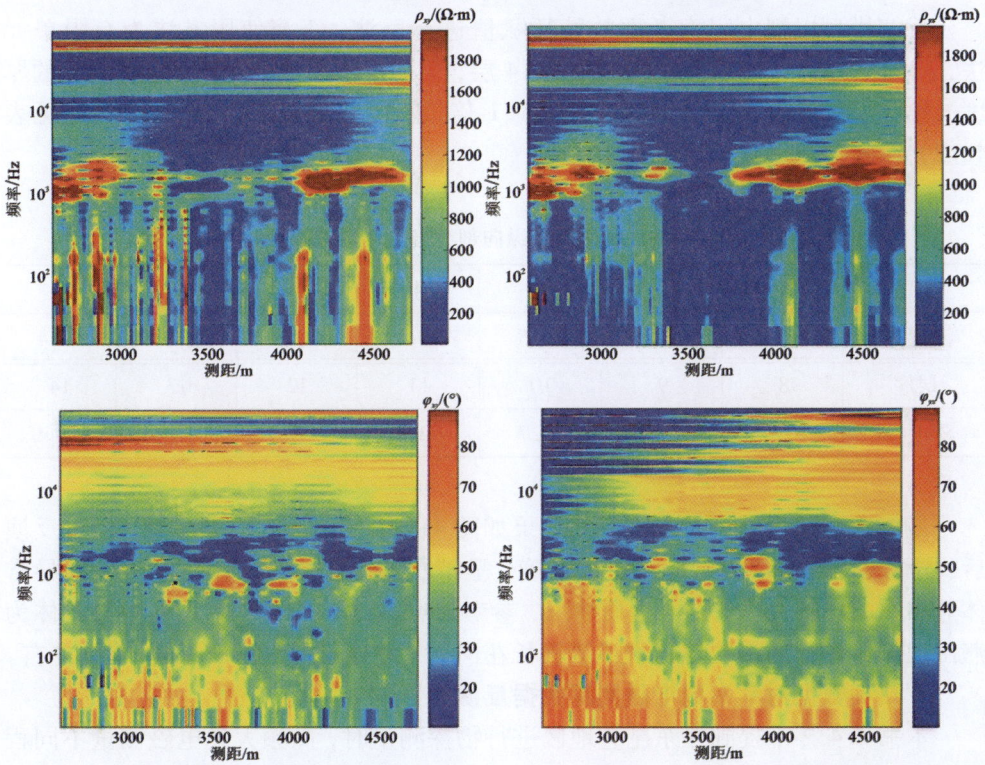

图 4 - 20 实测 L6 剖面的 *xy* 向、*yx* 向视电阻率和相位计算结果

4.4.3 电磁模型构建

电磁模型构建是把视参数最终满足一定迭代误差的电磁模型作为地表下的地层、岩石和构造的空间分布模型,其中视电阻率为模型构建的纽带。

1. 激电模型构建

作者在矿床内测量了两个点的激电测深数据,反演方法采取快速最小二乘反演方法。为了减少电阻率计算过程中的拟合误差,在计算电阻率参数时利用以 10 为底的对数进行计算,基本方程如下[182-185]:

$$(J^T J + \mu F) d = J^T g \qquad (4-14)$$

其中:

$$F = F_x \cdot F_x^T + F_z \cdot F_z^T \qquad (4-15)$$

式中,F_x 为水平平滑滤波器,控制模式水平方向的变化情况;F_z 为垂直平滑滤波器,控制模式垂直方向的变化情况;J 为偏导数矩阵,为雅可比矩阵;J^T 为 J 的转置矩阵;μ 为阻尼系数,相当于正则化系数;d 为扰动矢量,即步长向量;g 为差异矢量,即实测视电阻率或者视幅频率数据与正演模型响应的理论数据之差。

反演模型以视电阻率断面的特征赋值进行反演,正演使用方法为有限单元法,横向剖分间隔为 10 m,纵向分为 14 层,第一层的厚度取为 5 m,下一层的厚度 = 第一层的厚度 + 上一层的厚度 × 1.1 倍,使得反演深度达到 139.9 m(见表 4-2)。

表 4-2   对称四极纵向剖分各层下界面深度

层序	1	2	3	4	5	6	7
深度/m	5	10.5	16.5	23.2	30.5	38.6	47.4
层序	8	9	10	11	12	13	14
深度/m	57.2	67.9	79.7	92.7	106.9	122.9	139.9

最终反演迭代模型及二维反演结果如图 4-21 所示,从图中可见,经过反演后,异常更加清晰,异常分布更加准确,呈带状的高幅频率、较高电阻率的异常体分布在 100 m 左右,结合地质情况,参考研究区地球物理参数,推测异常体为燕山期辉钼矿化的细粒花岗岩或者钾长花岗岩,此处异常带的埋深为 80 m 左右。

2. 缺失数据对频率域电磁测深数据反演的影响

本书 4.4.2 中提到在东昆仑地区进行物探测量时,高频大地电磁测量不同程度地存在部分测点的部分频段缺失数据较为严重的问题,本节将利用 3.4 节所述正则化电磁层状模型在缺失部分数据信息时对电磁反演影响程度的讨论进行分析

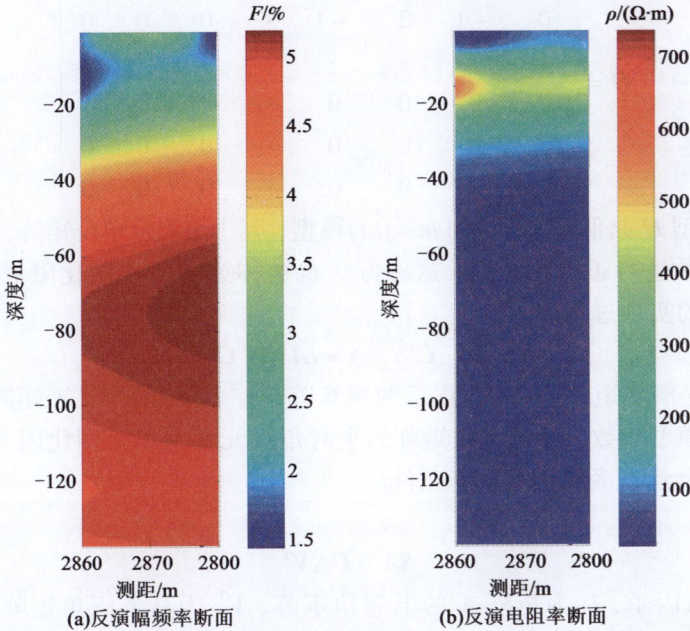

图 4 - 21　14 线 420 点 ~ 1000 点激电测深幅频率和电阻率反演结果

研究, 研究时在产生的反演数据中加入了 0.01% 噪声数据。

根据3.4节中的总体目标函数对正则化矩阵 **H** 处理方法的不同, 可以提出三种初始模型[143], 即最平坦模型、最平滑模型和最小模型。当模型缺失部分频点数据时, 以上三种模型的正则化反演方法的反演特点会有所不同。

三种模型的区别在于正则化矩阵的不同, 其中最平坦模型 **H** 如下:

$$\boldsymbol{H} = \begin{bmatrix} -1 & 1 & 0 & 0 & \cdots & 0 & 0 \\ 0 & -1 & 1 & 0 & \cdots & 0 & 0 \\ 0 & 0 & -1 & 0 & \cdots & 0 & 0 \\ \vdots & \vdots & \vdots & \vdots & & \vdots & \vdots \\ 0 & 0 & 0 & 0 & \cdots & -1 & 1 \\ 0 & 0 & 0 & 0 & \cdots & 0 & 0 \end{bmatrix} \tag{4-16}$$

最平滑模型 **H** 如下:

$$H = \begin{bmatrix} -1 & 2 & -1 & 0 & \cdots & 0 & 0 & 0 \\ 0 & -1 & 2 & -1 & \cdots & 0 & 0 & 0 \\ \vdots & \vdots & \vdots & \vdots & & \vdots & \vdots & \vdots \\ 0 & 0 & 0 & 0 & \cdots & -1 & 2 & 1 \\ 0 & 0 & 0 & 0 & \cdots & 0 & 0 & 0 \\ 0 & 0 & 0 & 0 & \cdots & 0 & 0 & 0 \end{bmatrix} \qquad (4-17)$$

最小模型 H 是假设 $H = I$ 和 $\hat{m} = \vec{0}$ 的模型,其中 I 表示单位矩阵,然后再带入反演目标函数进行正则化计算,这种方法也被称为零阶正则化阻尼最小二乘方法,其具体的实现过程如下:

$$\hat{m} = [A^+ C^{(d)-1} A + \alpha I] A^+ C^{(d)-T} \vec{d} \qquad (4-18)$$

式中,C 为光滑度矩阵,A 为修正后的权矩阵,A^+ 为 A 的广义逆矩阵,$\vec{d}$ 为数据向量,$\hat{m}$ 为模型参数。给定生成矩阵的主对角线元素乘以正则化因子 α,可以克服矩阵的奇异性或者改善其病态条件。

令

$$SA = U\Lambda V^T \qquad (4-19)$$

式中,S 为权因子,U 为矩阵 A 的上三角矩阵,V^T 为其下三角矩阵,将式(4-19)代入(4-18),可得:

$$\begin{aligned} \vec{m} &= [V\Lambda U^T U\Lambda V^T + \alpha VV^T]^{-1} V\Lambda U^T S\vec{d} \\ &= V[\Lambda^2 + \alpha I]^{-1} V^T V\Lambda U^T S\vec{d} \end{aligned} \qquad (4-20)$$

$$\vec{m}_{\text{reg}} = V[\Lambda^2 + \alpha I]^{-1} \Lambda U^T S\vec{d} \qquad (4-21)$$

可得

$$[\Lambda^2 + \alpha I]^{-1}\Lambda = \begin{bmatrix} \dfrac{\lambda_1}{\lambda_1^2 + \alpha} & \cdots & 0 \\ \vdots & \ddots & \vdots \\ 0 & \cdots & \dfrac{\lambda_m}{\lambda_m^2 + \alpha} \end{bmatrix} \qquad (4-22)$$

求得其最大值 $\lambda_{i,\,\text{max}} = \dfrac{\lambda_i}{\lambda_i^2 + \alpha} \approx \dfrac{1}{\lambda_i}$,求得其最小值 $\lambda_{i,\,\text{min}} = \dfrac{\lambda_i}{\lambda_i^2 + \alpha} \approx 0$,式(4-22)即为最小模型正则化矩阵。

试验中取 1000~5000 Hz 为缺失频段数据,得到的最终反演结果如图 4-22 所示,在最平坦模型反演过程中,是利用线性插值拟合相邻频段反演结构来获得所缺失的部分信息的;在最平滑模型反演过程中,仅仅是按照相邻节点信息补充了缺失的数据;在最小化模型反演过程中,对于"缺失信息"的部分,只采用了基模型 $\hat{m} = 0$ 的信息。从以上反演结果可以得出,当某部分结构信息在数据反映中不明显时,反演过程对这些情况的处理方式不一样。但是具体哪种正则化反演效果好,需要针对具体问题进行具体分析。根据设计的模型计算结果来看,三种方法中,最小化模型效果最差,最平坦模型和最平滑模型反演效果相对较好。尤以最平滑模型效果最优。

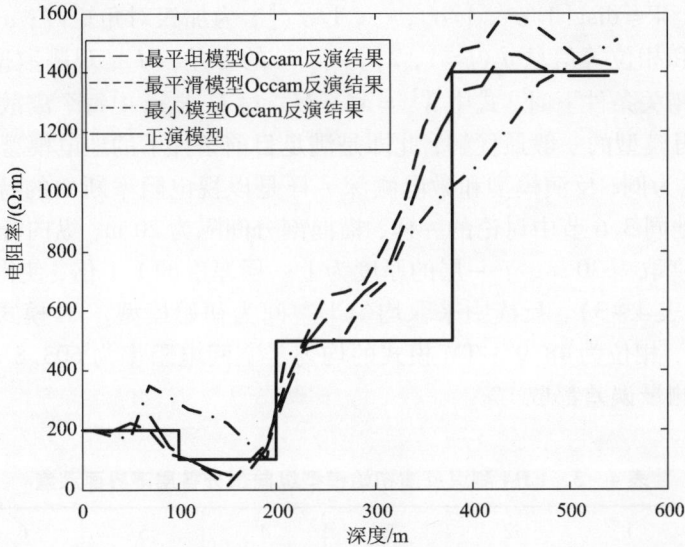

图 4-22　缺失频点数据加入 0.01% 噪声时三种正则化模型反演结果图

4.4.4　电磁模型构建

实测的场值数据是实际地电断面的响应,在反演解释时,先假设一个地电断面通过正演计算(本书正演计算采用有限单元法)得到视参数值,然后求其野外实测数据与数值计算的误差,通过迭代算法不断地对正演模型进行修正,直至得到一个满足一定误差的有意义的模型,即可认为地电断面的电磁模型建立成功。这就是反演重构地电模型的原理。但由于实际地质构造复杂及干扰的存在,反演时往往数据存在不稳定性和较大的误差。本节用 Groot - Hedin 等提出的 Occam 算法[166],这种反演方法可以有效地抑制反演迭代过程中产生的冗余构造,并提高解的稳定性,Occam 算法是由高斯 - 牛顿法发展而来的,通过每次迭代调节电磁模型的正则化因子来实现模型的平滑(本区内天然源高频大地电磁缺频严重,因此如上节所述利用最平滑模型较好),其特点是反演结果比较稳定,但耗时较多,会使响应增大。下文即运用此算法对本区域实测数据进行 TE、TM 及 TE&TM 模式反演。

实测数据空间用 d 表示,m 表示模型空间,其中包含有电阻率和异常体边界等假设信息。假定反演总体目标函数如下：

$$U = \| \partial_y m \|^2 + \| \partial_z m \|^2 + \mu^{-1} \{ \| Wd - WF(m) \|^2 - X_*^2 \} \quad (4-23)$$

式中，$\| \partial_y m \|^2$ 所表示的是实测剖面垂直构造方向的粗糙度矩阵；$\| \partial_z m \|^2$ 表示的是指向基底方向的粗糙度矩阵；μ^{-1} 为正则化因子；X_* 为噪声；$F(m)$ 为模型的正演响应，$W = \mathrm{diag}[1/\sigma_1, 1/\sigma_2, \cdots, 1/\sigma_M]$，为加权对角矩阵；$\sigma_j$ 是已知观测的视电阻率和相位等信息 $d_j (j = 1, 2, \cdots, M)$ 的方差；M 是观测数据的个数，假设噪声在不相关条件下时，式中 $X_*^2 = X^2 = M$。对 U 求 m 中每个离散的 m_i 的偏导数，就可求得模型的一般最优解，此即是满足目前条件下的地电模型反演结果。

以 L6 线为例，反演模型和激电测深一样是以视电阻率断面的特征赋值进行反演的，此处同 3.6 节中讨论的一样，横向剖分间隔为 20 m，纵向分为 14 层，但第一层的厚度取为 30 m，下一层的厚度为上一层厚度的 1.1 倍，使得反演深度达到 806.7 m(表 4-3)。反演中采取均匀半空间为初始模型，TE 模式中电阻率为 424.5 $\Omega \cdot$ m，相位为 48.9°；TM 模式的均匀半空间电阻率为 603.8 $\Omega \cdot$ m，相位为 43.38°，测量误差都取 1%。

表 4-3　EH4 测深反演初始模型纵向剖分各层下界面深度

层序	1	2	3	4	5	6	7
厚度/m	30	33	36.3	39.93	43.92	48.315	53.14
深度/m	30	63	99.3	139.23	183.15	231.468	284.61
层序	8	9	10	11	12	13	14
厚度/m	58.46	64.3	65.4	71.9	79.14	87.05	95.76
深度/m	343.07	407.4	472.8	544.7	623.88	710.94	806.7

图 4-23(a) 为 TE 模式反演结果，图 4-23(b) 为 TM 模式反演结果，图 4-23(c) 为 TE&TM 联合反演结果。TE 模式显示出大片低阻状态，TM 模式显示相对高阻状态，TE 模式恢复地质构造状态比 TM 模式稍好，比较起来，TE&TM 联合反演模式最好，由图 4-23(c) 可以看出，它很好地恢复了地层架构。

图 4-24 为 L1～L7 线的立体图，图中清楚地显示了研究区内主要部位的电阻率模型的三维立体分布结果。从图中明显地可以推断出 F_1 断裂为区内的主要构造，F_2 在 F_1 的西侧，基本为平行断裂。

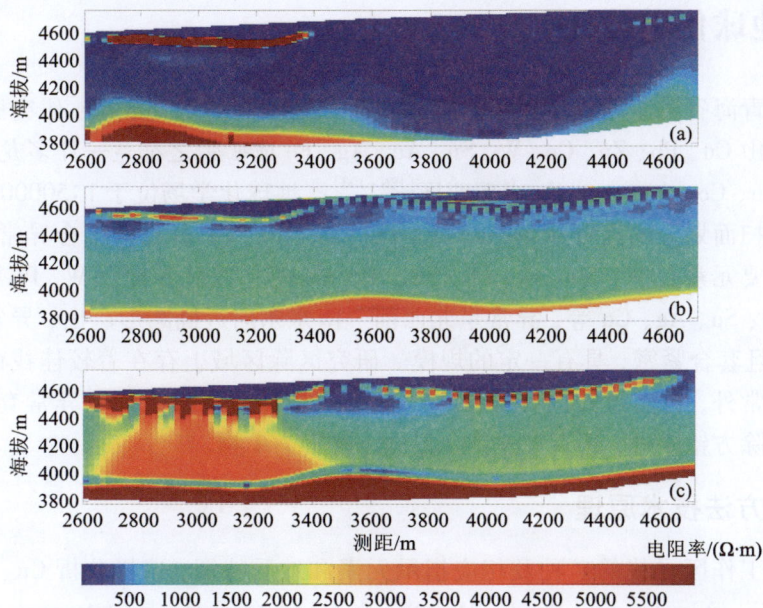

图 4 – 23　L6 线测深 TE、TM 和 TE&TM 二维反演结果对比模型

(a)TE 模式反演结果；(b)TM 模式反演结果；(c)TE&TM 模式反演结果

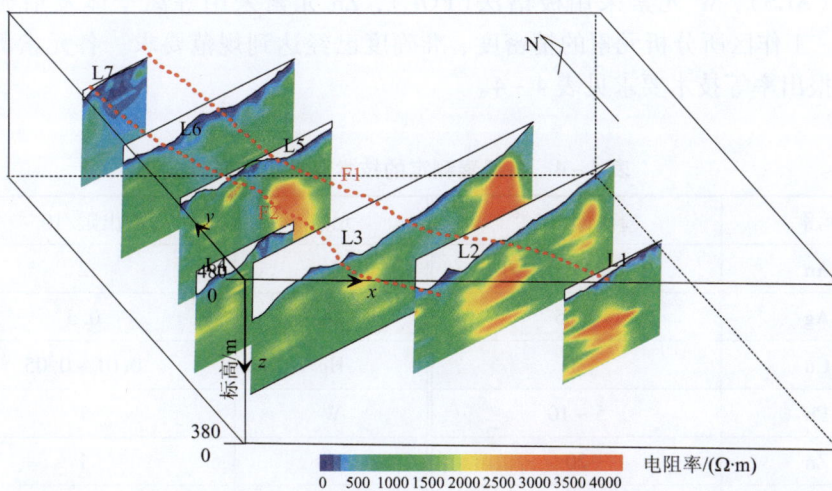

图 4 – 24　L1 ~ L7 线测深 TE&TM 联合二维 Occam 反演结果的三维切片图

4.5 地球化学特征

根据青海省第三轮成矿规律研究和找矿靶区预测的研究成果：研究区属于都兰—鄂拉山 Cu、Pb、Zn、Co、W、Sn、Au、Ag、Fe 成矿带之都兰—什多龙 Cu、Pb、Zn、W、Sn、Co、Au、Ag、Fe 成矿亚区[186-190]。地球化学场位于 1:500000 东昆仑区域化探扫面划分的高背景场 As、W、Pb、Mo、Bi、Sn 多元素组合异常的东端，异常区主要元素有 W、Mo、Bi、Pb、Sn、Ag、Cu 等。区域异常以 W、Pb 为主，伴有 Mo、Bi、Sn、Ag、Cu 等，异常呈北西西—南东东向近椭圆形产出，异常浓集中心清晰，且套合紧密，具有一定的规模。研究区除区域上存在着较佳找矿意义的 W、Pb 异常外，自然重砂也有异常，自然重砂异常与水系沉积物异常套合较好，有用矿物除方铅矿外，还有黄铜矿、毒砂、铋族类矿物。

4.5.1 方法技术原理

根据工作区寻找的矿种及相应指示元素和地质特征，选择分析 Cu、Pb、Zn、Au、Ag、Co、Ni、As、Sb、Bi、F、Mo、W、Sn 等 14 个元素，其中 Ag 元素采用发射光谱法(AES)，As 元素采用原子荧光法(AFS)，Au 元素采用发射光谱法(AES)，Bi 元素采用原子荧光法(AFS)，Cu 元素采用等离子体发射光谱法(ICP)，Mo 元素采用极谱法(POL)，Pb 元素采用等离子体发射光谱法(ICP)，Sn 元素采用发射光谱法(AES)，W 元素采用极谱法(POL)，Zn 元素采用等离子体发射光谱法(ICP)。工作区所分析元素的精密度、准确度已经达到规范要求。各元素测定检出限、报出率等技术要求见表 4 - 4。

表 4 - 4   各元素测定的技术要求一览表

元素	检出限/10^{-6}	元素	检出限/10^{-6}
Au	0.0003 ~ 0.001	Sn	2
Ag	0.05	Bi	0.3
Cu	2	Hg	0.01 ~ 0.05
Pb	5 ~ 10	W	1
Zn	20	Mo	1
As	0.5 ~ 1	Cd	0.2 ~ 0.5

注：测试单位为青海省有色地质测试中心。

4.5.2　化探扫面结果

化探扫面与激电扫面网度一致，其内容是对研究区进行1∶10000土壤岩屑地球化学测量及元素异常圈定工作，Zn异常的圈定是根据Zn异常下限的1.5、2、3倍划分出三个浓度分带，W、Sb、Au、Ag、As异常的圈定是分别根据其异常下限的3、8、22倍划分出三个浓度分带，其他是根据其异常下限的2、4、8倍划分为三个浓度分带，即均分为内、中、外三个浓度分带。将各元素异常套绘在一起，根据空间位置，确定综合异常的元素组合，并统计计算综合异常中各元素异常的地球化学特征参数，以此作为异常评价和评序的依据。

本工作区共圈出综合异常4处（HT1、HT2、HT3、HT4），其平面异常等值线及异常范围划分见图4-25。

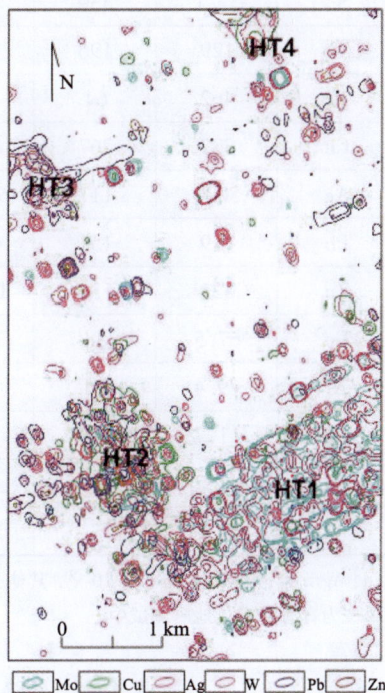

图4-25　研究区内土壤岩屑地球化学测试结果

HT1号综合异常位于工作区的东南部，异常由W、Sn、Mo、Cu、Bi、Au、Ag、Pb、Zn组成，规模较大，评序值为23.23。其中W元素的峰值为 2666×10^{-6} ，面积为3.144 km²；Mo元素的峰值为 129×10^{-6} ，面积为0.784 km²；Ag元素的峰值为 5000×10^{-9} ，面积为0.468 km²；Pb元素的峰值为 719×10^{-6} ，面积为0.604 km²。HT1号综合异常面积大，异常强度高，有明显的浓集中心和浓度分带，且主要元素的异常分布吻合性好。其中，W已达到边界品位。HT1号异常特征参数见表4-5。该异常处于 F_1 断裂南东段的两侧，岩性为印支期花岗闪长岩，发育较多的花岗闪长斑岩脉。该异常通过工程揭露圈出了工业钼矿体，说明其为矿致异常，具有很好的找矿潜力。HT2异常位于工作区的西南部，异常主要元素组合为Mo、W、Pb、Sn、Ag、Bi、Sb、Zn等元素（表4-6）。

表 4 - 5　HT1 号异常特征参数表

编号	元素	最高值	点数	平均值	异常下限	衬度	面积/km²
HT1	W	2666	786	18.29	6	3.05	3.144
	Sn	57.1	539	10.84	7	1.55	2.156
	Mo	129	196	13.14	4	3.29	0.784
	Bi	462	64	35.91	5	7.18	0.256
	Cu	332	267	66.12	40	1.65	1.068
	Ag	5000	117	522.60	200	2.61	0.468
	Pb	719	151	47.55	30	1.59	0.604
	Zn	521	134	134.60	95	1.42	0.536
	Co	67.5	88	19.30	15	1.29	0.352
	Ni	79.4	78	43.10	35	1.23	0.312
	Au	11.7	40	6.56	3	2.19	0.16
	Sb	4.32	39	1.36	1.2	1.13	0.156
	As	61.6	7	30.00	20	1.50	0.028

注：Au、Ag 元素含量单位：$\omega(x)/10^{-9}$，其他元素含量单位：$\omega(x)/10^{-6}$；
测试单位为青海省有色地质测试中心。

表 4 - 6　HT2 号异常特征参数表

编号	元素	最高值	点数	平均值	异常下限	衬度	面积/km²
HT2	Mo	3222	153	38.03	4.00	9.51	0.612
	Cu	8584	332	135.83	40.00	3.40	1.336
	W	372	268	22.39	6.00	3.73	1.072
	Pb	5672	380	76.20	30.00	2.54	1.52
	Sn	81.1	362	15.45	7.00	2.21	1.448
	Ag	5170	250	611.68	200.00	3.06	1
	Bi	684	110	30.04	5.00	6.01	0.44
	Sb	5.77	410	1.37	1.20	1.14	1.64
	Zn	11180	219	197.20	95.00	2.08	0.876
	As	180	130	35.00	20.00	1.75	0.52

续表 4 - 6

编号	元素	最高值	点数	平均值	异常下限	衬度	面积/km²
HT2	Ni	183	178	38.60	35.00	1.10	0.712
	Co	20.6	90	15.70	15.00	1.05	0.36
	Au	9.8	51	4.10	3.00	1.37	0.204

注：Au、Ag 元素含量单位：$\omega(x)/10^{-9}$，其他元素含量单位：$\omega(x)/10^{-6}$；
测试单位为青海省有色地质测试中心。

　　HT3 号综合异常位于工作区的北西段，异常以 Pb、W、Mo 元素为主，伴有 Ag、Zn、Sn、Bi、Au、Cu 元素，主要元素的异常套合好，异常评序值为 9.27。其中 Pb 元素的峰值为 2154×10^{-6}，面积达到 0.816 km²；W 元素的峰值为 1370×10^{-6}，面积达到 0.264 km²；Mo 元素的峰值为 469×10^{-6}，面积达到 0.12 km²；Ag 元素的峰值为 5000×10^{-9}，面积达到 0.384km²。W、Mo、Pb、Ag 元素具有明显的浓集中心和浓度分带。HT3 号异常特征参数见表 4 - 7。该异常处于 F_1 断裂的北西段两侧，岩性为印支期花岗闪长岩，该异常区具有一定的找矿潜力。

表 4 - 7　HT3 号异常特征参数表

编号	元素	最高值	点数	平均值	异常下限	衬度	面积/km²
HT3	Pb	2154	204	80.99	30	2.70	0.816
	W	1370	66	44.52	6	7.42	0.264
	Mo	469	30	51.00	4	12.75	0.12
	Ag	5000	96	570.85	200	2.85	0.384
	Zn	788	148	156.27	95	1.64	0.592
	Sb	6.17	94	1.37	1.2	1.14	0.376
	Sn	42.9	32	13.23	7	1.89	0.128
	Cu	326	36	61.59	40	1.54	0.144
	Bi	65.7	13	17.86	5	3.57	0.052
	Co	35.5	36	17.98	15	1.20	0.144
	As	27	6	85.00	20.00	4.25	0.024
	Au	13.4	15	4.81	3.00	1.60	0.06
	Ni	61.8	12	40.80	35.00	1.17	0.048

注：Au、Ag 元素含量单位：$\omega(x)/10^{-9}$，其他元素含量单位：$\omega(x)/10^{-6}$；
测试单位为青海省有色地质测试中心。

　　HT4 号综合异常位于工作区的北东角(表 4-8)，异常以 W 元素为主，伴有 Mo、Ag、Sn、Pb 等元素。规模评序值为 11.89。其中 W 元素的峰值为 7517×10^{-6}，面积达到 $0.316\ km^2$；Mo 元素的峰值为 611×10^{-6}，面积达到 $0.116\ km^2$；Ag 元素的峰值为 2607×10^{-9}，面积达到 $0.332\ km^2$；Pb 元素的峰值为 314×10^{-6}，面积达到 $0.628\ km^2$。W、Mo 具有明显的浓集中心和浓度分带。综合异常处于北西部出露的燕山期似斑状钾长花岗岩的接触带附近，其他元素异常较为分散，分布于似斑状钾长花岗岩的四周。HT4 号异常属丙类异常，但是其中的异常高值区有必要进行扩大检查，检查异常的重现性，进一步追踪异常源。

表 4-8　HT4 号异常特征参数表

编号	元素	最高值	点数	平均值	异常下限	衬度	面积/km²
HT4	W	7517	79	142.57	6.00	23.76	0.316
	Mo	611	29	42.03	4.00	10.51	0.116
	Pb	314	157	47.55	30.00	1.59	0.628
	Ag	2607	83	421.12	200.00	2.11	0.332
	Zn	357	70	134.60	95.00	1.42	0.28
	Sn	20.5	59	10.42	7.00	1.49	0.236
	Cu	201	28	72.38	40.00	1.81	0.112
	Au	12.6	19	5.96	3.00	1.99	0.076
	Bi	80.3	7	26.58	5.00	5.32	0.028
	Co	29.5	17	19.30	15.00	1.29	0.068
	Sb	2.43	15	1.36	1.20	1.13	0.06
	As	41.2	7	30.00	20.00	1.50	0.028
	Ni	52.6	5	43.10	35.00	1.23	0.02

　　注：Au、Ag 元素含量单位：$\omega(x)/10^{-9}$，其他元素含量单位：$\omega(x)/10^{-6}$；
测试单位为青海省有色地质测试中心。

　　综上所述，异常较好的区域为 HT1 和 HT2 异常区，HT3 和 HT4 异常区次之。

4.6　研究区各种成矿信息标志

　　综合分析本研究区的地质、地球物理、地球化学信息,可总结区内的直接找矿标志为:地表铜钼铅锌矿化露头、围岩裂隙中的孔雀石化、水系沉积物中斑岩铜矿转石。间接标志为:钾长花岗岩脉、铜钼矿化蚀变带、土壤次生晕多元素组合异常、物探异常(图 4 - 26)。

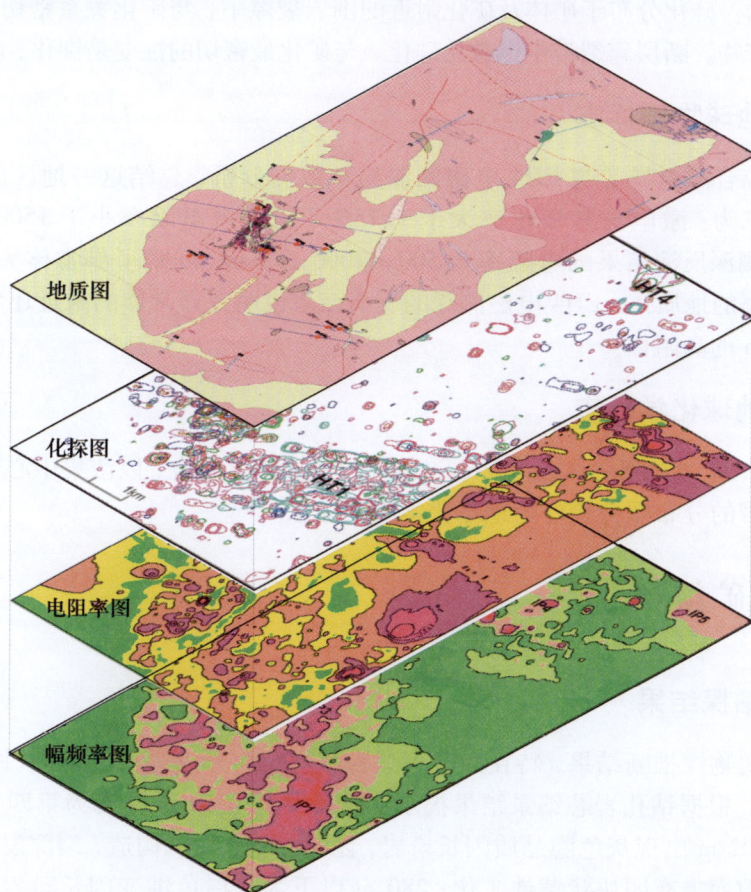

图 4 - 26　青海省多龙恰柔研究区地质 - 物探 - 化探综合断面图

4.6.1　地质标志

　　研究区内矿化体主要分布于中细粒花岗岩和钾长花岗岩中,其次分布于似斑状钾长花岗岩和花岗闪长岩中。含矿岩体结构有片状结构、粒状结构、残余结构；含矿岩体构造有细脉状构造、网脉状构造、浸染状构造、薄膜状构造；矿石矿物成分主要为辉钼矿、少量黄铜矿、黄铁矿、铜蓝，偶见自然银，氧化矿物有褐铁矿、磁铁矿；脉石矿物主要为石英、钾长石、少量角闪石、绿帘石、绿泥石等；矿化体的围岩主要为中细粒花岗岩、钾长花岗岩，少量为似斑状钾长花岗岩、花岗闪长岩；矿化体比较连续，矿化体中钼铜矿化总体上较为均匀，局部见少量的中细粒花岗岩和钾长花岗岩夹石。矿体的围岩主要为蚀变钾长花岗岩。围岩蚀变明显，主要为硅化、钾化，其次为褪色化。钾化分布于近矿围岩和矿体中，是高温热液交代产物。硅化分布于矿体及矿化附近的围岩裂隙中，与矿化关系密切，属高温热液交代产物。断层碎裂带中也常见硅化。与矿化最密切的蚀变是钾化、硅化。

4.6.2　地球物理标志

根据综合激电异常与 EH4 电磁测深异常数据分析，总结这一地区的地球物理找矿标志为：激电异常极化率大于 1.75%、地表视电阻率小于 1500 $\Omega \cdot m$、EH4 电磁测深反演结果的电阻率为 500 ~ 2000 $\Omega \cdot m$，反映了异常体为高极化、中等电阻率的地质体；EH4 电磁测深的反演结果说明在异常体的附近还应有大于 2000 $\Omega \cdot m$ 的高阻体。

4.6.3　地球化学标志

以 Mo、W、Pb、Sn、Ag、Bi、Sb、Zn 等为主要元素组合，以浓集中心套合较好和浓度分带的分布重叠较好为地球化学找矿标志。

4.7　成矿预测

4.7.1　钻探结果

为证实物探推断结果，特在激电测深 L6 线 2860 号点进行了验证(图 4 – 27、图4 – 28)。根据钻孔岩芯编录结果揭示，地表以下至 10 m 左右为第四系黄色风成泥沙；102 m 出现灰色隐晶质闪长玢岩，隐晶结构、块状构造，裂隙发育，在裂隙中及裂隙面上有团块状黄铁矿化；280 m 以下为灰白色蚀变闪长玢岩，有高岭土化、黄铁矿化、条带状铜矿化及铁闪锌矿化。1840 号测点之前无异常存在，根据 EH4 结果推断不同岩性的接触面较陡。1840 号测点至 2040 号测点之间物探效果较好，在海拔 4400 m 以下存在低阻异常，推断为矿致异常，找矿前景良好。该异常中间被北西向的断裂错开，断裂从地表到深部的产状不变陡，是比较好的容矿空间。整个激电异常受二长花岗岩和 F2 断裂控制，矿化体生成于 F2 大断裂的次级断裂内。

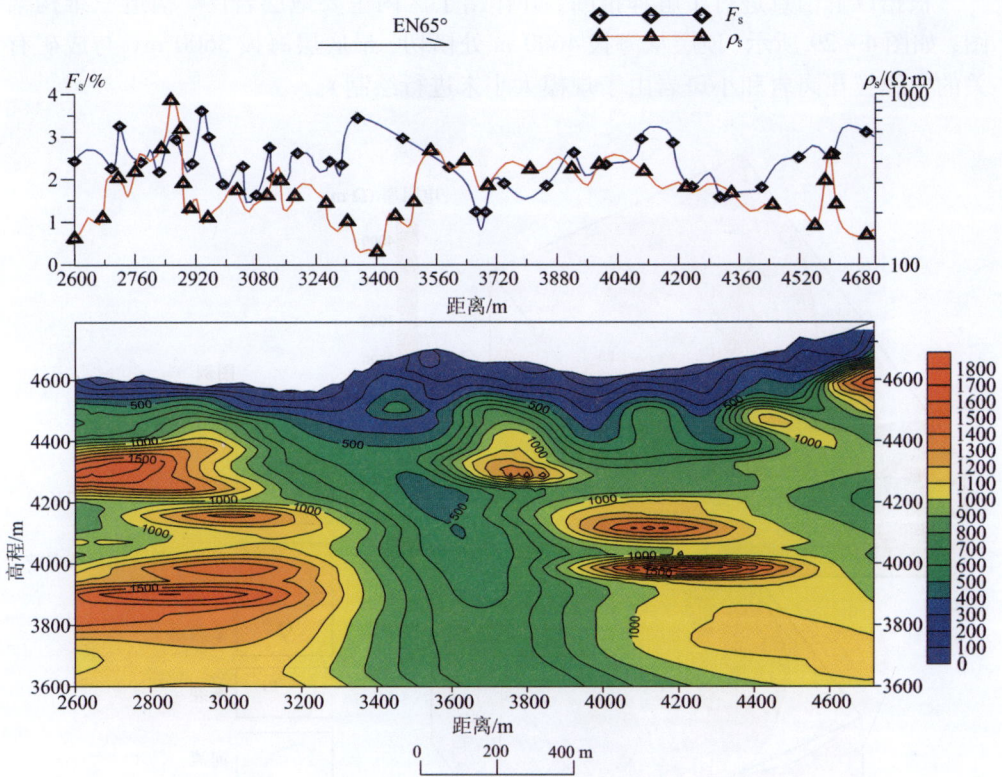

图 4-27　L6 二维物探综合剖面图

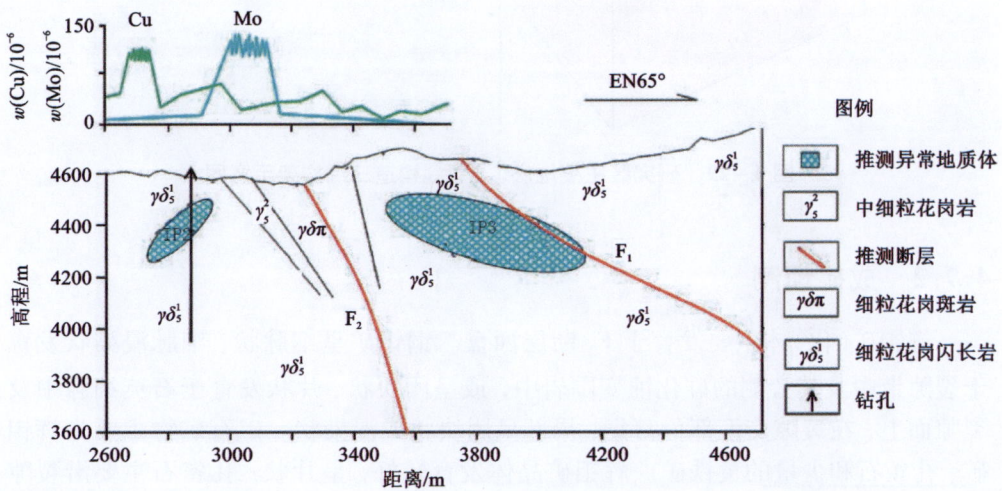

图 4-28　L6 线二维地质综合剖面图

根据以上信息进行了解释推断，并作出了区内主要地层岩性、构造三维构架图，如图4-29所示(顶层从海拔4600 m处横切，最底层海拔3600 m，与成矿有关的中细粒花岗岩和小斑岩由于规模太小未进行绘制)。

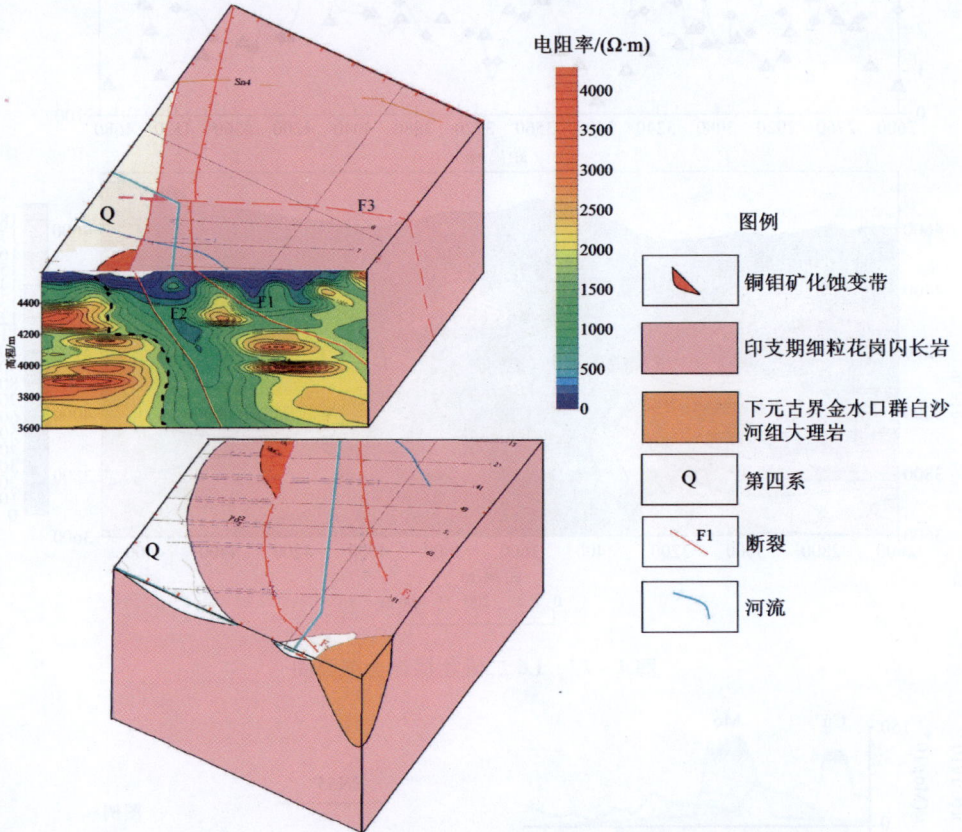

图4-29　研究区主要地层、岩性、构造三维构架示意图

4.7.2　成矿预测

辉钼矿(化)体主要发育于F_2断层西盘。铜钼矿呈细脉状、细脉浸染状发育于裂隙带中及其旁侧的硅化蚀变围岩中，或呈团块状、片状发育于石英细脉中及裂隙面上，在裂隙交汇部位富集，局部呈团块状或浸染状。矿石矿物主要为辉钼矿、孔雀石和少量的黄铁矿。辉钼矿晶体发育较好，呈片状；孔雀石主要沿裂隙面发育或呈浸染状分布于旁侧的蚀变围岩中；黄铁矿晶体不发育，呈粉末状或细小的它形粒状充填于裂隙中。脉石矿物主要为石英。

双频激电异常 IP1 和 IP3 区应是此矿床的顶部异常区，两异常区连接部位有大断层的存在，异常区深部有后期成矿(容矿)岩体侵位，且其南、北均为大面积碎石滩所覆盖，矿体外围蚀变矿化晕规模有往南、北两端进一步扩大的趋势，找矿潜力很大。根据上述物探异常并结合化探 W、Mo、Cu、Ag、Pb、Zn 单点异常的套合情况及异常源分析，确定成矿的岩石种类是印支期和燕山期的辉钼矿化细粒花岗岩，主要分布于断层破碎带上。HT1 区与 IP1 区、HT2 区与 IP2 区的异常套合较好；IP4 区、IP5 区物探异常与化探 HT4 区则呈零星状小范围分布，可能是地表局部异常引起；IP3 区有物探异常没有化探异常，可能是炭质引起的假异常，HT3 有化探异常没有物探异常，可能为非硫化物多金属矿床的显示。因此研究区重点成矿远景区为 HT1、HT2 和 HT4 区；结合 EH4 成果，可以推测为脉状铜钼矿床产生的异常，异常主要受西北向的大断裂 F_1 和 F_2 控制，在其大断裂旁侧的次级断裂形成了铜钼矿的有利空间，物探显示异常具中等偏低电阻率以及相对高极化特征。预测矿化体的走向应以 NNW 向为主，倾向以 SWW 向为主，倾角较陡。本区一系列近南北向的平行异常带显示本区具有很好的找矿前景。

4.8　成矿模式判别

从该斑岩型矿床的矿化、矿体及矿石特征和围岩蚀变分析，该矿床的成矿过程大致为：印支期大规模中酸性岩浆侵入活动形成花岗闪长岩；燕山期有两次岩浆活动，首先形成似斑状钾长花岗岩；然后形成钾长花岗岩和中细粒花岗岩。矿床主要形成于岩浆本身含矿的钾长花岗岩和中细粒花岗岩成岩后期热液阶段。含矿热液可在花岗闪长岩和似斑状钾长花岗岩的裂隙中形成钼、铜矿化。在中细粒花岗岩和钾长花岗岩中形成的矿体，以辉钼矿为主，伴有银、铜矿化，其矿石呈团粒状、浸染状、片状。围岩中硅化、钾化、褪色化蚀变较强，并有绿帘石化。矿体规模较大，属斑岩型钼多金属矿床。

4.9　本章小结

(1)研究区内的岩体主要为印支期花岗闪长岩，它分布于研究区的北部和东部，占全区面积的 75% 左右，由灰、灰白色细粒花岗闪长岩、似斑状花岗闪长岩组成。矿化异常的地球物理特征为：幅频率大于 1.75% 的相对高极化异常，视电阻率变化范围较大，从 14.1 ~ 1500 Ω·m 都有可能成矿。其中 IP1、IP2 异常区成矿条件较好，IP3 矿化程度较低(可能伴随的黄铁矿化较强)，IP4 和 IP5 异常面积较小。

(2)由于斑岩型矿床的激发极化特征相对微弱，本书利用互相关法对区内激

发极化扫面结果的 F_S 进行了处理；经过处理减少了人文等随机干扰，新发现了 HT4 的异常源 IP5。事实证明，此种处理方法能达到消除或压制干扰并突出异常的目的。

(3)EH4 大地电磁极化图显示出：本区内 EH4 剖面的主要构造方位为 NE25° 左右；在二维构造中 R_{xy} 被认为是大地电磁 TE 极化模式，R_{yx} 被认为是 TM 极化模式，作者以 L6 线为例分别进行了 TE、TM 及 TE&TM 双模式联合反演，采用了 Occam 反演方法，发现了 TE&TM 双模式联合反演可以很好地重构此区内的地质电性断面。

(4)作者发现了此区内部分测点高频大地电磁信号缺频较为严重的情况，分析其特点后研究了缺失数据信息对大地电磁正则化反演的影响；通过数值计算证实了总体目标函数中的 H 矩阵的最平滑模型为反演中的最优模型，对缺失部分数据信息的大地电磁数据反演效果具有改善作用。

(5)作者对区内地球化学数据进行了评价和分析，发现异常较好的为 HT1 和 HT2 区，HT3 和 HT4 区次之。HT1 和 HT2 化探异常区，与激电法的 IP1、IP2 和 IP3 物探异常区叠合较好，是研究区内的重点找矿靶区。

(6)F_1 和 F_2 为本区内主要与成矿相关的两条平行的构造，其走向为 130°，倾向 SW。矿化异常体的走向应以 NNW 向为主，倾向以 SWW 向为主，倾角较陡。区内矿床往往受 F_1、F_2 控制并呈现品位低但储量规模大的特点，矿化往往出现在小裂隙中，测量的电磁法视参数异常不明显，通过视电阻率只能判断一定规模的异常。作者通过 EH4 和双频激电测量并与地质、地球化学信息相结合，实现了对此斑岩型矿床研究区内的空间构架识别及成矿远景预测。

(7)作者提炼了此研究内的地质-地球物理-地球化学找矿信息标志，分析了其电磁响应特征，重构了区内地电模型，证明了斑岩型矿床物探类方法的有效组合为激电法+频率域电磁测深法。

第 5 章　矽卡岩型矿床电(磁)响应
特征及成矿模式识别
——以东昆仑东段中部某铅锌矿床为例

5.1　地理概况

　　研究区位于东昆仑成矿带东段(图 5 - 1)，7 月最高气温为 15.5℃，1 月气温最低为 - 28℃，年平均气温为 2.5℃左右，气温随着海拔高度的增加而降低。气候的垂直分带性明显，霜期从 9 月起至翌年 5 月底止，冰冻期较长，以寒冷、干旱、多风、温差相对显著、蒸发量远远大于降雨量为特点。区内水系较发育，属柴达木盆地内陆水系。在研究区外围南侧 2 km 左右有察汗乌苏河支流，自北东流向南西方向，属柴达木盆地的内陆水系。

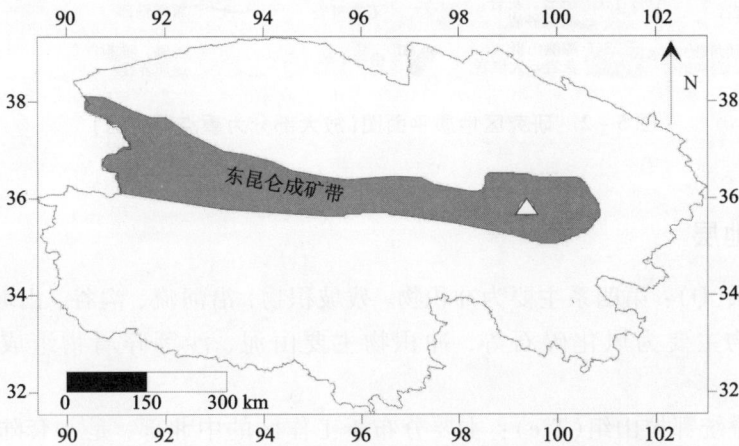

图 5 - 1　东昆仑东段中部某铅锌多金属矿位置示意图
(三角形处为研究区示意位置)

5.2　地质概况

　　工作区范围内主要出露地层有第四系、上三叠统、石炭系、上奥陶统 - 志留系等地层,其中第四系主要分布在沟谷,三叠系分布在工作区的中北部,奥陶系-志留系地层分布在研究区的中部,石炭系主要分布在研究区的南部(图5-2)。

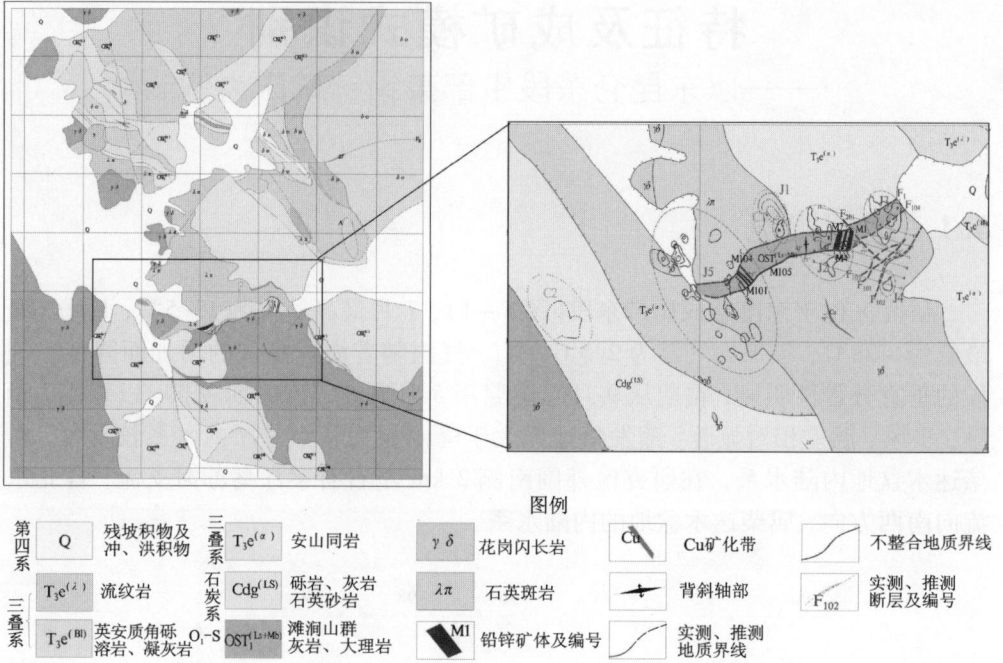

图例

| 第四系 | Q | 残坡积物及冲、洪积物 |
| 三叠系 | $T_3e^{(\alpha)}$ | 安山同岩 |

三叠系	$T_3e^{(\lambda)}$	流纹岩
石炭系	$Cdg^{(LS)}$	砾岩、灰岩石英砂岩
三叠系	$T_3e^{(Bl)}$	英安质角砾熔岩、凝灰岩	O_1-S	$OST_1^{(L_2+Ms)}$	滩涧山群灰岩、大理岩

$\gamma\delta$	花岗闪长岩
$\lambda\pi$	石英斑岩
M1	铅锌矿体及编号

Cu	Cu矿化带
	背斜轴部
	实测、推测地质界线

| | 不整合地质界线 |
| F_{102} | 实测、推测断层及编号 |

图5-2 研究区地质平面图(放大部分为重点研究区)

5.2.1 地层

第四系(Q):第四系主要为冲积物、残坡积物,沿河流、沟谷、山坡分布,其中残坡积物主要为风化碎石等,冲积物主要由泥、沙等碎屑物组成。厚度大于5m。

上三叠统鄂拉山组(T_3e):主要分布于工作区的中北部,是一套陆相喷发的中-中酸性火山岩和火山碎屑岩系,出露厚度大于1500 m。根据火山岩系岩相建造可划分为四个岩段,分述如下:

第一岩段 $T_3e^{(\zeta)}$ 为中酸性-酸性熔岩及碎屑岩类,其岩性为英安岩、英安质凝灰熔岩及英安质角砾凝灰岩,与上覆及下伏地层呈角度不整合接触。

第二岩段 $T_3e^{(Bl)}$ 为中酸性熔岩及碎屑岩类,其岩性主要为安山岩、安山质熔岩、安山质凝灰岩、英安-安山质含角砾凝灰熔岩。

第三岩段 $T_3e^{(A)}$ 为流纹岩,灰-灰绿色,斑状结构,块状构造。

第四岩段 $T_3e^{(\alpha)}$ 为安山岩，灰绿色，斑状结构，块状构造。

下石炭统大干沟组($Cdg^{(LS)}$)：为一套呈北西西向展布的岩片，出露在工作区南部。主要为碳酸盐岩、硅质岩、碎屑岩、泥质岩。碳酸盐岩为泥晶、粉晶及亮晶生物碎屑灰岩；碎屑岩为砾岩、砂岩、泥质粉砂岩，并由它们组成粒序层理。出露厚度大于 50 m。

上奥陶统—志留系滩涧山群(OST_1)：主要分布于工作区中南部，被两条近东西向断裂夹持呈一断块出露。断块中变火山岩组由四个喷发韵律组成，每一韵律自喷溢相的安山岩开始，至中酸性凝灰熔岩或熔结凝灰岩结束，所夹的碎屑岩发育有平行层理、反粒序层理，同时夹有碳酸盐岩。喷溢 – 喷发相火山岩主要有玄武安山岩、辉石安山岩、流纹英安岩、石英安山岩、流纹英安质凝灰熔岩、中酸性凝灰熔岩夹同质火山角砾熔岩；碎屑岩为长石石英砂岩、泥质粉砂岩、细砂岩夹泥岩(绿泥绢云千枚岩)、细砂岩等；碳酸盐岩为粉晶灰岩、泥灰岩、灰岩和大理岩。该岩组出露厚度大于 200 m，分为三段：

上段 $OST_1^{(mas)}$ 为变安山岩。

中段 $OST_1^{(mv)}$ 为变英安质凝灰岩。

下段 $OST_1^{(Ls+Mb)}$ 是研究区的主要含矿岩系，岩性主要为大理岩、灰岩、含屑灰岩、泥灰岩、页岩、砂质板岩等，其中炭质灰岩与砂质灰岩过渡部位、泥晶灰岩与白云质灰岩过渡部位是成矿的有利部位。

5.2.2　构造

工作区位于扎麻山—曲沟断裂的北东侧，区内地层呈一背斜构造，矿区位于背斜倾伏端，由于断裂构造的错动、扭曲，区内局部地段岩层产状紊乱。

研究区内断裂构造发育，主要有近东西向、北东向、北西向三组断裂，另外层间裂隙或节理也比较发育。研究区内近东西向断裂构造主要有两条(F_1 和 F_2)。研究区就夹持于这两条断裂之中。两条近东西向断裂均为压性断裂，它们之间的早古生代滩涧山群岩层中近南北向张性断裂发育，并有铅锌(银)矿体产出，F_1 和 F_2 是研究区的控矿构造。两条断层在研究区内近于平行分布，断裂带中既有韧性剪切所形成的糜棱岩、断层泥，又有脆性破裂所形成的碎裂岩、构造角砾岩，显示其具多期活动特征，所见断层面倾向南 165° ~ 185°，倾角 68° ~ 70°。两条断裂均向西延，并在工作区外相交。

5.2.3　岩浆岩

区内有多期岩浆侵入活动和火山喷发活动，侵入岩及火山岩都较发育。

侵入岩：工作区出露的侵入岩主要为华力西期花岗闪长岩，分布在工作区南部和西北部，呈岩基或岩株状产出。矿化集中部位有多种侵入岩脉产出，主要为：蚀变闪长玢岩脉、蚀变石英闪长玢岩脉、蚀变花岗岩脉和蚀变花岗斑岩脉等。各种岩脉十分发育且普遍强烈蚀变，显示矿化集中区中，岩浆热液活动强烈而频繁，它与多金属成矿作用关系十分密切。

火山岩：工作区火山活动主要发生在晚奥陶世－志留纪和晚三叠世两个时期，形成晚奥陶世中基性火山岩和晚三叠世中酸性火山岩。晚奥陶世—志留纪火山岩在工作区出露有变玄武安山岩、变安山岩、硅化英安质凝灰岩；晚三叠世火山岩在工作区出露有安山岩、英安岩、流纹岩、安山质凝灰岩及流纹－英安凝灰熔岩等。

5.2.4 变质岩

受区域多期次构造活动和岩浆侵入影响，研究区地层不同程度地发生了区域变质作用、动力变质作用和接触变质作用。其中接触变质岩与研究区多金属成矿作用关系最密切。

区域变质岩：工作区的上奥陶统－志留系滩涧山群火山沉积岩均发生弱变质作用，形成绿片岩相浅变质岩系。主要岩石类型有石英岩、变质石英杂砂岩、变质粉砂岩、变安山岩、变质凝灰岩、大理岩。

接触变质岩：工作区内小岩体、岩脉发育。其围岩为上奥陶统—志留系滩涧山群的中－中基性火山岩－变玄武安山岩、变安山岩、硅化英安质凝灰岩夹碎屑岩(变长石石英砂岩、绿泥绢云千枚岩)和碳酸盐岩(粉晶灰岩、泥灰岩及大理岩)。按接触变质类型可分为热变质岩和接触交代变质岩。

动力变质岩：工作区内断裂构造发育，断层角砾岩、碎裂岩、糜棱岩等动力变质岩分布较广。

5.3 物性测试结果及初步成矿类型判断

5.3.1 研究区内标本测试结果

区内岩性复杂，火成岩较为发育，上奥陶统—志留系滩涧山群中酸性火山岩层大面积存在，区域变质、接触变质和动力变质较为活跃。目前通过地表调查发现研究区内的主要含矿岩系为间火山期的大理岩、灰岩、含屑灰岩、泥灰岩、页岩、砂质板岩等，其中炭质灰岩与砂质灰岩过渡部位、泥晶灰岩与白云质灰岩过渡部位是成矿有利部位。面积上中酸性侵入岩占70%左右，结晶灰岩占7%，板岩占9%，大理岩占11%，具有矿化现象的岩石占3%。按照第2章的采样原则，最终在加羊多金属矿研究区共采集岩(矿)石标本498块，利用小对称四极方法及Sample Core I. P. Tester法进行标本测试，测量视幅频率、视电阻率及磁性参数的大小，结果如表5－1、表5－2所示。

表5-1 加羊多金属矿研究区主要岩(矿)石电性参数统计表

序号	岩矿名称	块数	F_s/%			ρ_s/($\Omega \cdot m$)		
			最小值	最大值	平均	最小值	最大值	平均
1	中酸性侵入岩	191	3.5	14.3	4.9	326.86	7594	3960.4
2	矿化结晶灰岩	71	2.8	5.3	4.33	46	549	342.8
3	板岩	93	0.5	3.8	1.89	372	6216	609.3
4	矿化体	31	8.9	251	9.47	11.5	220.5	94.56
5	大理岩	112	1.3	1.65	1.6	1415	11456	2480.5
6	花岗闪长岩	9	2.1	3.2		1579	3771	2163.4

表5-2 加羊多金属矿研究区主要岩(矿)石磁性参数统计表

标本名称	块数	磁化率/($10^3 \cdot 10^{-6}$CGSM)			剩磁/($10^3 \cdot 10^{-6}$CGSM)		
		极大	几何平均	极小	极大	几何平均	极小
中酸性侵入岩	191	1.7×10^3	1.3×10^3	2.8×10^2	2.0×10^3	1.2×10^3	2.4×10^2
矿化结晶灰岩	71	2.1×10^3	4.2×10^2	1.3×10^2	1.9×10^3	4.1×10^2	1×10^2
板岩	93	2.6×10^3	4.3×10^2	1.2×10^2	2×10^3	4.4×10^2	1.4×10^2
矿化体	31	4.1×10^4	3.7×10^4	5×10^3	4×10^4	3.6×10^4	3.0×10^3
大理岩	112	2.0×10^3	4×10^2	1.0×10^2	2.2×10^3	4.2×10^2	1.7×10^2

注:CGSM为绝对电磁单位制,它是以安培定律为基础的(即令比例系数 $u/4\pi = 1$)静磁制。

由表5-1可知,视电阻率由大到小的排列顺序是:结晶白云质灰岩、大理岩、似斑状细粒闪长岩、石英细粒闪长岩、铅锌矿石。铅锌矿石和与成矿有密切关系的灰岩有较高的幅频率,与其中金属硫化物含量较高有关。视电阻率的变化与视幅频率呈反相关关系,花岗岩、大理岩、板岩及灰岩的电阻率较高,而矿石的电阻率相对较低。因而本区内矿致异常所表现出的物性特征应为低阻高极化的特征,矿化体与围岩具有明显的电性差异特点。铅锌多金属矿体的磁性比研究区内中酸性侵入岩、大理岩、板岩及矿化结晶灰岩等的磁性高一个数量级,有一定的对比性(表5-2)。

5.3.2 成矿类型初步判定及地球物理方法组合技术选择

根据研究区内的地表地层及周边矿产分布,此研究区内存在上奥陶统—志留系滩涧山群的粉砂岩和泥灰岩、大理岩和灰岩;上三叠统鄂拉山组(T₃e)的中-

酸性火山岩。在研究区出露的侵入岩主要为华力西期花岗闪长岩,与成矿作用关系密切为接触变质岩:在中酸性侵入岩与碳酸盐岩接触带发生的接触交代变质作用是形成矽卡岩型矿床的主要成矿作用。炭质灰岩与砂质灰岩过渡部位、泥晶灰岩与白云质灰岩过渡部位是成矿有利部位。

　　根据以上分析,研究区内的矿化现象出现在下石炭统大干沟组($Cdg^{(LS)}$)和上奥陶统—志留系滩涧山群(OST_1)的接触过渡带、背斜轴部层间破碎带、张性裂隙带等地质构造当中。此区内的激发极化参数明显大于斑岩型铜钼矿床。由于矿床类型的不同,此区内的主要研究对象为岩性接触带、背斜及张性断裂,不同岩性接触带是本区内成矿最为有利的部位,张性断裂是区内大断裂 F_1 的次级断裂。按照3.1.2小节中的原则,物探测线方向基本垂直于成矿构造带延伸方向,呈 NE75°。根据该类矿床与构造关系密切、硫化物激发极化现象明显、火成岩一般呈高磁特征等特点,本区设计使用双频激电法扫面,以寻找铅锌矿的异常分布范围,辅助以少量激电测深点即可测定硫化物异常在地表 200 m 下的空间分布状态。为了了解研究区内与成矿有关的岩性接触带的延伸情况,以及矿床的低阻特征(此类矿床往往有可能形成较厚较长的矿化体),选择频率域电磁测深。但由于作者进入此成矿带第一个矿区的斑岩型矿床中发现 EH4 测量结果存在一定的缺频数据,且正在建设的选矿厂位于研究区,机械震动干扰可影响岩石的电性参数(如压电性、震电性等),从而影响岩石的电阻率的准确测定,故最后选定 CSAMT 人工源方法进行探测,以研究区内的岩石构架的空间特征。

5.4　电(磁)响应特征及电磁模型构建

5.4.1　面上响应特征

1. 激电响应特征

　　按照4.3节中的方法,测线方位设计为 NE77°,根据前期的地质调查和认识,本着节省原则,根据地质资料选择本区内的高精度磁测和双频激电扫面区域如图 5-3 所示。

　　野外实测数据 4534 个,F_s 最大值为 8.72%,最小值为 -0.69%,均值 1.46%。按照3.5节的异常下限确定原则,确定本区内的激电异常 F_s 下限为 2.1%。

　　通过 1:5000 激电扫面工作,在测区内发现 IP1、IP2、IP3、IP4 共 4 处激电异常,该 4 处异常基本都是呈现中低阻高极化形态。

　　IP1 异常呈近南北走向,发育于 F_1 大断层上的滩涧山群灰岩、大理岩与石英斑岩体以及鄂拉山组第四岩段安山岩($T_3e^{(\alpha)}$)地层交汇部位,异常带长约 160 m,

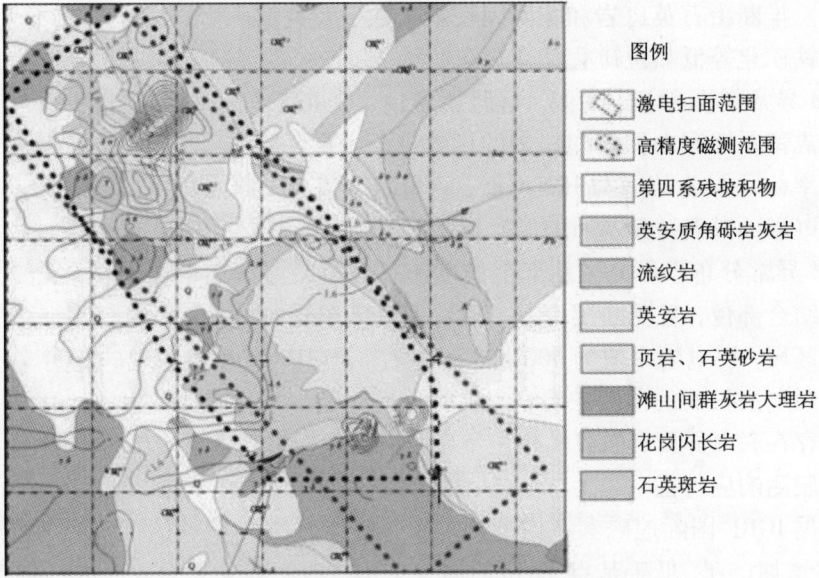

图例
- 激电扫面范围
- 高精度磁测范围
- 第四系残坡积物
- 英安质角砾岩灰岩
- 流纹岩
- 英安岩
- 页岩、石英砂岩
- 滩山间群灰岩大理岩
- 花岗闪长岩
- 石英斑岩

图 5 – 3　双频激电和高精度磁测范围示意图

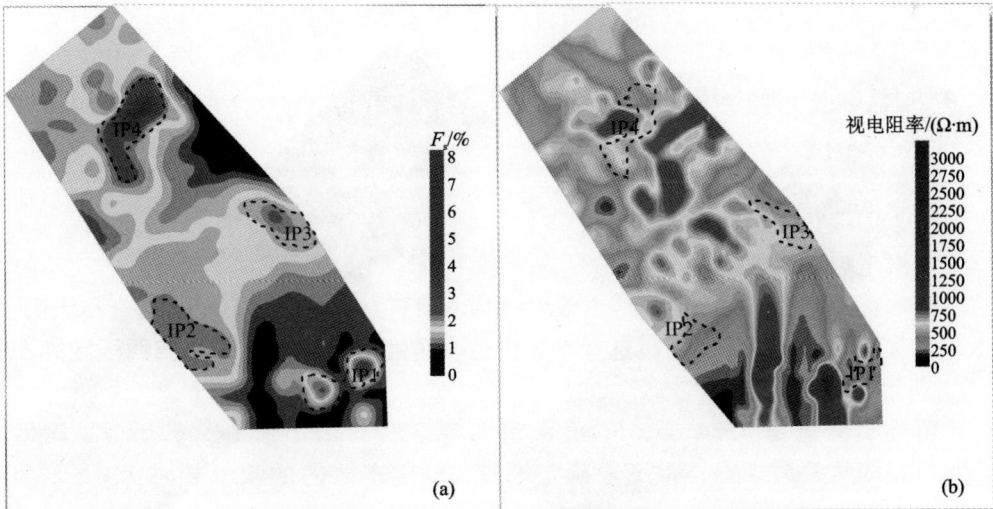

图 5 – 4　研究区双频激电扫面结果等值线图

宽 80 m，视幅频率(F_s)最大值为 5%；视电阻率值为 500 Ω·m 左右。极值点两侧等值线分布均匀，无明显的产状，可能为一个垂直测线的二度体。

IP2 异常位置在 IP1 异常东侧,激发极化异常范围较大,形态似条状,但部分呈高阻。推断由石英斑岩和花岗闪长岩接触带及裂隙产生。成矿意义不大,可能含有黄铁矿化等低品位矿化蚀变现象。

IP3 异常规模和 IP2 类似,呈北西走向,分布于研究区东部石英斑岩和上奥陶统—志留系滩涧山群碳酸盐岩的过渡带上,异常带长约 280 m,宽 75 ~ 140 m,视幅频率(F_S)异常峰值与 IP2 类似,视电阻率值为 1000 $\Omega \cdot m$。该异常经地表踏勘均为厚层的碎石滩覆盖,未见矿化。

IP4 异常分布于研究区北部上奥陶统—志留系滩涧山群与石英斑岩、花岗闪长岩的结合部位,且受断层控制,异常大致呈东北向,是全区视幅频率(F_S)极值最高的区域,视电阻率值为 500 $\Omega \cdot m$ 左右。与 IP1 有相似的成矿空间。

从激电法扫面的角度来看,成矿前景最好的异常区为 IP1 和 IP4 区。其他两个区虽存在激电异常,但成矿作用不明显,硫化物相对含量较低。

2. 磁测响应特征

根据 IGRF 国际地磁参考模型,本区高精度磁测以基点值为零点,高于基点 42 m 时增加 1 nT,低于基点 42 m 时减少 1 nT,对实际采集的数据进行高程改正;日变改正是利用日变站观测值进行相减得出。利用 3.6 节提到的化极原理,对此区内的磁测数据进行了化极处理,图 5 − 5(a)为原始的 ΔT 图,图 5 − 5(b)为化极后的 ΔT 图[191, 192]。

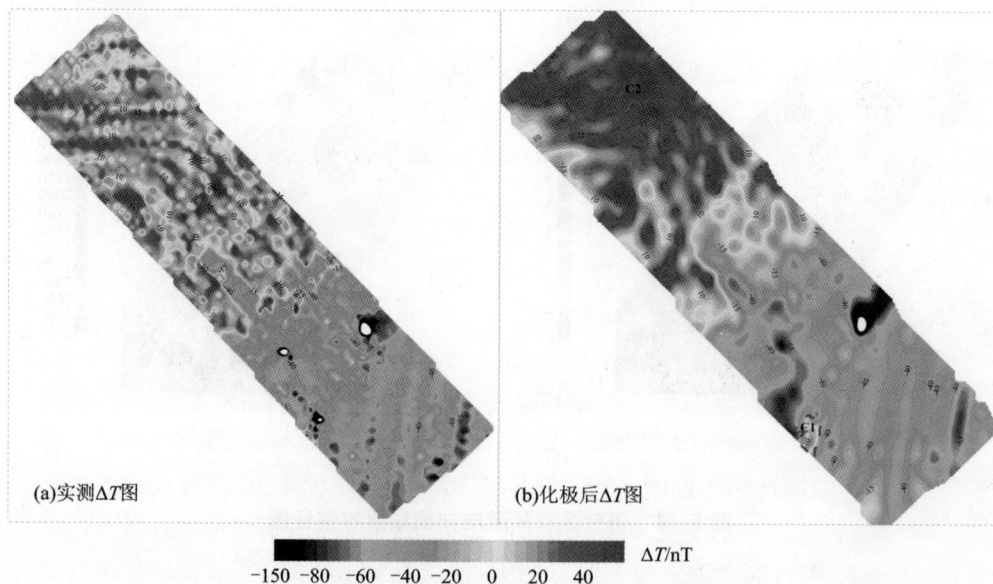

(a)实测 ΔT 图　　(b)化极后 ΔT 图

$\Delta T/nT$

−150　−80　−60　−40　−20　0　20　40

图 5 − 5　研究区高精度磁测扫面结果等值线图

经高程改正后在研究区发现 2 处磁异常区域,根据异常大小、强度以及磁异常所处的位置,将这两处异常分别编号为 Z1 和 Z2(图 5 - 5),这两处异常的空间位置没有明显的关联,属于无序排列。

Z1 异常带分布于研究区西南部的滩涧山群灰岩、大理岩与石英斑岩体接触部位的 F_1 断层带上,异常总体走向为近南北向,长约 270 m,宽约 140 m,长短轴之比约为 2∶1,为一等轴状正异常。整个异常都为正值,异常的最大峰值为 226 nT。经现场实地勘查地表为碎石滩覆盖,未见基岩出露,推测该异常应由含磁铁矿、黄铁矿(磁黄铁矿)的热液成因硫化物所引起,深部可能赋存有铅锌多金属矿体。

Z2 异常带呈多点大面积存在于研究区北部,下石炭统大干沟组($Cdg^{(LS)}$)碳酸盐岩、碎屑岩在地表出露,深部有大量浅红色似斑状花岗闪长岩体($\gamma\delta_5^{1C}$)。此异常为正磁异常。上述岩层与岩体的接触带为成矿有利部位,但高精度磁测在此有利部位反映不明显。

区内实测 ΔT 异常单点值较多,对 ΔT 进行了化极后有所改善(见图 5 - 6)。为了研究矿区内主要异常及地质体的埋深状况,特根据 3.6.1 小节中的方法对磁测结果进行了向上延拓,对此区内的数据延拓高度为 50 m、100 m、200 m 和 500 m(图 5 - 6)。

可以看出,随着延拓高度的增加,Z1 异常在 100 m 处已经消失,说明此异常体埋深相对较浅,北部的 Z2 异常缩小趋势较慢,一定程度上说明其异常很可能是深部岩体引起的。还可以看出,区内的弱小的点状异常经过延拓后在 100 m 处已经完全消失,说明经过延拓,可以实现大异常体与小异常体的分离。且随着延拓高度的增加,正负 ΔT 最大值区间逐步缩小。

以上说明,在矽卡岩铅锌矿床中,高精度磁测效果一般,与激电扫面对应性较差,仅仅在矿床评价时可作为参考。

5.4.2　测深响应特征

1. 激电测深响应特征

为深入研究激电扫面的异常埋深情况,特设计了测区 19 线(IP4 异常)的 400 号测点至 500 号测点之间作为激电测深点,点距 20 m,共计 6 个测深点。测深单点曲线见图 5 - 7。

图 5 - 7 中视电阻率曲线相对变化不大,分层效果不明显,甚至浅部的视电阻率比深部的视电阻率都要高,这是由于此研究区内的接地条件很不好、多为碎石覆盖、接地电阻较高所致。每个测点的 F_S 曲线都呈 KH 型,若假设地层可划分为四层,由上到下的地层的幅频率分别用 F_1、F_2、F_3 和 F_4 表示,则地层幅频率大小关系应为 $F_1 < F_2 > F_3 < F_4$,且推断幅频率为 F_3 的层位很窄,体现出视幅频率曲

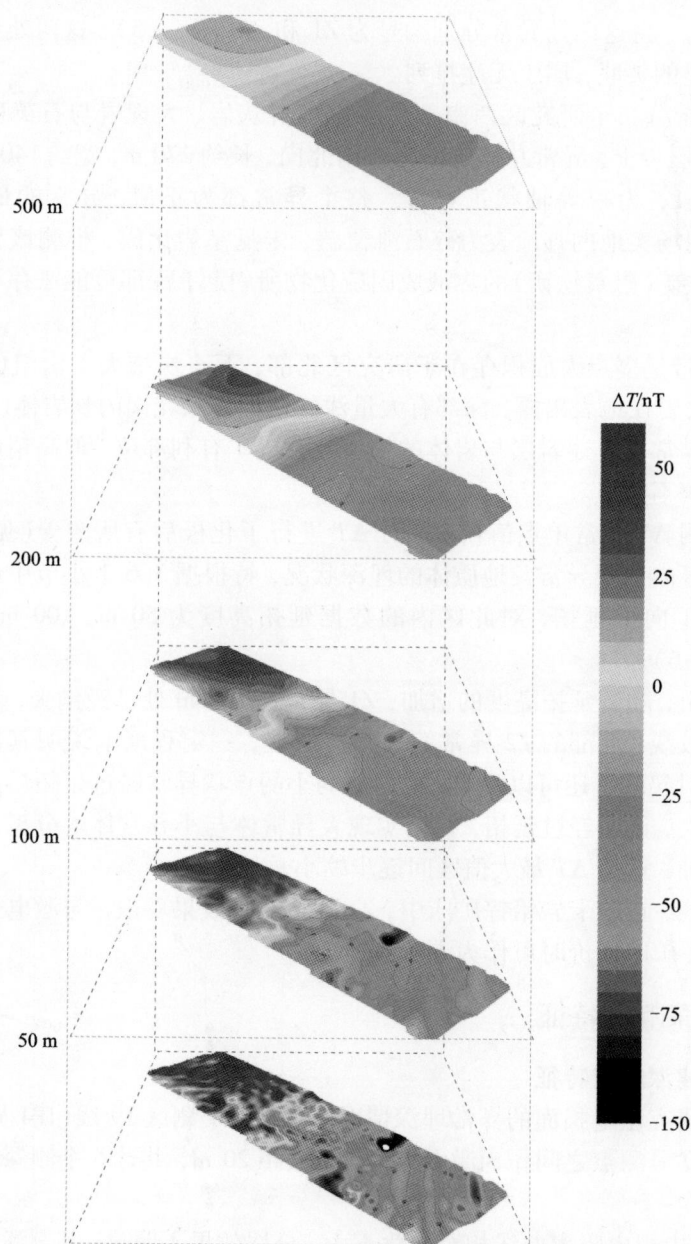

图5-6 研究区内高精度磁测向上延拓结果

线变化很快的特点[图5-7(a)~图5-7(l)分别为400号测点至500号测点的视电阻率和视幅频率响应曲线]。

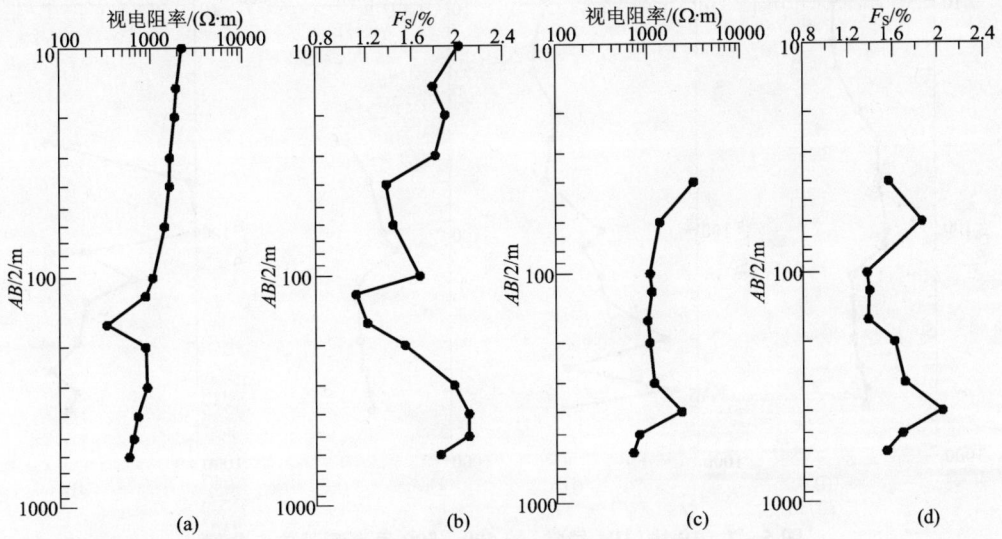

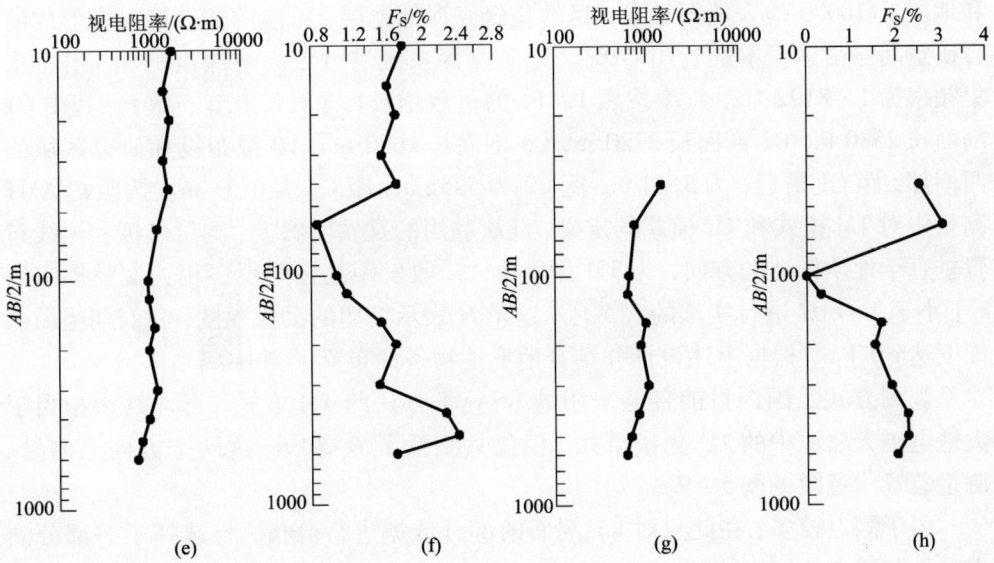

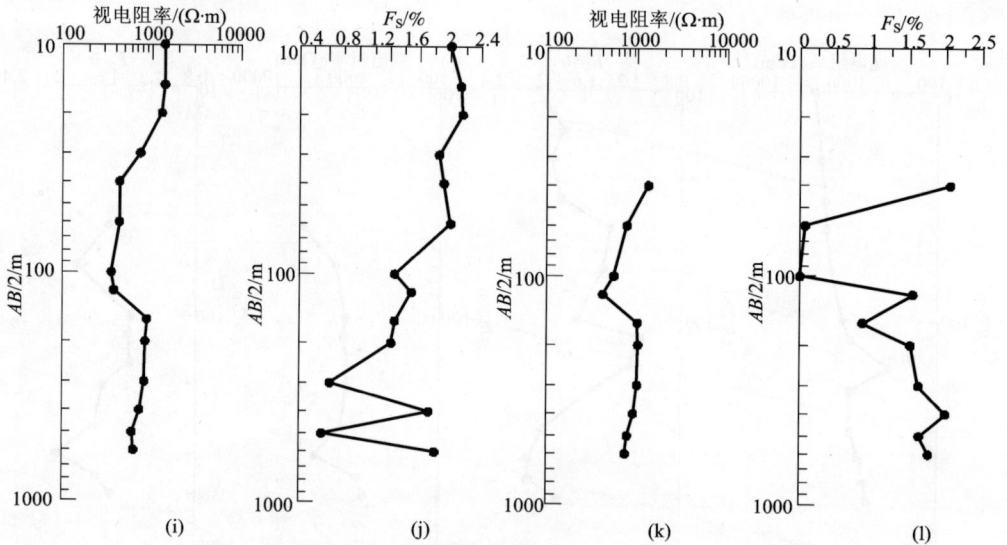

图 5 – 7　19 线(IP4 异常)的 400 ~ 500 号点测深单点曲线

2. CSAMT 测深响应特征

本次设计了 3 条 CSAMT 剖面(图 5 – 8),设计的依据是激电剖面上响应结果和地质 1∶10000 地表填图结果,目的是研究深部地层、可能的岩性接触带形成的容矿空间等信息。本次利用 GDP32 电磁测深系统进行了赤道偶极测深工作。采集频率为 1 ~ 8192 Hz,频率按照 1.414 的倍数增长(与 3.2.2 节一致)。其中 C1 剖面长 2580 m,C2 剖面长 2320 m,C3 剖面长 1680 m。AB 源布设在研究区域的西南部,距 C1 最近,为 5164 m;距 C2 为 5852 m;距 C3 为 6851 m。按照 CSAMT 测量中对 TM 模式和 TE 模式的定义,此次利用的是发射偶极、测量偶极和测线布置垂直于地质构造的方向,为 TM 测量模式。收发距是按照很多相关文献提出的 r 不小于 3 ~ 6 H 进行实施的[130 – 132],这里 H 表示期望的勘探深度,我们期望勘探深度达到 1 km,根据上述设计并结合地形地物条件布置了测线。

观测方式是国内目前普遍采用的 CSAMT 方法的 TM 方式,可以认为相当于大地电磁天然源中的 TE 测量模式,仅仅只测量了 E_x 和 H_y 这两个方向上的量。测量装置示意图见图 5 – 9。

由于测点较多,在此只对 C1 剖面的部分数据进行分析,且选择了一部分测点分析其单点的测深特征。

单点选取 C1 线的 1760 号测点至 1820 号测点,这几个测点刚好经过 IP1 异常区域,其频率 – 视电阻率曲线如图 5 – 10(a)所示,可以看出,本次采集的数据基

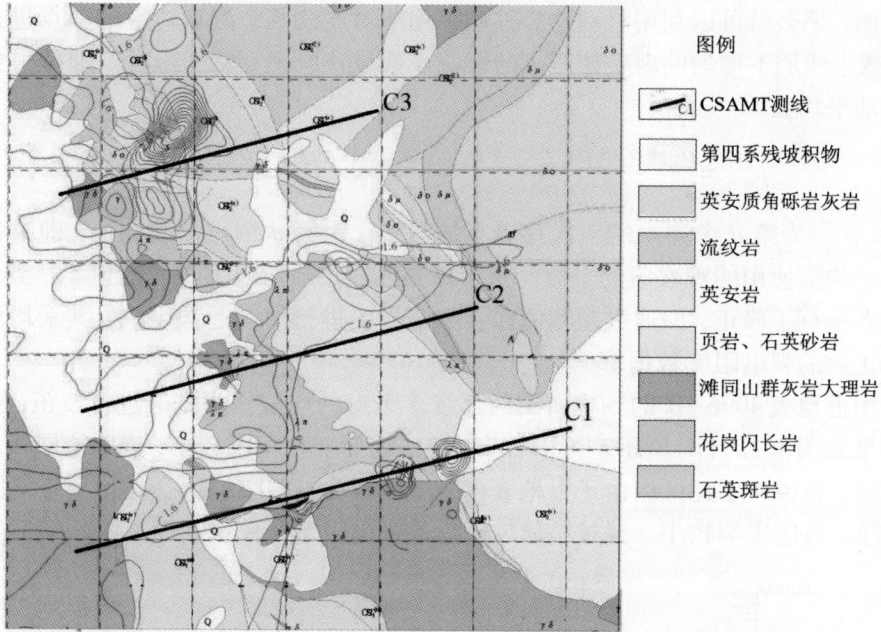

图 5 - 8　研究区可控源音频大地电磁法测深布设示意图

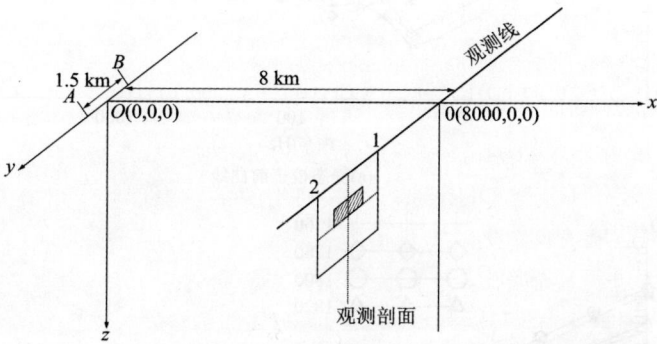

图 5 - 9　TM 测量模式赤道偶极 2.5 维 CSAMT 布设示意图

本上还是比较连续的,在离发射源最近的 C1 剖面上的数据在 90 Hz 以上基本为远区数据,其依据是小于 90 Hz 时随着频率的减小测线呈 45°倾角上升。

　　对于静态校正问题,本书中采取人机联作的方法将单一测点的实测曲线放在整条剖面上进行整体的比较分析,因为地质剖面在有限的长度内不可能突然变化,故这里采用滑动趋势移动平均法进行校正。其原理如下:

因为测量数据在一个地质体内是连续变化的,所以测得的对应频点应是相对连续的,那么就可以利用滑动趋势移动平均法对连续几个测点对应的频点进行校正,减小浅层不均匀的地质体产生的影响。假设连续测量点位 n 个,即可得到一次移动平均数[193, 194]:

$$\rho_d^{(1)} = \frac{\rho_1 + \rho_2 + \rho_3 + \cdots + \rho_{d-n-1}}{n} = \rho_{d-1}^{(1)} + \frac{\rho_d - \rho_{d-n}}{n}, \ d \geqslant n \qquad (5-1)$$

式中, $\rho_d^{(1)}$ 为第 d 个测点的一次移动平均数; ρ_d 为第 d 测点的观测值,即求每一移动平均数使用的观察值的个数。由于预测值在一般情况下与实测值不一致,因此作者进行了修正,即通过预测值和实际测量值进行滑动趋势平均,其平均值即是校正后的视电阻率数据。

用近地表 4096 Hz 的频率所测的连续 5 个点的均值作为基准进行校正,校正后结果如图 5-10(b)所示。可以看出,校正前后变化范围较小,说明地层相对比较稳定,也说明了此区内由于近地表视电阻率都为 1000 Ω·m 左右,属于高阻地区,静态效应影响较小。经过整体校正后的视电阻率频率拟断面见图 5-11。

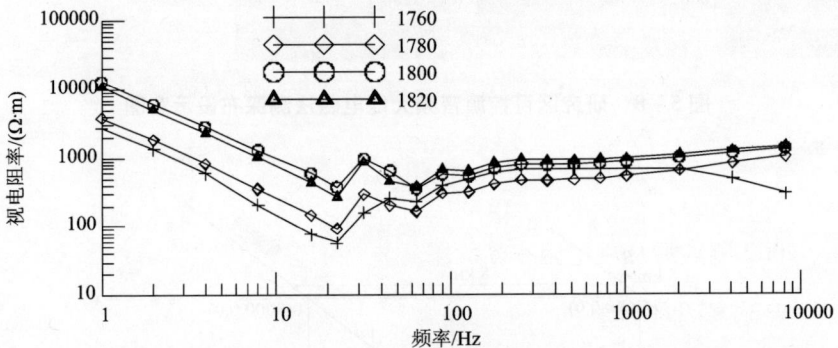

(a)静态校正前曲线

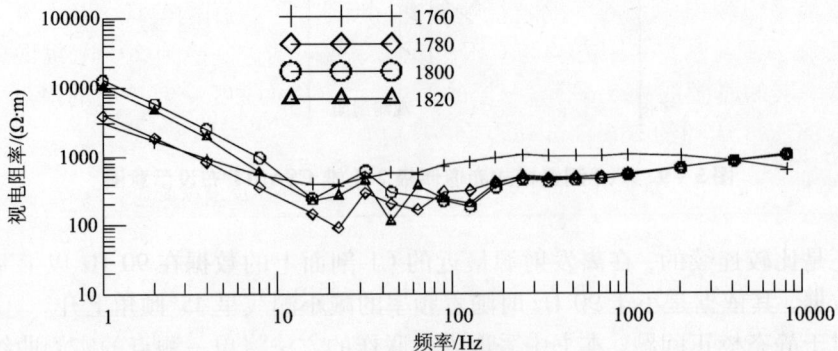

(b)静态校正后曲线

图 5-10　1760~1820 测点实测视电阻率曲线

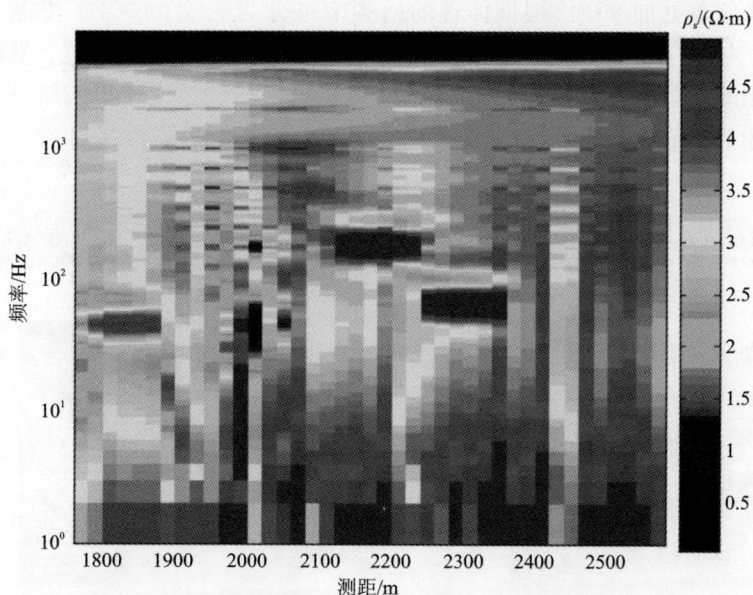

图 5 – 11　C1 剖面实测视电阻率频率二维拟断面图

由图 5 – 11 可以看出, 此区内的电阻率普遍较高, 应为火成岩类分布较多所致; 2060 测点前存在低阻异常, 很可能为有意义的矿致异常, 100 Hz 之前多为 H 型地层; 2060 测点后从视电阻率断面来看异常不够明显。

5.4.3　电磁模型构建

1. 激电模型构建

反演是以视电阻率断面的特征赋值进行反演的, 采用的建模方法与 4.4.3 节所用方法一致, 正演使用方法为有限单元法, 横向剖分间隔为 20 m, 纵向分为 20 层, 第一层的厚度取为 5 m, 下一层的厚度 = 第一层厚度 + 上一层的厚度 × 1.1, 使得反演深度达到约 286.4 m(见表 5 – 3):

表 5 – 3　对称四极纵向剖分各层下界面反演深度

层序	1	2	3	4	5	6	7	8	9	10
深度/m	5	10.5	16.5	23.2	30.5	38.6	47.4	57.2	67.9	79.7
层序	11	12	13	14	15	16	17	18	19	20
深度/m	92.7	106.9	122.9	139.9	158.9	179.8	202.7	228	255.8	286.4

最终反演迭代模型及二维反演结果见图 5 - 12，经过反演后，图中异常更加清晰，异常分布更加准确，根据体现的幅频率可分为三层，印证了拟断面图的结果。150 m 左右存在高幅频率、相对低阻的极化体。结合地质情况，推断此极化体受高电阻率的岩(矿)石控制，但等值线密集程度稍弱，为上奥陶统—志留系滩涧山群的粉砂岩和泥灰岩、大理岩和灰岩以及火成岩类的岩性接触带。

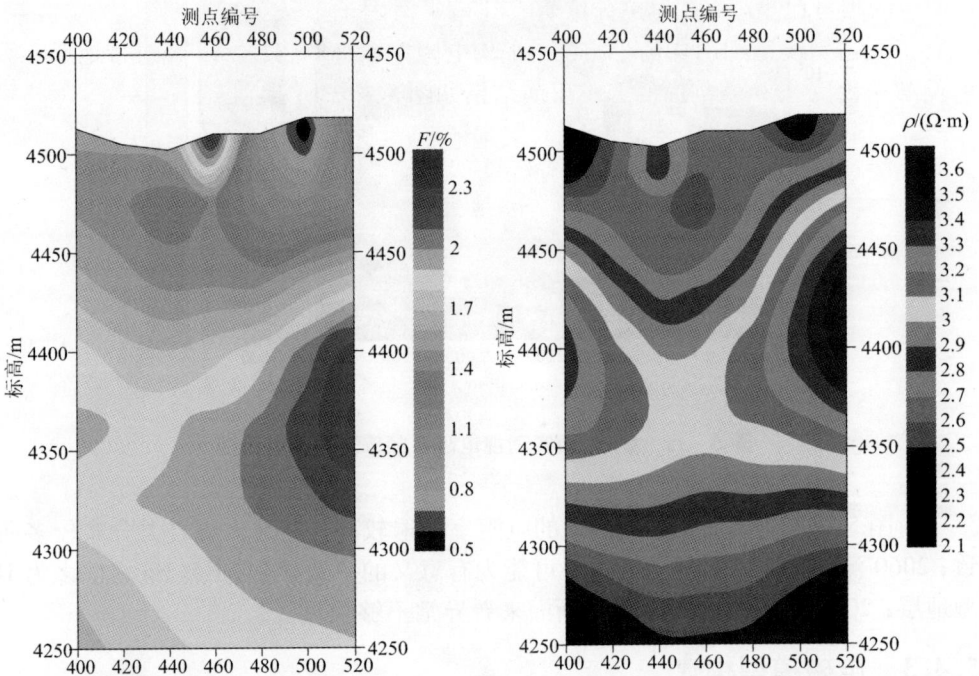

图 5 -12　19 线(IP4 异常)的 400 ~ 520 号测点二维反演结果

2. 电磁模型构建

5.4.2 中已经说明，对此区内设计了 3 条 CSAMT 剖面，反演时采用的是平滑约束最小二乘法，频率域电磁数据的反演模型是病态的、非线性的，可以通过正则化方法对其进行求解[195]，如下式所表示：

$$P(m) = \varphi(m) + \beta \cdot S(m) \qquad (5-2)$$

式中，$\varphi(m)$ 为反演目标函数，$S(m)$ 为稳定因子函数，β 为正则化参数，正则化参数在求解 $P(m)$ 最小值时起权衡作用。其中 $\varphi(m)$ 和 $S(m)$ 可用下两式表示：

$$\varphi(m) = \| d - F(m) \|^2 \qquad (5-3)$$

$$S(m) = \| Cm \|^2 \qquad (5-4)$$

式(5-3)及式(5-4)中，F 为正演响应函数，m 表示模型空间向量，d 表示数据空间向量,C 表示模型参数的权重矩阵。

目前求解式(5-3)及式(5-4)方程有很多种数学方法[195],此处利用平滑约束最小二乘反演方法求解,使得式(5-3)线性化,如下式所示:

$$\Delta m = (J^T J + \beta L^T L)^{-1} J^T \Delta d \tag{5-5}$$

式中,Δd 表示观测的视参数和正演响应数据的误差向量,Δm 表示每次反演计算迭代过程中的模型误差向量,J 为反演过程中的灵敏度矩阵或者由正演响应函数 F 产生的雅可比矩阵,L 为拉普拉斯(二阶)平滑因子。

正演初始模型利用均匀半空间,平均电阻率取 2000 Ω·m,经过带地形参数的反演迭代[196],3 条剖面的二维反演结果如图 5-13 所示:

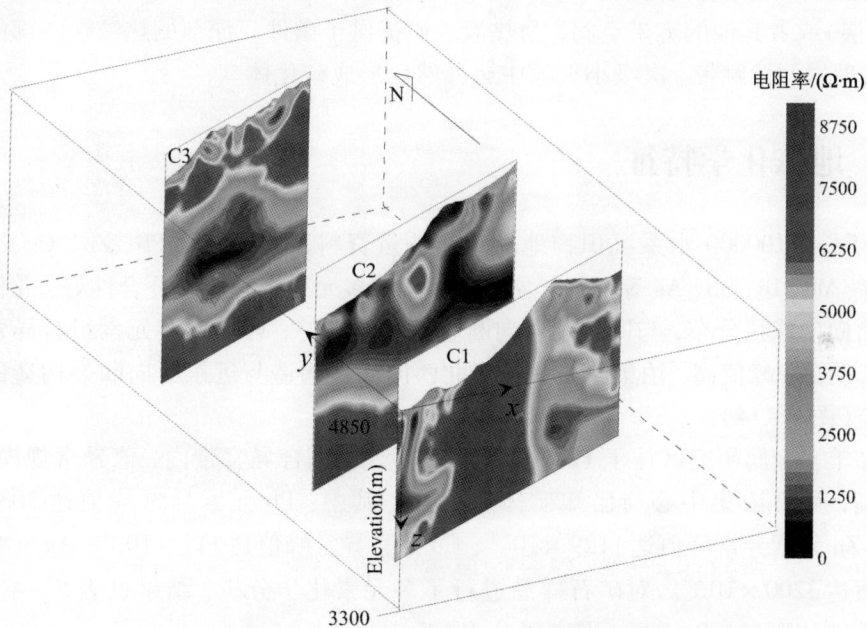

图 5-13　C1~C3 剖面二维反演结果电阻率三维切片图

通过图 5-13 可以得到以下结论:

(1)地表以下 1~1.2 km 的 C1、C2 和 C3 剖面的反演结果反映有厚度约 200 m、方向为 NNE 的低阻层存在,形态近似水平;

(2)C1 剖面大号点后半段浅部有呈 NNE 向的低阻层存在,结合高精度磁测和双频激电扫面资料,推断为矿化异常体,浅部的高阻层为板岩或者大理岩风化而成,2400 号点附近可能有断层,浅部的高阻层为凝灰岩;C1 剖面的大号点前半段 600~1320 号测点把低阻带分开的为安山岩侵入体,0~120 号测点的地表下

500 m 的高阻体为细粒花岗岩，300～600 号测点之间为灰岩、页岩等，中间的低阻体推测为矿致异常；

（3）C2 剖面 0～300 测点之间的浅层地表为灰岩、页岩等，300 测点附近可能有隐伏断层存在，中间的高阻体应为 C1 剖面细粒花岗岩的延伸，1800 测点附近为安山岩，最右边的高阻地质体应为英安岩侵入体；

（4）按照电阻率划分，C3 剖面近似分为 3 层层状结构，顶层对应的大部分地表为低阻的第四系，为花岗闪长岩、花岗斑岩、流纹岩、凝灰岩、安山岩风化而成，最右端为英安岩；中间层为 C2 剖面低阻层的延伸；最下层为花岗岩。

总的来看，此研究区域，推测老地层(石炭系、二叠系、三叠系等)在上，新岩层(燕山－印支期花岗岩类)在下，由于构造活动，两个地质体之间形成裂隙(或断层)或者其他的容矿空间，为热液成矿提供了条件。深部的热液在浅部的灰岩、大理岩的接触带、次级小裂隙中运移然后形成矿化体。

5.5 地球化学特征

区域 1:100000 水系沉积物地球化学测量资料表明，本区 Pb、Zn、Cu、Au、Ag、W、Mo、Bi、Sb、As 等元素异常规模较大，多元素组合异常叠合性好，总体呈现北西向串珠状分布，与区域北西向断裂带吻合性好；区域内多元素组合异常浓集中心明显、峰值高，浓集中心常位于北西向断裂构造与近东西向断裂构造的交汇部位(图 5－14)。

加羊多金属研究区位于 Pb、Zn、Ag、As、Sb 综合异常带内，该异常规模大，强度高，异常浓集中心与已知矿体叠合好。其中：Pb 元素异常峰值达 2038×10^{-6}；Zn 元素异常峰值达 1129×10^{-6}；Cu 元素异常峰值达 111×10^{-6}；Ag 元素异常峰值达 3200×10^{-9}。对矿石样品进行了多元素化学分析，结果见表 5－4。矿石有益组分为 Pb、Zn、Ag，有害组分为 Fe。

表 5－4 矿石多元素化学分析结果

元素	Cu	Pb	Zn	S	As	Fe
含量	0.184	3.06	2.80	7.19	<0.05	13.82
元素	SiO_2	Al_2O_3	CaO	MgO	Au(10^{-6})	Ag(10^{-6})
含量	31.62	3.30	16.88	1.17	<0.1	87.8

注：测试单位为青海省有色地质测试中心，除 Au、Ag 含量单位为 10^{-6} 外，其余金属和氧化物含量单位为%。

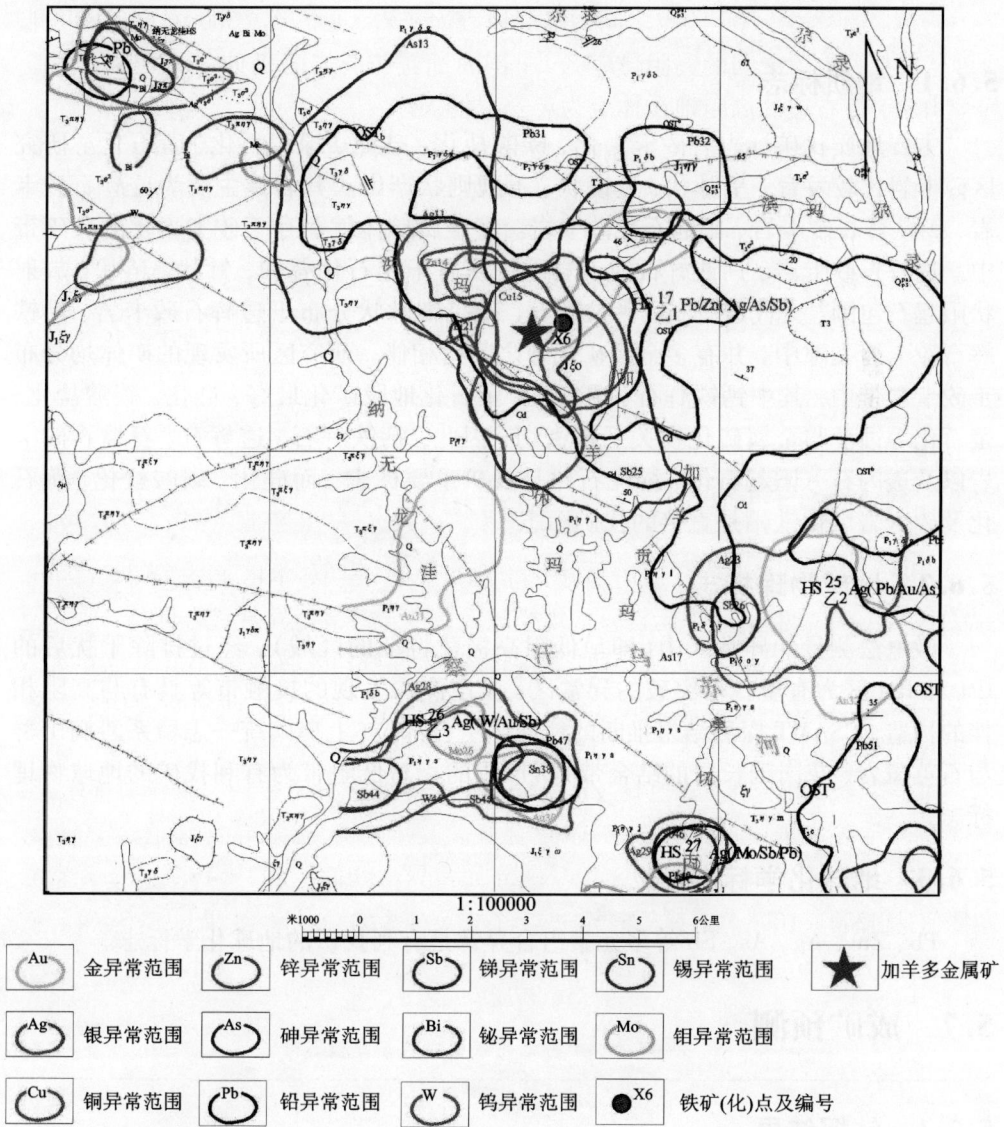

1:100000

图 5-14 加羊多金属矿研究区水系沉积物地球化学综合异常图

5.6　研究区各种找矿标志

5.6.1　地质标志

主要地质找矿标志有矽卡岩化、碳酸盐化、硅化、绿泥石化、萤石化。研究区矽卡岩比较发育，呈脉状、透镜状、不规则状产出。其岩性主要为透辉石矽卡岩、钙铁辉石矽卡岩、阳起石化矽卡岩。多金属矿体就赋存于矽卡岩化的破碎带中。透辉石矽卡岩、钙铁辉石矽卡岩中往往有阳起石化叠加，针状、毡状、放射状阳起石包围、交代透辉石、钙铁辉石，或呈细脉状分布于透辉石矽卡岩、钙铁辉石矽卡岩裂隙中，并有多金属矿化与之紧密相伴。研究区所发现的矿体均分布于矽卡岩带中，其中钙铁辉石、透辉石、萤石化地段矿化最好，硅化、碳酸盐化、萤石化等蚀变与金属硫化物关系最密切，因此，钙铁辉石、透辉石、石榴石矽卡岩以及透闪石–阳起石化、绿泥石化是找矿重要标志，而硅化、碳酸盐化、萤石化及矽卡岩风化铁帽是直接的找矿标志。

5.6.2　地球物理标志

激电法测量的异常区中(即呈低阻高极化特征的区域)，经过排除干扰后的IP1和IP4区为有望找矿突破的异常区；激电测深发现的接触带等具有与高阻相伴的构造，CSAMT探测结果推断的地质体组合部位(上奥陶统—志留系滩涧山群与石英斑岩、花岗闪长岩的结合带)所形成的相对低阻带为有利找矿的地球物理标志。

5.6.3　地球化学标志

Pb、Zn、Ag、As、Sb等多元素组合异常是有利找矿的地球化学标志。

5.7　成矿预测

5.7.1　钻探结果

为了验证物探异常的埋藏深度以及矿区整个地层在空间上的分布，特在IP1异常区C1剖面2200测点进行了钻探(图5–15)。钻孔岩芯描述如下：

0.00～7.10 m为第四系残坡积层，主要由泥沙和石块组成。7.10～87.19 m为泥晶灰岩，在42.86 m出现断裂破碎带。87.19～98.04 m见到矽卡岩型铅锌矿体，灰绿色为主；脉石矿物主要为阳起石、透辉石；方铅矿为铅灰色，立方体晶

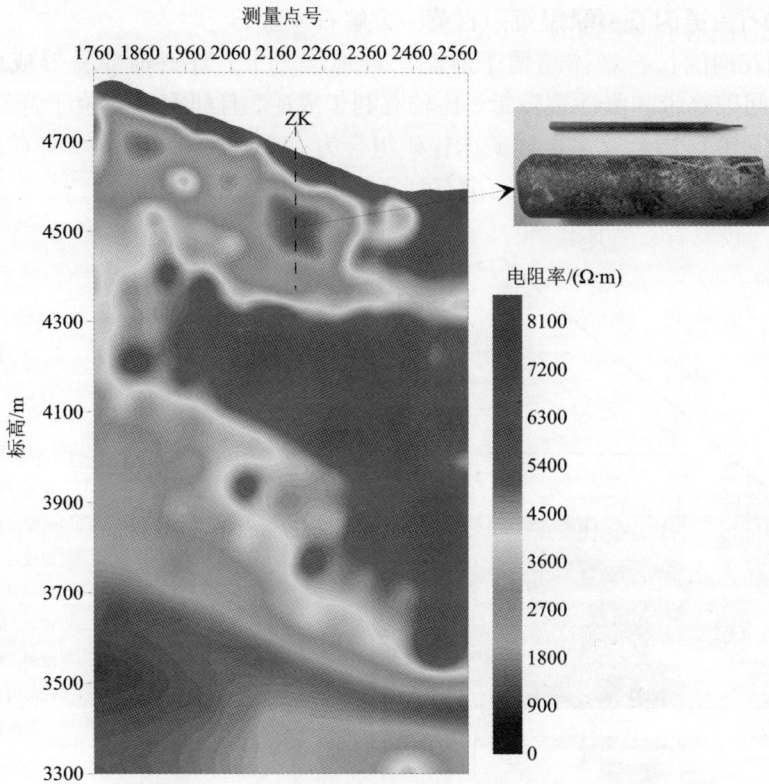

图 5 - 15 C1 线 1760 ~ 2560 测点二维反演结果及钻探岩芯结果图

形;闪锌矿为棕褐色,四面体晶形;黄铁矿以浸染状为主,仅发育于 87.54 ~ 88.04 m,呈粒状集合体。98.04 ~ 102.13 m 为泥晶灰岩,偶见断裂破碎带。102.13 ~ 181.00 m 为砂质灰岩,其中 107.40 ~ 117.65 m 见不纯大理岩夹层,浅灰 - 灰白色,粒状变晶结构,块状构造,主要成分为方解石,含灰岩角砾,砾径 2 ~ 5 mm,呈棱角状(图 5 - 15)。目测钻探岩芯中铅锌品味较高,从图 5 - 15 可见,在 2200 号测点下方低阻带过后又出现高阻带,在海拔 3700 m 左右的地方又出现一个低阻带,推测其为过渡带。还可以看出,物探反映的低阻带在地表下 100 ~ 200 m,而实际钻探结果铅锌矿化体产于 87.19 ~ 98.04 m,矿体产出深度与物探测深结果存在一定的误差,可能是反演方法本身引起的误差。

5.7.2 成矿预测

根据地表调查,地质、地球化学和地球物理探测结果,预测金属矿物的生成顺序为磁黄铁矿 + 早期黄铁矿→黄铁矿 + 黄铜矿→闪锌矿 + 毒砂→方铅矿 + 晚期黄铁矿+黝铜矿+白铁矿。预测脉石矿物的生成顺序为钙铁辉石+透辉石→透辉石+阳起石+透闪石→绿帘石→石英→方解石+萤石。

　　预测花岗闪长岩岩体超覆于滩涧山群地层之上,背斜轴部易形成虚脱滑动带,即层间破碎带和张性裂隙带,比较有利于成矿,且研究区正位于背斜倾伏端,初步总结研究区内铅锌多金属矿床控矿组合为:成矿岩体+背斜+导矿断裂构造+层间破碎带构造,组合搭配完全有利于形成富矿(图5-16)。

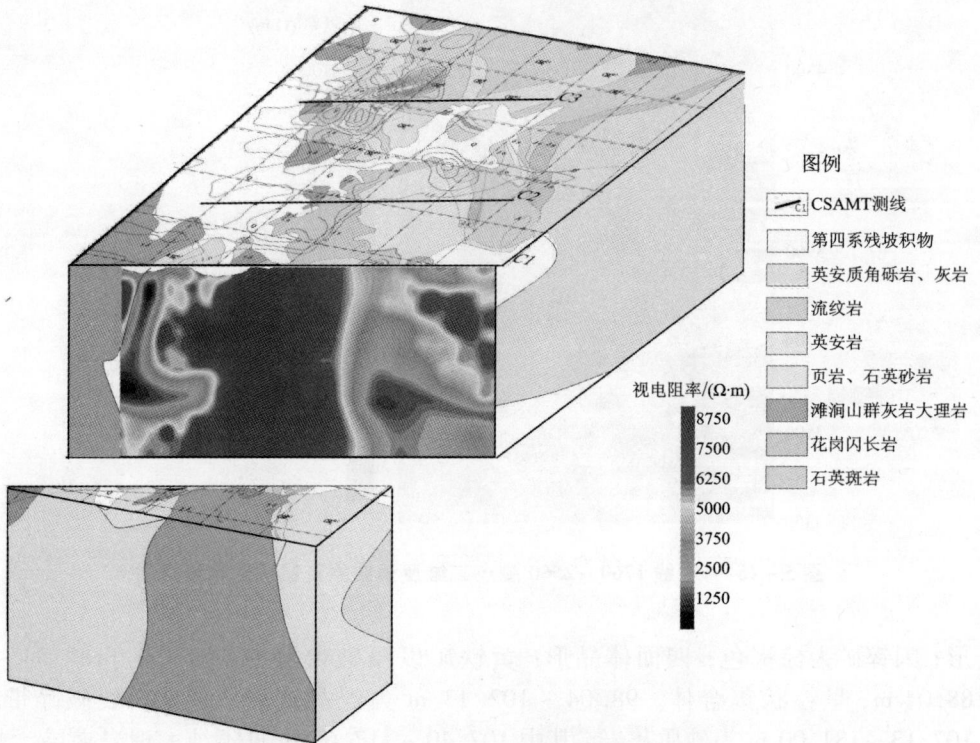

图5-16　研究区三维主要地层电性空间构架示意图

　　激电中梯扫面在区内圈定了低阻高极化异常,异常规模大,通过与已知的两个矿致异常区对比,并综合研究区地质构造发育特征分析属矿致异常,预测本区找矿潜力较大。

5.8　成矿模式判别

　　从矿床的矿化、矿体及矿石特征、围岩蚀变分析,本矿床的成矿过程大致为:

在华力西－印支期大规模中酸性岩浆侵入活动之后，有较多的富含气液组分的成矿流体(岩浆热液) 在岩体(脉) 与碳酸盐岩接触带交代碳酸盐岩，形成钙铁辉石、透辉石、石榴子石矽卡岩，为干矽卡岩阶段；其后岩浆热液继续活动，发生阳起石化、绿泥石化，进入湿矽卡岩阶段；湿矽卡岩形成之后，热液中金属硫化物富集，在矽卡岩破碎带中形成铅锌矿体，伴有萤石化、碳酸盐化、硅化等蚀变。中酸性小岩体和岩脉发育地段是本矿床找矿的有利地段；碳酸盐岩是形成接触交代矽卡岩的重要条件；岩体(脉) 与碳酸盐岩的接触带、岩体(脉) 附近的层间断裂(特别是具粉砂质泥板岩隔挡层与大理岩之间的层间断裂) 是形成矽卡岩及矽卡岩期后含矿热液活动的有利场所。综上可以认为此矿床为典型的矽卡岩型矿床。

5.9　本章小结

(1) 本章对 CSAMT 探测到的几条剖面的低阻带进行了详细的分析，推断大规模的低阻带为不同岩性的接触过渡带，浅部的低阻带为受到小断裂裂隙作用的第四系沉积物，是否为矿化异常还要结合地质成矿条件和面上类方法综合确定，目前确定有意义的成矿远景区为 IP1 和 IP4，经钻探验证，IP1 见矿较好，但见矿深度与 CSAMT 反演深度不完全吻合，这是反演方法和条件限制产生的误差。

(2) 对于 IP4 激电测深区域，每个测点的 F_S 曲线都呈 KH 型，由上到下的地层的幅频率分别用 F_1、F_2、F_3 和 F_4 表示，但经过二维反演，体现的幅频率只分为三层，其中 F_3 消失，反映了拟断面图中 F_3 变化较快的特征。150 m 左右是高幅频率、相对低阻的极化体。结合地质情况，推断此极化体受高阻岩石控制，因而等值线密集程度稍弱，分析为上奥陶统—志留系滩润山群的粉砂岩和泥灰岩、大理岩和灰岩以及火成岩类的岩性接触带。

(3) 通过 CSAMT 电磁测深，获得了区内地层电性空间架构，经 C1 线钻探验证，证实了本区内的成矿类型为矽卡岩型铅锌矿床。推断控矿的主要容矿空间为灰岩和大理岩(白云岩) 的接触带。

第6章 复合成因型矿床电(磁)响应特征及成矿模式识别
——以东昆仑东北部某铅锌银多金属矿为例

6.1 地理概况

研究区位于青藏高原东昆仑东北部的阿尔茨托山一带(图 6 - 1),山系近东西向,山坡南陡北缓,属高原干旱地带,山地海拔多在 3700 m 以上,最高达 4550 m;山系之间为戈壁滩,海拔 3500~3800 m,研究区相对高差 150~300 m,植被不发育,矿区紧邻青藏公路。

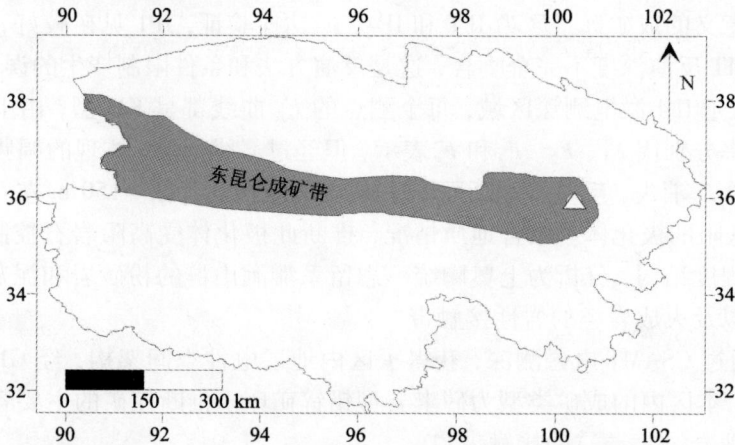

图 6 - 1 东昆仑东北部某铅锌银矿床多金属位置示意图
(三角形处为研究区示意位置)

区内气候干燥,少雨多风、冰冻期较长。昼夜温差大,最高气温 31℃,最低气温 -33.6℃。年降雨量 100~200 mm,年蒸发量 2088.8 mm,年蒸发量大于降雨量,风速 3 m/s,最大风速 25.9 m/s,冻土期于当年 11 月开始至次年 3 月止,冻土深度 1.80 m,因海拔高,缺氧严重,氧气含量仅相当于东南沿海的75%。河流最低侵蚀基准面为 3600 m,水源有沙柳河水系,可满足地质勘查施工及生活用水。

6.2 地质概况

6.2.1 地层

矿区出露的地层主要为上奥陶统滩涧山群(O_3tn),为一套浅变质的火山岩、碳酸盐岩、碎屑岩组合,根据岩性组合,由南至北由下至上分三个岩组,各岩组之间为过渡接触,分述如下:

O_3tn^1:火山岩组,为中酸性夹中基性火山岩组合,岩性为安山岩夹少量的斜长角闪片岩、绿泥石英片岩。

O_3tn^2:片岩岩组,岩性为绢云白云石英片岩、绿泥绢云石英片岩夹透镜状、薄层状大理岩,底部为安山岩夹少量的斜长角闪片岩、绿泥石英片岩,本层中上部为含铜铅锌矿化的热水沉积岩系的含矿层,岩性为绿泥绢云石英片岩夹硅质岩、大理岩与含硅质条带大理岩。含矿层长 3.0 km,厚 50~100 m。

O_3tn^3:砂岩岩组,下部为石英砂岩、硅质岩、长石石英砂岩,中部为变安山岩、英安斑岩,上部为石英砂岩加少量的绢云石英片岩,底部常出现含铜热水沉积的硅质岩夹层、透镜体或条带。

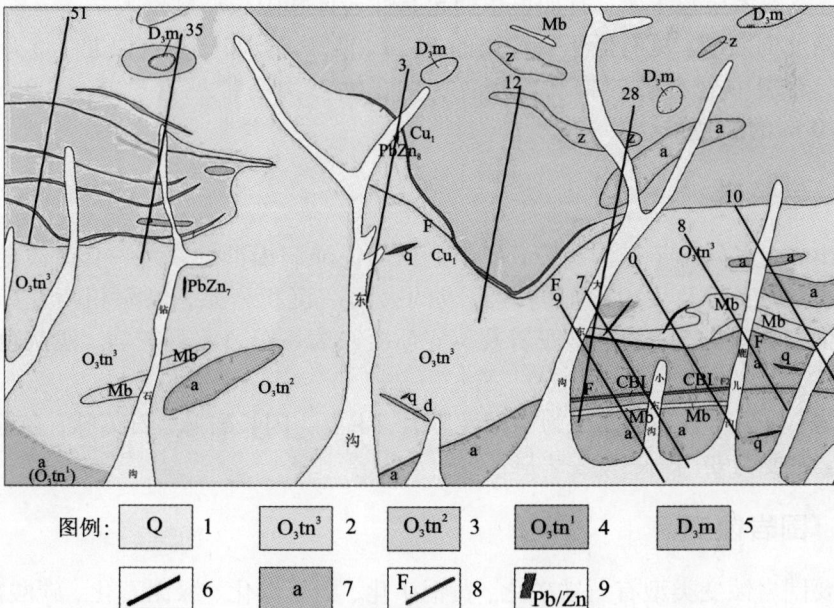

图 6-2 地质及工作布置简图[49]

1—第四系;2—上奥陶统滩涧山群砂岩岩组;3—上奥陶统滩涧山群片岩岩组;
4—上奥陶统滩涧山群火山岩组;5—安山岩;6—CSAMT 测线;7—英安岩;8—断层;9—矿化带

6.2.2　构造

本区位于阿尔茨托山复式倒转向斜南翼(正常翼),褶皱构造较为简单。地层总体走向为 90°~120°,倾向北或北东,局部向西北倾,倾角 40°~85°。

断裂构造较发育,按其走向可分为四组,即东西向、北西向、北东向和近南北向断裂,其中以东西向和北西向断裂形成较早,北东向和近南北向断裂形成较晚,后者多切割前者。

东西向断裂:主要为 F_1 及 F_2,F_1 主要分布于沙柳河的达肯大坂群、牦牛山组与滩涧山群,为测区内形成最早的断裂,性质为脆韧性逆断层,长度大于 18 km,局部被第四系覆盖,断裂带宽 3~20 m,走向 280°,倾向北,倾角 30°~55°,沿断裂带见有糜棱岩、构造透镜体、断层泥及碳质。F_2 分布于西岔沟—大东沟,产于安山岩与牦牛山组和滩涧山群间,其性质与 F_1 断裂类似,沿断裂带见有断层泥及炭质。此外在西岔沟—钻石沟及东沟可见规模较小的近东西向断裂,多为层间断裂破碎带,具有绿泥石化、绢云母化和角砾岩化。

北西向断裂:分布于测区的西北部,见有 F_3、F_4 两条,为脆性逆断层性质,测区控制长为 2000~3400 m,形成早,活动时间长,断裂带走向 305°~315°,倾向 35°~45°,倾角 48°,断层通过处见有宽窄不一的挤压破碎带、断层泥和断层角砾岩等,宽数米至数十米,有加里东期超基性岩体和闪长岩脉侵入。

近南北向断裂:见有近平行产出的 F_6、F_7 两条,分布于东沟以北 1.5 km 处,规模小,断裂中见有破碎带和断层泥,另在钻石沟一带见有长 0~100 m、宽 0.5~1.0 m 的断裂带。

6.2.3　岩浆岩

喷出岩:多分布于东沟一带,产于上奥陶统滩涧山群中,为一套由浅变质的变安山岩、英安岩及火山碎屑岩等组成的火山-沉积岩系,以海相喷发产物为主,岩性主要有变安山岩、英安岩及英安质凝灰岩、安山质凝灰岩、浅灰色豆状凝灰岩等。

脉岩:脉岩不发育,偶见为中酸性脉岩,主要为闪长岩脉、石英脉,多见次火山岩脉,主要为安山岩、英安岩脉。

6.2.4　围岩蚀变

主要围岩蚀变类型有黄铁矿化、黄铜矿化、绢云母化、绿泥石化、碳酸盐化、硅化,其次为绿帘石化、黝帘石化,近矿围岩蚀变有黄铁矿化、黄铜矿化、绿泥石化、硅化等,与成矿关系密切。

6.3　物性测试结果及初步成矿类型判断

6.3.1　研究区内标本测试结果

　　由于本区缺乏地球物理资料,作者对研究区内典型的岩(矿)石进行了标本测试,方法为强迫电流法,选择的装置为对称四极法装置,使用的仪器为双频激电仪。标本采集时遵照第 3 章提到的岩性比例对比法的要求,大致按照与地表岩性的岩石分布面积相同比例进行标本采集和测试。所测标本的视参数测试结果如表 6-1 所示,其中 F_S 为视幅频率,ρ_S 为视电阻率。在此研究区,从标本测试结果来看,含矿(化)岩石 F_S 值最大,ρ_S 具有中等视电阻率;铅锌矿化程度的大小由含 $CuFeS_2$、ZnS 和 PbS 成分高低而定,体现在激发极化参数中幅频率值的大小上,由于此区域处于西北干旱区域,相对地表第四系而言,标本的电阻率测试结果往往呈中等电阻率特征,但亦有物性差异。

表 6-1　岩(矿)石标本物性测量结果

岩性	块数	变化范围		几何平均值	
		$F_S/\%$	$\rho_S/(\Omega \cdot m)$	$F_S/\%$	$\rho_S/(\Omega \cdot m)$
O_3tn^1	38	0.47~1.83	886.72~4765.33	1.13	2 764.51
O_3tn^2	38	0.99~1.47	998.86~6954.21	1.22	3 826.55
O_3tn^3	38	0.81~1.72	1 002.33~7834.25	1.45	4457.43
第四系	33	0.11~1.34	1.33~321.31	0.78	227.65
安山岩	35	0.34~1.28	432.77~3221.52	0.86	1888.32
铅锌矿化岩石	37	1.27~4.01	33.31~898.77	2.65	456.77
铜矿化岩石	29	1.53~3.32	12.31~986.34	2.88	431.29

　　通过表 6-1 可以看出,本区内的岩(矿)石标本的极化极化特征有一定的差异,但是差异不明显,从侧面说明本区内的矿化体可能含硫化物相对较低,根据第 3 章的标准,此次判定激发极化异常的下限为 2.2%。

6.3.2　成矿类型初步判定及地球物理方法组合技术选择

　　热液叠加改造复合成因型矿床,是既有热液来源,又有后期改造,互相叠加,成矿原因多样化。在地表地质调查中,会出现黄铁矿化、黄铜矿化、绢云母化、绿泥石化、碳酸盐化、硅化,其次有绿帘石化、黝帘石化,近矿围岩蚀变有黄铁矿化、黄铜矿化、绿泥石化、硅化等。这种条件下即可用激电法对热液活动产生的硫化物进行探测。后期构造活动形成的后期断层、节理等就会形成容矿空间,因此可通过电磁测深对研究区内主要构造进行探测。综合分析构造周围的激发极化异常,综合研究地球化学和地质找矿等信息,即可进行综合成矿预测。所以本区内选择了双频激电扫面结合可控源音频大地电磁测深的探测方法。

6.4 电(磁)响应特征及电磁模型构建

6.4.1 面上响应特征

此铜铅锌矿研究区可划分为西部和东部两个异常分布区,分区界线非常明显(图6-3),西部研究区7~63线为激电异常带,异常走向长度约为1500 m,宽度为800 m,中心部位近等轴状,F_S最大达3.6%,地表存在铅锌矿化蚀变带。东南部Zn、Pb矿化带为异常中心高值区域,地表槽探见有铅锌矿化体,该处是寻找铅锌矿的有利地段。东部研究区激电异常带走向长度为1000 m,宽度为100~200 m,F_S最大达2.3%,标本测试结果分析为浸染状矿体引起,地表槽探出现Cu矿化。

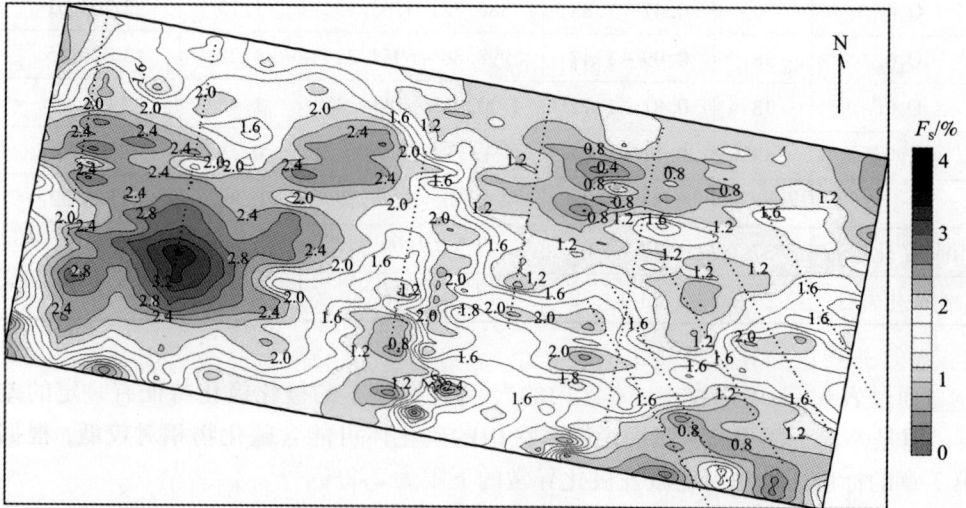

图6-3 双频激电中间梯度法扫面F_S等值线图

注:图中黑点为CSAMT测量点

6.4.2 测深响应特征

本区测深只设计了 CSAMT 法,采用电偶源为发射源,测线长度 $AB = 1500$ m, 测量采用赤道偶极装置进行标量(TM) 方式观测;收发距垂直测线距离, $r = 8000$ m,根据相应的趋肤深度 δ 设计 1500 m 为探测深度;远远满足 $r > 4\delta(6000)$ 的要求。满足探测目标体的最低频率按照下式进行计算,取两者中最小值。

$$\begin{cases} f_L = 4.0 \dfrac{\rho_a}{r_{max}^2} \\ f_L = \pi \left(\dfrac{356}{H} \right)^2 \end{cases} \qquad (6-1)$$

式中: f_L 为所需最低频率, Hz; ρ_a 为平均电阻率, $\Omega \cdot m$; r_{max} 表示最大收发距, m; H 为探测深度, m。取 $\rho = 500$ $\Omega \cdot m$,可以算得最低频率约为 0.2 Hz,即可满足式 (6-1) 的一个方程,选用 1 Hz 作为最低采集频率可满足式(6-1) 要求。为了检测野外数据处理中频率采样组合的有效性,本次选择的发射频率分别为 1、1.41、2、2.82、4、5.6、8、11.2、16、22.4、32、45、64、90、128、180、256、360、512、721、1024、1441、2048、2882、4096、5765 Hz 和 8192 Hz,共计 27 个频点。

经过实测,以 0 号剖面为例,测量点距为 20 m,剖面总长度为 800 m,测量的视电阻率和相位的二维拟断面见图 6-4 和图 6-5。从图中可见 200 号测点前呈相对高阻特征,在 200 号测点附近地表测点上的相位处于低相位,这也是电阻率断面的递减部位,估计是岩性接触带或者断裂构造的出露点;420~480 号测点又出现了一个相对高阻带,480~500 号测点出现了一个低阻带,低阻异常的中心在 128 Hz 左右,该处可能存在构造或者低阻异常;在 700 号测点附近整体上视电阻率呈低阻特征,二相位拟断面图较为复杂,推断有很多小裂隙存在。需要说明的是由于拟断面图的视参数具有向下的投影作用,异常体的产状往往很难估计。具体岩石及构造特征必须等反演结果出来后,利用地质认识综合判断。值得注意的是在 4096~5765 Hz 区间疑似存在一个高阻带,推断可能由于近地表风化较为严重,故呈相对高阻特征,为了研究具体的高阻特征,选择了 140 号测点、280 号测点、540 号测点和 680 号测点进行了单点分析,选择的测点大致均匀分布于整条剖面。

据图 6-6 所示,四条单点曲线都看不出存在近区、过渡区数据,说明设计的 1Hz 以上采集频点满足设计条件。作者认为此研究区位于沙柳河边,第四系在矿区有一定的分布,整体上地层电阻率相对较低。140 号测点单点曲线视电阻率基本上为直线,说明此点之下近似均匀半空间;280 号测点为 D 型曲线,说明近似于二层电性介质模型,反映深部 ρ_s 具有逐渐降低的特点,但电阻率差异不是很大;540 号测点在 8 Hz 之前近似均匀介质,在 1~8 Hz 之间具有 G 型曲线的特

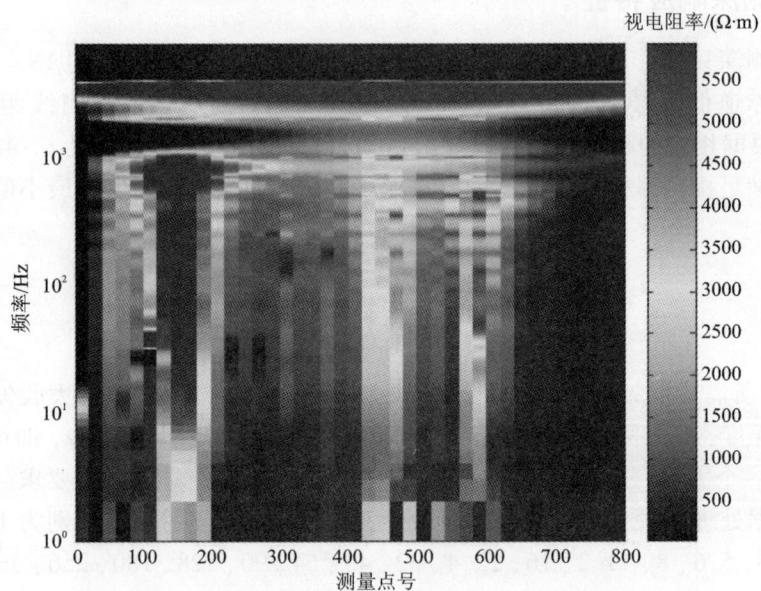

图 6 – 4　0 号剖面 CSAMT 视电阻率二维拟断面图

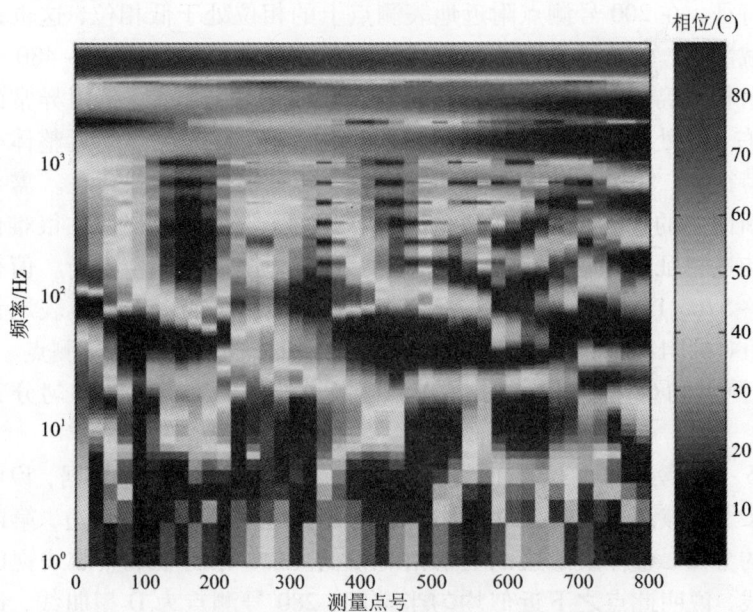

图 6 – 5　0 号剖面 CSAMT 实测相位二维拟断面图

征，说明深部电阻变高；68 号测点在 521 Hz 附近存在一个很薄的高阻层，在 4 Hz 左右的深部可能存在一条低阻裂隙，导致此点的曲线值稍微偏小。

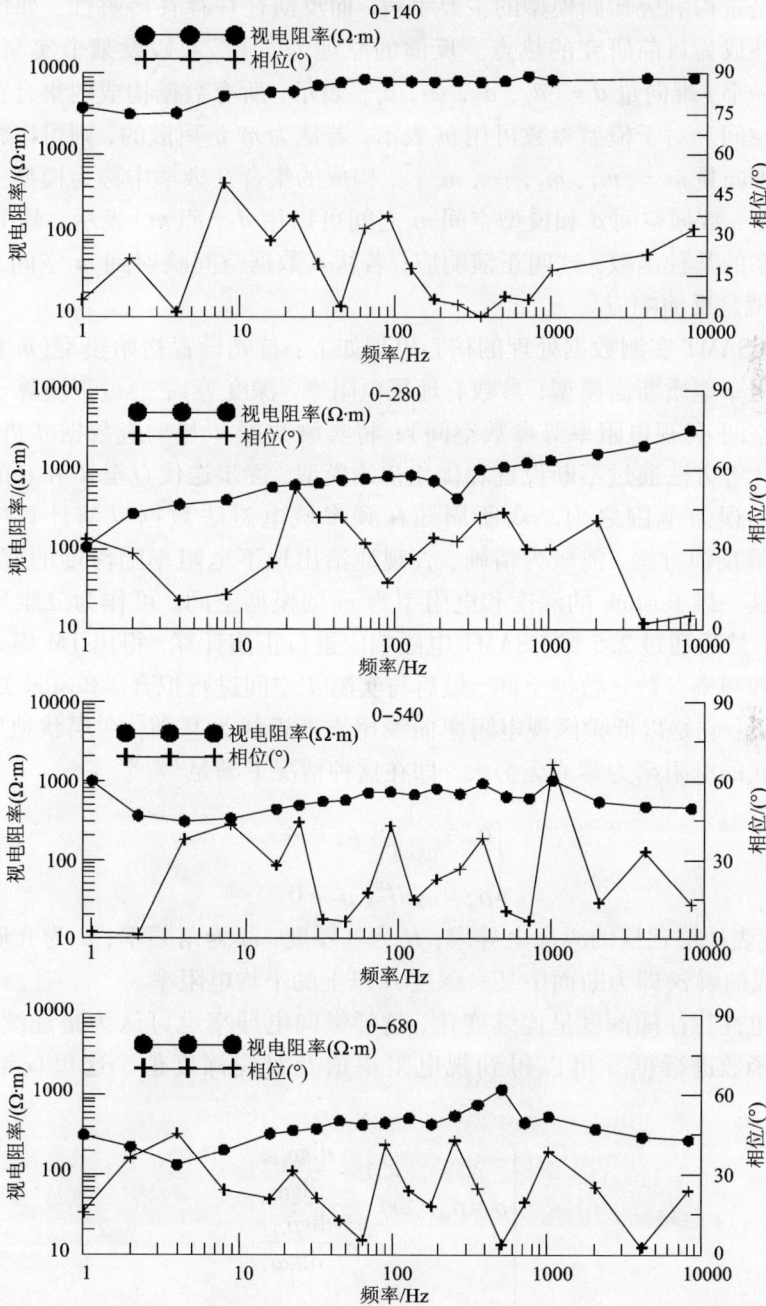

图 6－6　0 号剖面 140 号测点、280 号测点、540 号测点和 680 号测点单点曲线

6.4.3 电磁模型构建

反演是重构响应初始模型的主要手段,而反演往往存在多解性,如何减少反演的多解性成为目前研究的热点。反演的原理为[197, 206]:假设某个实测得到的 j 个数据用一个 j 维向量 $d = [d_1, d_2, \cdots, d_j]^T$ 表示,所有数据构成的集合在数学中称为数据空间。对于模型参数可用 m 表示,若认为 m 是离散的,则可以将其定义为一个 n 维向量 $m = [m_1, m_2, \cdots, m_n]^T$,构成的集合在数学中称为模型空间。在一般情况下,数据空间 d 和模型空间 m 之间可以用 $d = F(m)$ 表示,其中 F 为满足两者关系的某种函数,这叫正演响应;若从 d 数据空间映射到 m 空间,即 $m = F^{-1}(d)$,就是反演响应。

本次 CSAMT 实测数据处理的核心思想如下:首先设置初始模型(m 模型,此处特指电阻率地质断面模型,参数有地层电阻率、深度等),通过正演算子 F 求得响应数据空间 d(视电阻率等参数空间);将实测数据 d' 与响应数据 d 进行拟合,利用最优化等方法通过不断设置和优化初始模型,逐步迭代直至 d' 和 d 的拟合差达到预定的误差范围之内。众所周知在频率域电磁法数据反演计算中,利用 Bostick 换算反演方法,能较为精确、直观地给出地下电阻率随深度的变化规律,此时认为其一维 Bostick 的深度和电阻率为 m 的模型空间,可作为二维反演的初始拟断面;然后通过 2.5 维 CSAMT 电磁响应进行正演计算,得出 TM 模式卡尼亚视电阻率和频率参数 d 数据空间,最后与实测 d' 空间进行拟合。Bostick 的换算反演原理如下:它是以低频区视电阻率曲线尾支渐近线为基础,在层状地层中,假如岩石基底的电阻率为零或无穷大,即在这种情况下满足[129, 206]:

$$\begin{cases} \rho_a = \dfrac{1}{\omega\mu S^2}, \ \rho_2 = \infty \\ \rho_a = \omega\mu H^2, \ \rho_2 = 0 \end{cases} \tag{6-2}$$

式中:S 代表地层顶层的纵向电导率;H 为其厚度;ω 为角频率;μ 为介质中的磁导率;构成的解 ρ_a 即为断面中某一深度 H 以上的平均电阻率。

地层电性往往随深度呈连续变化,这样纵向电导率也可认为是连续变化的,通过连续函数进行推导可以得到视电阻率值及对应深度值。这里仅给出最终公式[129, 206]:

$$\begin{cases} \rho = \rho_{obs}(\omega) \dfrac{1 - \dfrac{\mathrm{dlg}\rho_{obs}}{\mathrm{dlg}\omega}}{1 + \dfrac{\mathrm{dlg}\rho_{obs}}{\mathrm{dlg}\omega}} \\ H = \sqrt{\dfrac{\rho_{obs}}{\omega\mu}} \end{cases} \tag{6-3}$$

通过实测的不同频率所对应的视电阻率 ρ_{obs} 和角频率 ω，求得 H 和对应的二维初始电阻率值。采用图 5-9 所示的坐标系统及模型参数进行 CSAMT 布设，异常体的电阻率设置为 2000 $\Omega \cdot m$，背景场的电阻率为 100 $\Omega \cdot m$。

图 6-7 所示为通过每个测点的一维 Bostick 反演结果断面图。横坐标为测量点号，纵坐标为利用式(6-3)计算的深度，测量点和深度对应的反演电阻率值亦可根据式(6-3)计算而得。

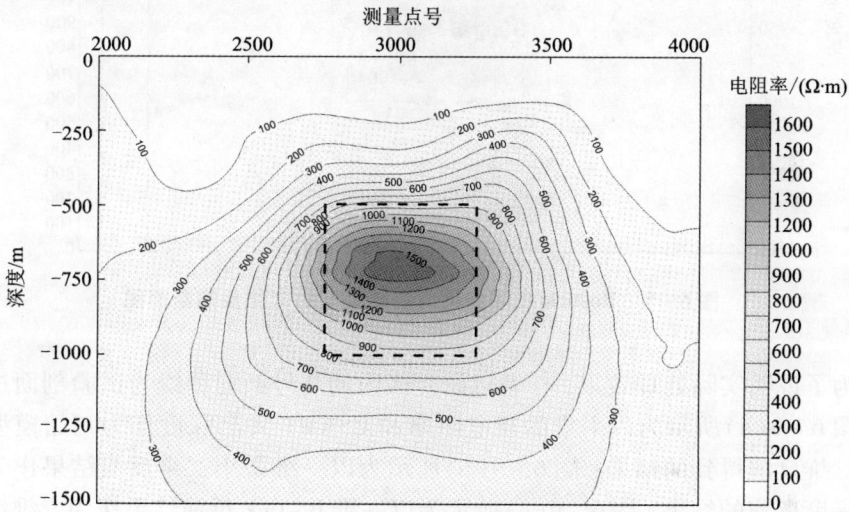

图 6-7 二维模型 Bostick 反演断面图

经过 Bostick 反演，已经可以判别出异常体的范围，高阻异常的中心也得到了较好的反映，但在初始模型内，反演后的电阻率普遍比初始模型大，都在 1000 $\Omega \cdot m$ 以上至 2000 $\Omega \cdot m$ 范围内，形态有部分朝向地面散布的趋势，初步判定为高阻异常体顶部的静态效应引起。地面以下断面顶部电阻率出现极小值，是正演模型响应和反演函数拟合过程中产生的，部分值小于 100 $\Omega \cdot m$，底部的电阻率值都大于 400 $\Omega \cdot m$，作者认为是中部高阻体影响的结果。

图 6-8 所示是以经过一维 Bostick 反演结果的断面图作为正演初始模型进行的二维 Occam 反演的最终结果。可以看出，反演效果得到了极大改善，异常中心对应在 3000 号测点的位置，异常中心与模型吻合较好，在虚线框内的反演电阻率均在 1000 $\Omega \cdot m$ 以上，最大值已接近 2000 $\Omega \cdot m$。虚线框外的电阻率均在 1000 $\Omega \cdot m$ 以下，整体电阻率下降，等值线在虚线框附近密集分布，具有明显的边界；2000 $\Omega \cdot m$ 的等值线也愈靠近异常中心，反演效果较好。从整体形态看，对于围岩为低阻的物性来说，压制了低阻对高阻异常体的影响，异常形态已经显露。

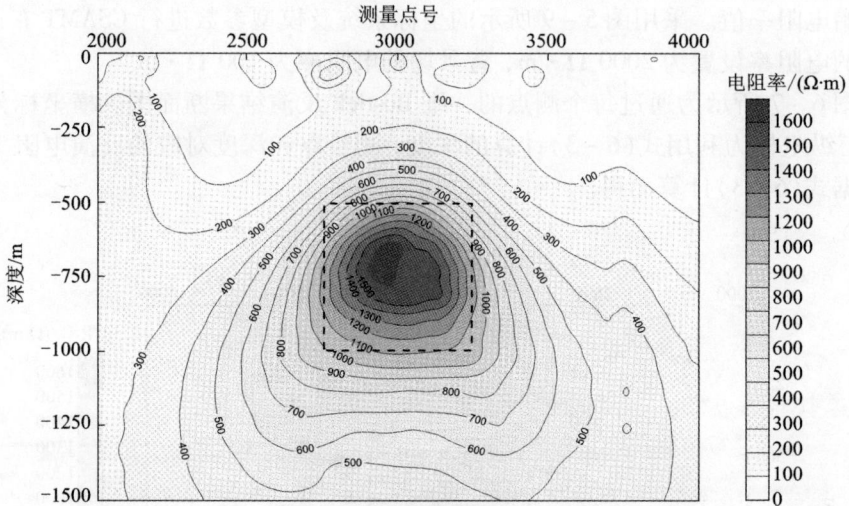

图 6 - 8　Bostick 反演结果为初始模型的二维反演断面图

　　为了说明实际处理效果,作者以研究区内的 0 号剖面测线为试验剖面进行分析。图 6 - 9(a)所示为以采集的视电阻率和 CSAMT 实测深度作为初始模型直接进行二维反演得到的结果;图 6 - 9(b)所示为以一维最小二乘反演结果作为二维共轭梯度反演的结果;图 6 - 9(c)所示为以一维 Bostick 反演结果作为二维反演初始模型进行 Occam 反演得到的结果;图 6 - 9(d)所示为结合地质情况进行的物探资料解译断面。

　　从图 6 - 9 所示结果可以看出,任何一种反演方法的结果都不能完全符合地质解译,但经过逐级反演能够较好地分辨出断层、不同岩层接触带,再结合图 6 - 3对应激发极化法的视幅频率信息可找出异常,最后结合地质填图、地球化学原生晕信息就可确认是否为矿致异常。

　　为了全面分析全区域的地层和岩体空间展布状态,将本次实测的 10 条 CSAMT 数据进行逐级反演,绘制成三维空间切片图,如图 6 - 10 所示[198 - 206]。

　　图 6 - 10 中,研究区西部主要成矿岩体为安山岩体,东部为奥陶系滩涧山群的混合岩层。推测该区内主要存在两条大断裂,分别为正断层 F_2 和逆断层 F_1,矿脉受这两个断裂带的构造应力控制,张力造成底层内部或者岩性接触带附近出现容矿空间,深部热液在地质运动作用(包括物理的、化学的作用等)下运移,其中成矿物质经过若干年逐步积累达到可开采的含量范围,形成了工业矿床。

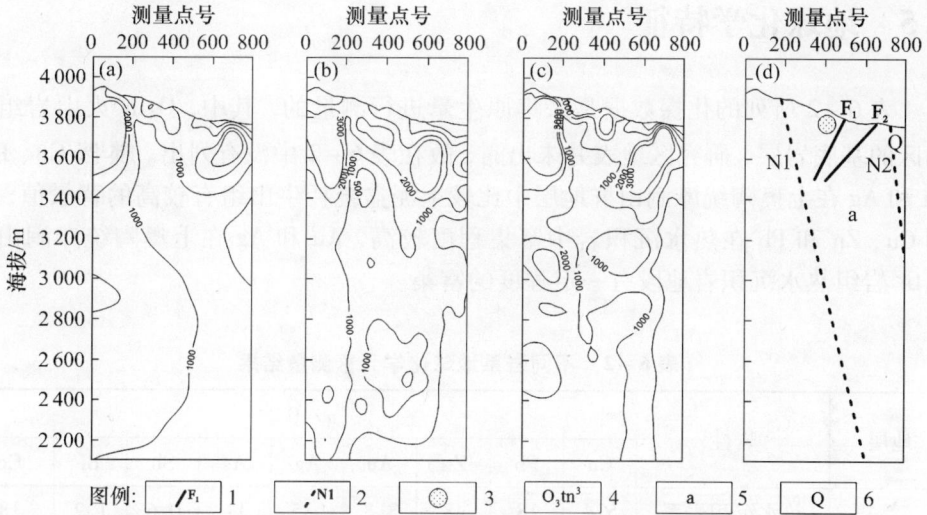

图6-9 0号测线CSAMT方法数据反演及解释图

1—推断断裂；2—推断岩性接触带；3—矿化体；4—奥陶系砂岩；5—英安岩；6—第四系

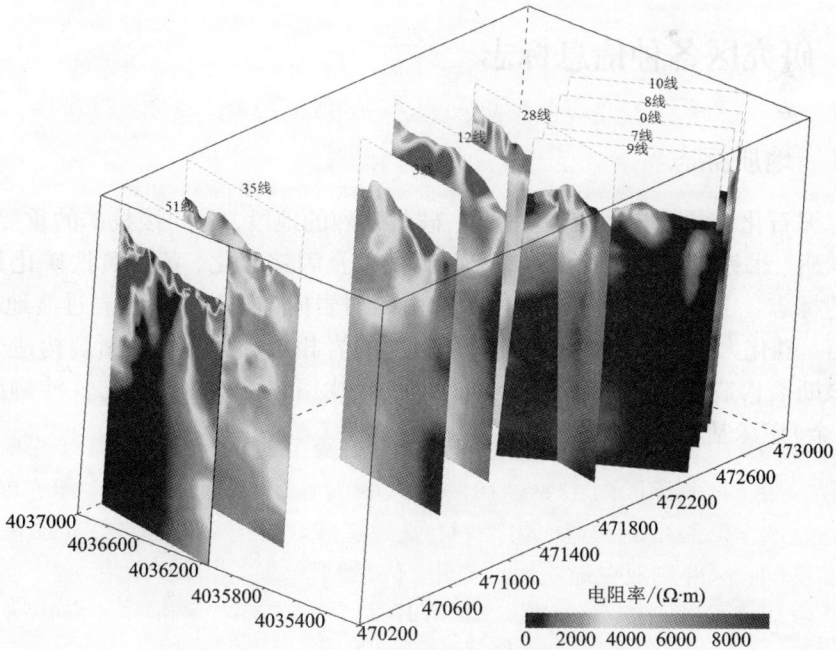

图6-10 CSAMT数据逐级反演结果三维切片图

6.5 地球化学特征

表6－2所列的化探数据是采集原生晕进行测量的,其中,O_3tn^1火山岩组为本区的基底岩层,研究区地表并未出露,故在表6－2中没有列出。本区 Cu、Pb、Zn 和 Ag 在上奥陶统滩涧山群地层中比较上泥盆统牦牛山组有较高的背景值,特别 Cu、Zn 和 Pb 在热水沉积岩中富集程度较高,Au 和 Ag 在上奥陶统滩涧山群 O_3tn^2 岩组热水沉积岩地段有一定程度的富集。

表6－2 不同岩系地球化学元素测量结果

地层	岩性	$w/10^{-6}$								
		Cu	Pb	Zn	Au	Ag	As	Sb	Bi	Co
O_3tn^3	热水沉积岩系	574	18	48	3.3	985	11	0.6	1.2	18
	其他岩类	30	25	68	2.9	157	9	0.8	0.6	15
O_3tn^2	其他岩类	18	33	83	1.3	144	5	0.6	0.4	18

6.6 研究区各种信息标志

6.6.1 地质标志

绿泥石化、绢云母化、碳酸盐化、硅化强烈的地段,是间接找矿的重要标志。黄钾铁矾、褐铁矿化、孔雀石化、蓝铜矿化以及闪锌矿化、黄铜黄铁矿化是直接找矿的标志。上奥陶统滩涧山群(O_3tn)由碎屑岩向硅质岩、碳酸岩过渡地段,或硅质岩、硅化大理岩分布广的地段,是典型的岩相找矿标志。主断裂构造旁侧的次一级断裂构造,为主要的容矿构造,也是寻找铅锌矿的重要标志。沙柳河西铅锌银(金)矿床基本特征见表6－3。

表 6 - 3　沙柳河西铅锌银(金)矿体基本特征

含矿层特征		矿体特征	
含矿部位	规模(m)长/宽	规模(m)长/厚	品位
O_3tn^3 中部热水沉积岩系(硅质岩、大理岩、绢云白云母石英片岩)	50 /2	30/(0.2~0.5)	Pb: 26.90 ~ 74.60 Zn: 1.6 ~ 10.53 Ag: 70.3 ~ 666 Au: 0.56 ~ 1.74
		5/(0.5~0.8)	Pb: 6.85 Zn: 0.49 Ag: 64.35 Au: 0.20

注: 测试单位为青海省有色地质测试中心。表中分析单位: Pb、Zn 为%; Au、Ag 为 g/t。

6.6.2　地球物理标志

以矿区内的高幅频率和相对低阻出现于断裂构造或者岩性接触带附近的小裂隙部位为地球物理异常的找矿标志。

6.6.3　地球化学标志

Cu、Pb、Zn 异常组合好, 浓集中心明显的地段; 物探激电异常与地球化学异常叠加部位; 遥感铁化异常强烈地段, 多为成矿的有利部位, 是明显的铜铅锌找矿标志。

6.7　成矿预测

6.7.1　钻探结果

在 0 号线 380 号点布置了钻孔 ZK001, 用以查证物探异常是否具有成矿意义, 钻孔深度为 508.12 m, 钻孔倾角为 80.75°, 在深度 98.87 m 时打到 Cu1 矿带, 根据地表露头, 大致确定了此矿化带的走向为 44.5°, 与研究区主要断裂带及构造带呈大致平行状态; F_1 断裂在深度 421.5 m 和钻孔相遇, 推测此断裂较陡, 达 62°; 均与物探预测成果相一致。

6.7.2　成矿预测

本区位于东昆仑铅锌铜多金属矿成矿带东北段, 成矿条件优越, 地球物理特征表明：区内处于裂陷－裂谷构造环境，该构造环境已发现多处火山喷气－沉积型铜铅锌矿产，如锡铁山铅锌矿、绿梁山铜矿床、野骆驼泉金矿、结绿素金矿、中间沟金矿、太子沟铜锌矿等。该带已发现的大型铅锌铜多金属矿床，多数以分布于上奥陶统滩涧山群的热水沉积岩、火山碎屑沉积岩、碳酸盐岩组合为特征的岩石组合中，表明了滩涧山群是柴北缘 Cu、Pb、Zn 多金属的重要赋矿层位。本区化探所获的 1∶50000 分散流 Pb、Zn、Cu 异常面积大，浓度值高，浓集中心明显，同时物探激电异常分带性明显，与化探异常吻合好，异常中已发现有铜铅锌金矿（化）点，为进一步工作提供了基础。研究区内已发现铜矿体一条，主要铅锌矿体三条及隐伏矿体数条，同时在西岔沟一带有金矿找矿线索，表明通过进一步地质调查，该区铜铅锌矿床有可能进一步扩大规模。

本区受 F 断层和 F_1 断层控制成矿（图 6 - 11），推测 F 贯穿于整个研究区。矿（化）体分布于该区域内的主要断层的次级断裂及其派生构造中，与地表激电扫面异常吻合的地方成矿可能性较大，具有良好的找矿前景。研究区的矿种可能西部以铅锌矿为主，东部以铜矿为主。

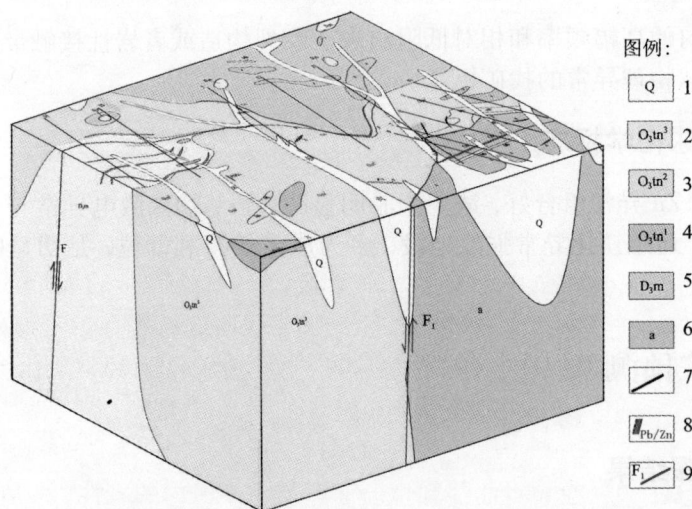

图例：
Q	1
O_3tn^3	2
O_3tn^2	3
O_3tn^1	4
D_3m	5
a	6
/	7
Pb/Zn	8
F /	9

图 6 - 11　沙柳河西铅锌银（金）矿区三维地质解释图

1—第四系；2—上奥陶统滩涧山群砂岩岩组；3—上奥陶统滩涧山群片岩岩组；4—上奥陶统滩涧
山群火山岩组；5—安山岩；6—英安岩；7—CSAMT 测线；8—推测矿（化）体；9—断层

6.8　成矿模式判别

矿区上奥统滩涧山群 O_3tn^2 岩组中上部、底部及岩组 O_3tn^3 底部的热水沉积岩系中的铜铅锌含量普遍较其他岩性地层偏高(表6-3),含矿层岩性组合为含黄铁矿硅质岩、绿泥绢云石英片岩、大理岩与含硅质条带大理岩。该类岩石组合,特别是出现化学沉积的硅质岩,目前被认为是典型热水沉积岩的标志。矿区东部的铜矿体呈层状、似层状,与围岩层理一致,矿石具条带状构造,条带与层理一致,矿体矿石与近矿围岩具有相似程度的变形与变质,近矿围岩蚀变不强,显示矿体、矿石具层控和同生沉积特征;矿体局部斜切层理或片理;可见有脉状、团块状矿石;具粗晶化现象;交代结构普遍存在,中低温蚀变普遍存在,如绿泥石化、绢云母化较强,碳酸盐化、硅化、黄铁矿化、黄铜矿化也较多,显示了成矿物质在区域变质及构造活动作用下进行热液叠加改造的特点。矿区西部的铅锌矿体产于北东向或近东西向的断裂中,矿石呈块状、浸染状,与地层产状斜交,表明与铜矿体有着截然不同的成因。综合分析认为该区铜矿床属热水沉积-热液改造型矿床,铅锌矿床为受断裂控制的中低温热液矿床。

6.9　本章小结

(1)调查了区内的地层构造、岩浆岩等信息,测定了研究区内的岩(矿)石标本的电性参数,反映此区内的岩(矿)石的物性呈高极化相对低阻特征,发现了两个异常带。西部研究区7~63线激电异常带,异常走向长度约为1500 m,宽度为800 m,中心部位近等轴状,F_S 最大值达3.6%,西部地表存在铅锌矿化蚀变带。东南部 Zn、Pb 矿化带为异常中心高值区域,地表槽探见有铅锌矿化体,该处是寻找铅锌矿的有利地段;激电异常带异常走向长度为1000 m,宽度为100~200 m,F_S 最大达2.3%。

(2)CSAMT 视参数单点曲线和拟断面图指示本区内的岩性、构造在深部并不复杂,视电阻率曲线相对变化的起伏波动不大;利用一维 Bostick 反演结果作为二维反演的初始模型,得到了较好的效果,显示了更多的地电断面电阻率分布信息。

(3)矿区上奥统滩涧山群 O_3tn^2 岩组中上部、底部及 O_3tn^3 岩组底部呈热水沉积岩系特征,含矿层岩性组合为含黄铁矿硅质岩、绿泥绢云石英片岩、大理岩与含硅质条带大理岩。矿床主要出现于化学沉积的硅质岩中,属于热液叠加改造型复合成因矿床。

第7章 东昆仑成矿带不同类型矿床物探方法组合研究

7.1 典型矿床梳理

自 2009 年以来，作者每年都在东昆仑成矿带参与项目的实施与研究，先后进出大小十几个矿山，这里是地球物理方法的广阔的天然实验室，绝大部分矿山干扰小，开发程度低，研究价值大。特别是近年来中华人民共和国国土资源部、中国地质调查局在各个成矿区带的工作大规模实施，取得了一定的成果，利用地球物理方法研究岩石、构造的深部分布，结合地质成矿理论发现了新的一批成矿远景靶区[206-211]。

作者所在科研团队承担国家和矿山企业的项目中，典型的矿山有：野马泉矽卡岩型铁多金属矿床、多龙恰柔斑岩型钼铜矿床、沙柳河西热液叠加改造型复合成因矿床、加羊矽卡岩型铅锌多金属矿床、火山喷流热水沉积—后期热液叠加改造型复合成因肯德可克矿床、都兰黑山沟里石英脉型金矿床等。下面分别述之：

(1)沟里阿斯哈石英脉型金矿床(图 7-1 中④)：位于东昆仑昆中断裂以北的昆中基底隆起花岗岩带，该带在各地质时期处于挤压隆升过程中，而且一直处于抬升剥蚀阶段，剥蚀深度大。地层主要为古元古代金水口群白沙河组。岩浆岩主要有印支早期形成的花岗闪长岩、闪长岩岩基和呈岩株状产出的黑云母花岗岩。构造主要有 NNE 向左旋张扭性断裂和 NW 向右旋压扭性断裂，是研究区最主要的控矿构造。

(2)卡尔却卡复合成因铜多金属矿床(图 7-1 中⑤)：卡尔却卡矿床为 21 世纪以来，在东昆仑成矿带找矿具突破性进展的一个重要发现。矿区位于格尔木市乌图美仁乡境内，海拔标高在 4000 m 以上，矿化范围大(面积近 200 km²)。地层主要有古元古代金水口群深变质片岩、片麻岩夹少量大理岩，其次为上奥陶统滩涧山群浅变质火山沉积岩以及上三叠统海相碎屑－碳酸盐沉积岩系，构造有 NWW 向的褶断组合构造带。海西－印支期中酸性岩浆活动强烈，其中晚二叠世与晚三叠世的侵入岩最为发育，并以岩基、岩株及少量岩脉等形式产出，常构成多期次叠加的侵入杂岩体。

(3)四角羊沟铁铅锌多金属矿床(图 7-1 中⑥)：主要矿石类型有矽卡岩型闪锌矿－方铅矿矿石、黄铁矿矿石及磁铁矿矿石。矿石多具块状、团块状、条带

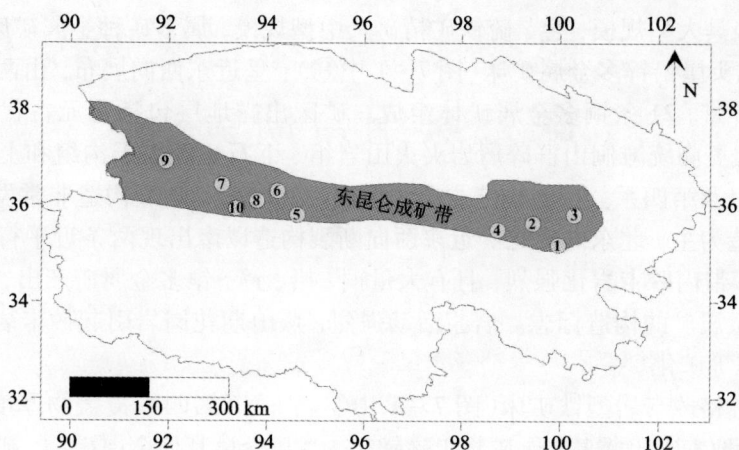

图 7 – 1　东昆仑成矿带典型矿床分布示意图

1—多龙恰柔斑岩型钼铜矿床；2—加羊矽卡岩型铅锌多金属矿床；3—沙柳河西热液叠加改造型复合
成因矿床；4—都兰黑山沟里石英脉型金矿床；5—卡尔却卡复合成因铜多金属矿床；6—四角羊沟铁
铅锌多金属矿床；7—肯德可克多成因多阶段同位叠加复合矿床；8—虎头崖铅锌多金属矿床；9—尕
林格矽卡岩型铁矿床；10—野马泉矽卡岩型铁多金属矿床

状构造，闪锌矿、方铅矿、磁铁矿、黄铁矿等金属矿物呈块状、团包状、细脉状、浸染状、条带状分布于矽卡岩矿物中。主要矿石矿物为闪锌矿、方铅矿、黄铁矿，其次为磁铁矿、磁黄铁矿、黄铜矿等，少量矿物有白铅矿、孔雀石、褐铁矿、镜铁矿等。脉石矿物有透辉石、阳起石、绿帘石、绿泥石、绢云母、石英、长石、方解石等。主要矿石结构构造有填隙结构、共边结构、交代残余结构、块状构造、浸染状构造、条带状构造等。

　　(4)肯德可克多成因多阶段的同位叠加复合矿床(图 7 – 1 中⑦)：肯德可克钴金铋多金属矿床受层位和岩性控制作用明显，矿化体均产在上奥陶统滩涧山群火山岩类碎屑岩、矽卡岩化硅质岩中，部分矿体顺层产出。矿区南部遥感解译中存在明显的环形构造，说明在该矿区南部也可能存在隐伏岩体。对该矿床的后期热液改造起到重要的作用。晚期的脆性构造变形，形成系列张性裂隙，成为成矿热液定位的有利场所，矿区所有矿化体都位于受构造破碎的矽卡岩化带内。勘查资料表明，该矿床分带性较好，铅锌矿一般在构造上部，钴铋金矿石位于中部，而下部为铁矿石，钴铋金矿石常产于铁矿体上部的热水喷流沉积层 – 硅质岩层中，反映矿石形成于海底热水喷流沉积作用并伴随交代充填热水循环过程中。该矿区内矿石构造主要有条带状、层纹状、浸染状、细脉状、放射状、块状构造等。矿石结构主要呈他形粒状、自形粒状、半自形不等粒结构、交代熔蚀和压碎结构等。矿石组构特征既反映同生特征，又具有后期热液改造的特点。肯德可克铁矿床已基本探明铁矿、硫铁矿、锌矿、铅矿为中型规模，铜矿具小型规模。计算的伴生镉、银具大型规模，金、硫铁矿精矿具中型规模，属多矿种金属矿床。

（5）虎头崖铅锌多金属矿床（图7-1中⑧）：呈近东西向展布，由两条矽卡岩化构造破碎带，21条铜多金属矿体组成。矿区出露地层包括古元古代狼牙山群上岩组、上奥陶统滩涧山群碎屑岩夹火山岩组、下石炭统大干沟组和上石炭统四角羊沟组以及第四系。褶皱构造主要为迎庆沟北向斜。断裂构造非常发育，以近东西向构造为主，北东向次之。近东西向断裂构造以南出现两条近平行展布的层间破碎带，带内矽卡岩化强烈，且有大量铜、铅、锌、银多金属矿产出，是本区寻找各种多金属矿的构造标志。岩浆活动强烈，燕山期花岗岩引起矽卡岩化，伴有铜、铅、锌等矿化。

6. 尕林格矽卡岩型铁矿床（图7-1中⑨）：矿区第四系覆盖物厚度达100～200 m深，地表未出露基岩，矿物以磁铁矿为主，少量其他金属矿物，矿化体相对围岩具明显磁异常。矿区位于戈壁和沙漠中，地形复杂，设计采用低空航磁进行大面积扫面，探测隐伏构造、异常及矿脉。

7. 野马泉矽卡岩型铁多金属矿床（图7-1中⑩）：矿区中见铜、钼、锡、钴、铋等矿化，岩浆岩体和围岩的接触带上均具同化混染现象。围岩蚀变普遍有硅化、绿帘石化、黄铁矿化、角岩化和矽卡岩化等。各侵入体与大理岩接触处常产生矽卡岩接触变质带，并有矽卡岩型铁矿、多金属矿生成。铁、多金属矿多赋存于构造的复合部位、向斜核部、岩体凹陷带及断裂交汇处。矿石类型主要有磁铁矿矿石、闪锌矿矿石、闪锌矿-磁铁矿矿石、黄铜矿磁铁矿矿石。

其中图7-1中①②③三个矿山已在第4章、第5章和第6章详细介绍了其成因，地球物理、地球化学等特征，这里不再叙述。

7.2 物探方法组合讨论

研究具体矿山的物探方法之前要分析研究区内地质、物探、化探资料，岩石物理性质是使用物探方法、选择地球物理技术的前提，建立研究区内的矿床初步模型（类型）是成功预测成矿靶区的关键，根据前几章分析得到：

（1）多龙恰柔斑岩型钼铜矿：通过第4章分析，因为钼矿主要为硫化钼、铜矿为硫化铜，即可以通过激电法进行扫面圈定平面异常；由于围岩为花岗岩，严格受区内构造控制，即可用频率域电磁测深法进行构造空间架构探测；对于此类矿床，若研究浅部异常体埋深，可以通过激电测深进行顶部埋深的评价；若研究隐伏构造的倾向，可通过激电法的不同极距视电阻率联合剖面进行探测。本书中的研究表明，按照上述物探方法组合技术探测效果较好。

（2）加羊矽卡岩型铅锌多金属矿：据第5章分析，矽卡岩型铅锌矿床，矿体规模一般相对较大，受大理岩、白云岩和灰岩等接触带控制，成矿物质来源多为深部或者外围的火成岩形成的热液经过物理化学等作用形成，一定程度上不同岩层的走向、倾向及层理往往也受区内构造控制。矿化体、大理岩、白云岩和灰岩往往呈弱磁性特点，而火成岩往往呈相对高磁性特征；矿化体主要为硫化铅、硫化锌等，围岩硫化物含量相对较少，说明激发极化效应差异明显；探测构造可以利用二维反演重构模型相对较为成熟的频率域电磁方法。所以在此类型矿区，高精度磁测、激电法和频率域电磁测深法组合技术均为有效，文中第 5 章也取得了一定成果，只是高精度磁测效果不够明显，分析原因应为测量时"公牛眼"现象较多，数据质量相对不好，还有可能是火成岩在研究区北部分布较多所致。

（3）沙柳河西热液叠加改造型复合成因矿床：按照第 6 章讨论，此类矿床具有叠加改造复杂成因特征，成矿空间以裂隙为主，主要构造和岩性接触带提供了成矿物质来源及通道，可根据成矿的矿石成分来确定方法，一般以激电法和频率域电磁测深法组合为主。

（4）都兰黑山沟石英脉型金矿：此类矿床属于东昆仑金矿类型的一种，由于石英脉往往呈现高阻特点，穿插侵入围岩内，形成脉状矿体；且金银矿本身不具有硫化特征，但他们往往伴随黄铁矿化（硫化铁）存在而显示激发极化特征，物探方法可选择激电法，通过激电扫面圈定平面靶区，然后利用激电测深和激电联合剖面等圈定异常及查明控矿构造的空间特征。这类矿床一般选定精细激电法（剖面、平面）和化探（剖面、平面）法为主。频率域电磁测深法由第 3 章讨论可知，对脉状矿化体分辨率较差。

（5）卡尔却卡复合成因铜多金属矿床：通过作者团队对研究区岩（矿）石物性特征分析，围岩具相对高电阻、低极化率特征，三个区块中，A 区斑岩型矿化带、B 区矽卡岩型多金属矿化带和 C 区低温热液脉型矿化带的金属矿体均具相对较低的电阻率和较高的极化率。结合该地区地表覆盖较厚、地形相对较平缓，设计采用双频激电扫面，频率域电磁测深法进行隐伏矿体的深部定位。这类矿床成因不一，要针对每个区块的特征按照本节（1）－（4）进行具体的分析研究。

（6）四角羊沟铁铅锌多金属矿：根据岩（矿）石成分中往往含有矽卡岩型闪锌矿－方铅矿矿石、黄铁矿矿石及磁铁矿矿石，所以利用高精度磁测和激电方法有效，具体使用高精度磁测扫面和激电法扫面加上激电测深即可解决寻找异常的目的。若需要研究构造与成矿的关系，可外加频率域电磁测深法。

（7）肯德可克多成因多阶段的同位叠加复合成因矿床：矽卡岩是区内主要含矿岩石，地球物理勘探思路应是以探测矽卡岩以及岩体与围岩接触带为目标。矿区岩（矿）石物性分析显示：含黄铁矿－磁黄铁矿的矿化岩石、含炭质岩石表现出低电阻率高极化特征；安山岩具较高极化率和总体较高的电阻率；大理岩等围岩极化率较低且电阻率较高；金、钴、铋矿石为低－中等强度电阻率和低极化率。

岩(矿)石中含磁铁矿或磁铁矿化的岩石具有高磁化率;含闪锌矿的岩石具中等磁化率;含方铅矿岩石磁化率较低;闪长玢岩磁化率较低,但高于安山岩;安山岩、矽卡岩、大理岩、砂岩、石英岩、花岗闪长岩均呈低磁化特征。结合以上岩(矿)石物性特征及矿区的地形起伏大、覆盖层厚等特点,设计采用双频激电和高精度地面磁测进行扫面测量,采用双频激电测深法进行重点异常区测深工作。此种矿床物探方法使用时需要精细,仔细分析物性,对比地质地球化学信息综合分析远景异常。

(8)虎头崖铅锌多金属矿床:根据虎头崖矿床岩(矿)石物性特征,结合成矿规律和高寒地区特点设计采用双频激电、频率域电磁测深法及瞬变电磁物探方法,采用双频激电进行中梯扫面,采用双频激电测深法、TEM时间域瞬变电磁测深法和频率域电磁测深法等方法进行重点异常区测深工作,以检验不同物探方法之间对同一异常反映的一致性情况,起到相互印证的作用。

(9)尕林格矽卡岩型铁矿床:研究区位于戈壁和沙漠中,第四系覆盖物厚度达百米,地表未出露基岩,矿石矿物以磁铁矿为主,少量其他金属矿物,物性以磁性为主,相对围岩具明显磁异常。通过探测表明使用高精度磁测为首选,但是也可以在高精度磁测圈定的异常区域内进行一定的激电工作(由于气候和工期原因当时未实施)。若要研究钻孔内或者钻孔间的异常体连接及延伸的具体方位、规模大小,也可应用磁测三分量进行测井。

(10)野马泉矽卡岩型铁多金属矿床:在该区不同单位和研究人员实施过的方法有:2005年青海省地调院做了少量的激电和磁测剖面;李宏录等进行了航磁测量与解释,张胜作了地表高精度磁测与解释;目前工作研究程度还不够。野马泉与尕林格矿区类似,只是此区内覆盖层没有尕林格矿区厚,又为矽卡岩型矿床,所以高精度磁测、激电法和电磁测深为最佳方法组合。若要研究钻孔内或者钻孔间的异常体的连接及延伸的具体方位、规模大小,也可应用磁测三分量进行测井。

针对本成矿带上的天然源电磁波特征(参见第4章),具有一定的缺频现象,建议区内的频率域电磁方法选择可控源音频大地电磁法为主,且由于岩(矿)石电阻率在大部分矿山相对呈高阻,所以建议本区内使用30 kW以上的发电机进行供电,且收发距在岩(矿)石电阻率普遍大于2000 Ω·m时收发距最小应为11 km才能满足在远区达到1 Hz的测量的条件。目前面临部分矿区正在进行开采工作(如肯德可克多金属矿区),根据强干扰实验表明,天然源AMT和瞬变电磁测深要慎用。

7.3　本章小结

（1）调查总结了作者近六年来在青藏高原东昆仑成矿带参与过的主要研究区不同矿点和矿床的成矿类型分析，梳理了成矿构造、矿石成分等一般特征。

（2）根据作者第 3 章讨论的相关技术方法等响应规律，依据不同矿床类型的探测目标不同，总结了正确的物探方法组合，部分验证效果较好；说明了在不同矿床类型中使用不同方法结合的必要性和相关注意点。

8 结论与建议

8.1 结论

结合"一路一带"的国家宏观发展战略,本书阐明了青藏高原东昆仑成矿带典型矿床电(磁)响应特征及地球物理技术的应用。针对东昆仑特有地形地貌、施工条件、岩(矿)石特征进行了东昆仑矿山精细物探方法相关技术的理论研究和计算;重点研究了代表性的斑岩型钼铜矿床、矽卡岩型铅锌多金属矿床、热液叠加改造型复合成因矿床的电(磁)响应特征,引入了相关新技术、新方法和新思路,进行了矿床电(磁)模型重新构建,分析了成矿模型和物探方法的综合使用;梳理总结了卡尔却卡复合成因铜多金属矿床、四角羊沟铁铅锌多金属矿、肯德可克火山喷流热水沉积—后期热液叠加改造矿床、都兰黑山沟里阿斯哈石英脉型金矿、虎头崖铅锌多金属矿床、尕林格和野马泉矽卡岩型铁多金属矿的矿床、岩石、构造等特点,分析、研究、总结了有效的物探方法技术组合。获得了以下认识:

(1)东昆仑成矿带属于昆仑地洼区,在青甘地洼区和塔里木地洼区的边缘区接触带,布格重力异常为 $-500 \sim -400$ mGal,此区内的矿床皆属于地洼型内生矿床,赋矿空间往往与酸性侵入体有关,成矿主要受研究区内的次级断裂控制,岩浆岩发育(中细粒花岗岩、流纹岩等)且年代(燕山 – 印支期)较新。

(2)东昆仑成矿带主要成矿类型有矽卡岩型铅锌多金属矿床、斑岩型钼铜矿床、热液叠加改造型复合成因矿床、石英脉型金矿和矽卡岩型铁多金属矿等。

(3)通过数值计算及正演模拟,分析了高精度磁测面上各参数间的关系,利用有限单元法实现了中间梯度法在野外实际情况下二度异常体的三维正演响应模拟,计算了随测线方位与异常体夹角变化而产生的响应特点,得出了测线布设与异常体的夹角在60°以上较为合适的结论。计算表明偶极 – 偶极测量方式的电磁耦合明显小于激电中间梯度法的电磁耦合。

(4)通过二维层状介质的 MT 和 CSAMT 正演,计算了不同收发距、不同基底电阻率条件下的响应规律,在岩(矿)石电阻率普遍大于 2000 Ω·m 时收发距最小应为 11 km 才能满足在远区频率达到 1 Hz 的测量的条件。利用设计的层状模型和正则化反演的方法在加入不同幅度噪声的条件下对电法测深和电磁测深反演的影响进行了理论计算,得出噪声达到 10% 以上效果较差的结论。

(5)从理论上计算了被动源电极的最佳布极方式和方法。对于经常使用的电磁法布极方位偏差问题也进行了理论上的分析。

（6）提出了实测面上数据和标本数据进行统一衡量的方法，以及确定激发极化面上异常下限的方法。

（7）正演模拟表明：对于激电异常的常见地质构造模型，激发极化异常都有一定的响应特征；而频率域电磁测深方法对弱小地层的分辨能力有限，对一定规模的异常体和断层构造有一定的指示作用，对岩内裂隙、高阻岩脉分辨能力较差。

（8）详细研究了斑岩型代表性矿床的物探方法。研究区内的岩层主要为印支期花岗闪长岩，研究得出幅频率大于 1.75% 的相对高极化体异常、视电阻率为 14.1 ~ 1500 Ω·m 都有可能成矿。成矿远景区中 IP1、IP2 异常区的成矿条件较好，IP3 矿化程度较低（可能黄铁矿化较为严重，体现为全区 F_s 最大值出现在此区域），IP4 和 IP5 异常面积较小。利用互相关法对区内激发极化扫面结果的 F_s 进行了处理；经过处理后减少了人文等随机干扰，新发现了 HT4 的异常源 IP5，此种方法能达到消除或压制干扰和突出异常的目的。本区内 EH4 剖面的主要方位为 NE 65°左右；利用 EH4 大地电磁数据的 TE&TM 双模联合反演可以很好地重构此区内的地质电性断面。作者发现了此区内部分测点高频大地电磁信号缺频较为严重，分析其特点后进行了缺失数据信息对大地电磁正则化反演的影响评价；通过数值计算证实了总体目标函数中的 H 矩阵的最平滑模型反演效果最优，对缺失数据信息的大地电磁数据反演具有改善作用。通过 EH4 和双频激电及与地质、地球化学信息结合，实现了对此斑岩型矿床研究区内的空间构架识别及成矿远景预测。认识到矿化异常体的走向应以 NNW 向为主，倾向以 SWW 向为主，倾角较陡。总结了此研究内的地质、地球物理和地球化学找矿信息标志，分析了其电磁响应特征，重构了区内地电模型，证明了激电法和频率域电磁测深法为斑岩型矿床物探类方法的有效组合。

（9）详细研究了矽卡岩型代表性矿床加羊铅锌矿床，目前确定有意义的成矿远景区为 IP1 和 IP4；经钻探验证，IP1 见矿较好，但深度上与 CSAMT 平滑约束最小二乘反演结果不完全吻合，这是反演方法或初始模型过于简单、约束不足导致的结果。对于 IP4 激电测深区域，每个测点的 F_s 曲线都呈 KH 型特征。通过钻探验证证实了本区内的成矿类型为矽卡岩型铅锌矿床。推断控矿的主要容矿空间在岩浆岩体与灰岩和大理岩（白云岩）的接触带内。

（10）详细研究了热液叠加改造型复合成因代表性矿床沙柳河西多金属矿床，发现了研究区内西部和东南部的两个异常带；利用逐级反演的方法通过 CSAMT 波区数据重构了该研究区内的电阻率空间分布，实现了地层、构造和异常体的立体填图。

（11）总结了东昆仑成矿带的主要矿床的成矿模式、地层、矿石特征，及物探方法有效组合的研究。斑岩型钼铜矿床通过激电法进行扫面圈定了平面异常、电磁方法探测构造空间构架、激电测深探测异常顶部埋深并与视电阻率联合剖面组合;矽卡岩型铅锌多金属矿用高精度磁测、激电法和电磁法的组合探矿较为有效;热液叠加改造型复合成因矿床一般用激电法和电磁法组合探矿;石英脉型金矿采用激电法与化探剖面、平面测量结合探矿最为有效;复合成因矿床(以肯德可克为代表)要因地制宜,根据物性参数的高低具体设计方法;矽卡岩型铁多金属矿床采用高精度磁测、激电法、电磁测深和磁测三分量测井为有效的探矿方法组合。

8.2　不足之处和今后的研究工作

(1)正演响应模型构建及对矿区不同地形条件下的响应规律有待进一步研究。

(2)对于时间域电磁方法和人工源地震方法的使用研究在本书中仅仅只进行了野外测量试验,且效果一般,对于理论上的具体研究尚没有开展,本书中也没有讨论其应用效果。

(3)异常的查证工作只在部分研究区进行了,对地球物理方法使用效果评价不足。

(4)在代表性矽卡岩型铅锌矿验证物探 CSAMT 异常时的钻孔见矿深度与提交的反演结果深度有一定的差异,说明本书中的约束最小二乘反演方法还有待改进。

(5)由于东昆仑属于高寒高海拔地区,开发程度低,可能存在未知典型矿床类型,使本书的物探组合方法的研究和总结不尽完善。

参考文献

[1] 习近平提战略构想："一带一路"打开"筑梦空间"，2014.8.11：http：//news. xinhuanet. com/fortune/2014 - 08/11/c_1112013039. htm \[EB/OL\]

[2] 青海地地质矿产局. 青海省区域地质志[M]. 北京：地质出版社，1991.1 - 228.

[3] 姜春发，冯秉贵，赵民绥等. 昆仑地质构造轮廓[J]. 中国地质科学院地质研究所所刊，1986：15 - 16.

[4] 郑健康. 东昆仑区域构造的发展演化[J]. 青海地质，1992，1(1)：15 - 25.

[5] 古凤宝，吴向农，姜常义. 东昆仑华力西 - 印支期花岗岩组合及构造环境[J]. 青海地质，1996，5(1)：18 - 36.

[6] 常承法. 青藏高原的板块构造[J]. 矿物岩石地球化学通讯，1985，5(1)：56 - 58.

[7] 潘裕生. 昆仑山区构造区划初探[J]. 自然资源学报，1989，4(3)：196 - 202.

[8] 周显强. 青海都兰地区矿田构造与控矿特征[M]. 北京：地质出版社，1990：200 - 238.

[9] 潘裕生，周伟明，许荣华等. 昆仑山早古生代地质特征与演化[J]. 中国科学(D 辑)，1996，26(4)：302 - 307.

[10] 孙崇仁. 青海省岩石地层[M]. 武汉：中国地质大学出版社，1997：20 - 318.

[11] 莫宣学，邓晋福. 东昆仑中段铜金成矿条件及找矿方向的框架研究[R]. 北京：中国地质大学，1998：1 - 89.

[12] 青海省都兰县五龙沟地区构造蚀变带金矿成矿特征及成矿预测报告[R]. 西宁：青海省地质矿产局，1997：1 - 35.

[13] 青海省东昆仑—柴达木盆地北缘区域地质图及金、银、铜、铅、锌矿产图说明书[R]. 西宁：青海省地质矿产局，1997：1 - 81.

[14] 王泽九，吴功建，肖序常. 格尔木—额济纳旗地学断面多学科综合调查研究概况[J]. 地球物理学报，1995，38(S2)：1 - 2.

[15] 潘裕生. 青藏高原的形成与隆升[J]. 地学前缘，1999，6(3)：153 - 161.

[16] 殷鸿福，张克信. 东昆仑造山带的一些特点[J]. 地球科学—中国地质大学学报，1997，22(4)：339 - 342.

[17] 袁万明，莫宣学，喻学惠等. 东昆仑热液金成矿带及其找矿方向[J]. 地质与勘探，2000，36(5)：20 - 23.

[18] 董英君，张德全，徐文艺等. 东昆仑地区地球物理特征与矿产资源分布[J]. 矿床地质，2005，24(2)：179 - 184.

[19] 郭晓东，张玉杰，刘桂阁等. 东昆仑地区金铜等成矿规律及找矿方向[J]. 地球学报，2004，10(4)：16 - 22.

[20] 钱壮志. 东昆仑中带成矿地质构造环境及金矿成矿模式[M]. 西安：西安地图出版社，2000：18 - 112.

[21] 张德全.柴达木盆地南北缘成矿地质环境及找矿远景研究[R].北京:中国地质科学院矿产资源研究所,2001:2-23.

[22] 徐文艺,张德全,阎升好等.东昆仑地区矿产资源大调查进展与前景展望[J].中国地质,2001,28(1):25-29.

[23] 尹安.喜马拉雅—青藏高原造山带地质演化——显生宙亚洲大陆生长[J].地球学报,2001,22(3):193-230.

[24] 张德全.东昆仑地区综合找矿预测与突破[R].北京:中国地质科学院"九五"科技成果汇编,2002:1-21.

[25] 潘彤,孙丰月.青海东昆仑肯德可克钴铋金矿床成矿特征及找矿方向[J].地质与勘探.2003,39(1):18-22.

[26] 潘彤,周录维,刘孝忠等.物探方法在青海都兰地区督冷沟异常查证中的应用[J].地质与勘探,2004,40(4):55-59.

[27] 潘彤.青海东昆仑督冷沟铜钴矿床控矿条件的探讨.矿产与地质[J].2004.18(2):109-112.

[28] 潘彤.东昆仑成矿带钴矿成矿系列研究[D].长春.吉林大学,2005:1-82.

[29] 潘彤,孙丰月.青海东昆仑肯德可克钴秘金矿床成矿特征及找矿方向[J].地质与勘探,2003,39(1):18-22.

[30] 潘彤.青海祁漫塔格地区铁多金属成矿特征及找矿潜力[J].矿产与地质,2008,22(3):232-235.

[31] 潘彤.青海东昆仑肯德可克钴金矿床硅质岩特征及成因[J].地质与勘探,2008,44(2):51-54.

[32] 赖健清,黄敏,宋文彬等.青海卡尔却卡铜多金属矿床地球化学特征与成[J].地球科学(中国地质大学学报),2015,40(1):1-16.

[33] 黄敏,赖健清.青海省肯德可多金属矿床地球化学特征及成因[J].中国有色金属学报.2013,23(9):2659-2670.

[34] 宋文彬,赖健清,黄敏.青海卡尔却卡铜多金属矿床流体包裹体特征及成矿流体[J].中国有色金属学报.2012.22(3):733-742.

[35] 乔保星,潘彤,陈静等.东昆仑野马泉铁多金属矿床硫同位素地球化学特征及意义[J].科技创新导报,2015,17:45-47.

[36] 党兴彦,范桂忠,李智明等.东昆仑成矿带典型矿床分析[J].西北地质,2006.39(2):143-155.

[37] 张普斌,徐振超,肖文进等.东昆仑成矿带东段井中物探找矿中的几个实例[J].矿产与地质,2007,21(3):344-350.

[38] 徐振超,徐诗春,张普斌等.东昆仑成矿带东段资源评价井中立体物探方法技术示范[M]."十五"地质行业重大找矿成果资料汇编,2006,26.

[39] 张胜.野马泉地区磁测异常推断解释研究[D].北京:中国地质大学,2013.

[40] 袁学诚,王式.青藏高原地壳上地幔形成与演化的地球物理研究[J].地质与勘探.1987,11(1):1-11.

[41] 寇玉才.青海省航磁反映的深部构造特征[J].青海地质,2000,59-64.

[42] 寇玉才.青海哈拉湖地区据航磁异常特征圈出一巨大隐伏中一酸性岩体及其意义[J].青海国土经略,2003,2-6.

[43] 柳建新.西部特殊地貌景观区双频激电法方法及应用研究[D].长沙:中南大学,2006:1-9,44-51.

[44] 汪兴旺.青藏高原航磁双磁异常带与负磁异常区地质意义研究[D].成都:成都理工大学,2008.

[45] 柳建新,郭荣文等.CSAMT法在西北深部探矿中的应用研究.[J].矿产与地质,2008,23(2),261-265.

[46] 柳建新,王浩等.CSAMT在青海锡铁山隐伏铅锌矿中的应用[J]..工程地球物理学报,2008,3(3),274-279.

[47] 李宏录,卫岗,曾宪刚等.应用航磁资料在野马泉地区寻找以铁为主多金属矿产[J].矿产勘查,2009,33(2):118-147.

[48] 柳建新,曹创华,童孝忠,郭荣文,谭辉跃,曹志雄.综合物探方法在青藏高原某钼多金属矿的勘查效果[J].地质与勘探,2012,48(6):1188-1198.

[49] 曹创华,柳建新,童孝忠等.CSAMT逐级反演技术的讨论及应用[J].有色金属学报,2013,23(9):2340-2350.

[50] 滕吉文,司芗,谦身等.青藏高原地球科学研究中的核心问题与理念的厘定[J].地球物理学报.2015,58(1):103-124.

[51] 武明贵,陈健,钟皓.地面高精度磁法在青海尕林格矿区磁铁矿勘查中的应用[J].物探化探计算技术,2015,37(1):51-55.

[52] 关玲.青海省都兰县洪水河铁矿基本成矿特点研究[D].北京:中国地质大学,2013.

[53] 张德全,王富春,佘宏全等.柴北缘—东昆仑地区造山型金矿床的三级控矿构造系统[J].中国地质,2007,34(1):92-100.

[54] 丰成友,张德全,王富春等.青海东昆仑复合造山过程及典型造山型金矿地质[J].地球学报,2004,25(4):415-422.

[55] 高章鉴,罗才让,井继锋.青海省肯德可克金矿热水沉积层矽卡岩特征及成矿意义[J].西北地质,2001,34(2):50-53.

[56] 刘云华,莫宣学,张雪亭等.东昆仑野马泉地区矽卡岩矿床地质特征及控矿条件[J].华南地质与矿产,2005,3:18-23.

[57] 李世金,孙丰月,丰成友等.青海东昆仑鸭子沟多金属矿的成矿年代学研究[J].地质学报,2008,82(7):949-955.

[58] 李世金,孙丰月,王力等.青海东昆仑卡尔却卡多金属矿区斑岩型铜矿的流体包裹体研究[J].矿床地质,2008,27(3):399-406.

[59] 卫岗,张普斌,李宏录等.青海省兴海县赛什塘铜矿的斑岩型矿化特征及其找矿前景[J].矿物岩石地球化学通报,2012,31(5):510-515.

[60] 卫岗,张普斌,李宏录.青海祁漫塔格地区铁多金属矿床成矿地质特征及找矿前景[J].矿产勘查,2012,3(3):346-355.

[61] 李宏录, 刘养杰, 卫岗等.青海肯德可克铁、金多金属矿床地球化学特征及成因[J].矿物岩石地球化学通报, 2008, 27(4): 378-383.

[62] 吴庭样, 李宏录.青海朵林格地区铁多金属矿床的地质特征与地球化学特征[J].矿物岩石地球化学通报, 2009, 28(2): 157-161.

[63] 吴健辉, 丰成友, 张德全等.柴达木盆地南缘祁漫塔格一鄂拉山地区斑岩-矽卡岩矿床地质[J].矿床地质, 2010, 29(5): 762-774.

[64] 寇玉才, 李战业, 王英孝等.尕林格矽卡岩型铁多金属矿床地质-球物理模型[J].西北地质, 2010, 43(2): 20-31.

[65] 王国灿, 魏启荣, 贾春兴等.关于东昆仑地区前寒武纪地质的几点认识[J].地质通报, 2007, 26(8): 929-937.

[66] 张建新, 孟繁聪, 万渝生等.柴达木盆地南缘金水口群的早古生代构造热事件:皓石U-Pb SHRIMP年龄证据[J].地质通报, 2003, 22(6): 397-404.

[67] 陈国达.地洼学说——活化构造及成矿理论体系概论[M].长沙:中南大学出版社, 1996, 1-103.

[68] 陈广俊.青海东昆仑沟里地区及外围金矿成矿作用研究[D].长春:吉林大学, 2014, 1-83.

[69] 李荣社, 计文化, 赵振明等.昆仑早古生代造山带研究进展[J].地质通报, 2007, 26(4): 373-382.

[70] 时超, 李荣社, 何世平等.东昆仑东段杏树沟金矿(化)点的成矿特征及其围岩时代的确定[J].地质通报, 2012, 31(12): 1983-1990.

[71] 陈能松, 何蕾, 王国灿, 张克信, 孙敏东昆仑造山带早古生代变质峰期和逆冲构造变形年代的精确限定[J].科学通报, 2002, 23(8): 1111-1122.

[72] 陈能松;孙敏;王勤燕;赵国春;陈强;舒桂明.东昆仑造山带昆中带的独居石电子探针化学年龄:多期构造变质事件记录[J].科学通报, 2007, 52(11): 1297-1306.

[73] 阿成业, 王毅智, 任晋祁等.东昆仑地区万保沟群的解体及早寒武世地层的新发现[J].中国地质, 2003, 30(2): 199-206.

[74] 郭宪璞, 王乃文, 丁孝忠等.青海东昆仑纳赤台群基质系统与外来系统的关系[J].地质通报, 2003, 22(3): 160-164.

[75] 史仁灯, 杨经绥, 吴才来.柴达木北缘超高压变质带中的岛弧火山岩[J].地质通报, 2004, 78(1): 52-64.

[76] 许志琴, 杨经绥, 嵇少丞等.中国大陆构造及动力学若干问题的认识[J].地质学报, 2010, 84(1): 1-29.

[77] 李廷栋.青藏高原地质科学研究的新进展[J].地质通报, 2002, 21(7): 370-376.

[78] 姜耀辉, 郭坤一, 贺菊瑞, 芮行健, 杨万志.青藏高原大同西侧石英二长岩体地球化学及岩石系列[J].地球化学, 1999, 28(6): 542-550.

[79] 秦克章, 李继亮, 郝杰, 肖文交.阎臻昆仑造山带主要矿床类型、产出构造背景及其成矿潜力分析[J].矿床地质, 1999, 21(S1): 235-238.

[80] 高晓峰, 校培喜, 谢从瑞, 范立勇, 过磊, 奚仁刚.东昆仑阿牙克库木湖北巴什尔希花岗

岩锆石 LA – ICP – MS U – Pb 定年及其地质意义[J]. 地质通报, 2010, 29(7): 542 – 550

[81] 郭正府, 邓晋福, 许志琴, 莫宣学, 罗照华. 青藏东昆仑晚古生代末—中生代中酸性火成岩与陆内造山过程[J]. 现代地质, 1998, 13(3): 33 – 38

[82] 罗照华, 柯珊, 曹永清, 邓晋福, 谌宏伟. 东昆仑印支晚期幔源岩浆活动[J]. 地质通报, 2002, 21(6): 292 – 297.

[83] 朱云海, 陈能松, 王国灿, 郑曙, 拜永山. 东昆中蛇绿岩中单斜辉石、角闪石矿物成分特征及岩石学意义[J]. 地球科学, 1997, 22(4): 595 – 603.

[84] 刘战庆, 裴先治, 李瑞保等. 东昆仑南缘阿尼玛卿构造带布青山地区两期蛇绿岩的 LA – ICP – MS 锆石 U – Pb 定年及其构造[J]. 地质学报, 2011, 85(2): 185 – 194.

[85] 陈毓川. 中国主要成矿区带矿产资源远景评价[M]. 北京: 地质出版社, 1999.

[86] 阿成业. 青海省深大断裂及其地质地球物理场特征[J]. 西北地质, 1986, 13(5): 7 – 16.

[87] 孙王勇, 孟军海, 王成栋等. 东昆仑东段深大断裂的新认识[J]. 物探与化探, 2007, 31(5): 408 – 413.

[88] 黄华盛. 矽卡岩矿床的研究现状[J]. 地学前缘, 1994, 1(3 ~ 4): 105 – 111.

[89] 赵一鸣. 矽卡岩矿床研究的某些重要新进展[J]. 矿床地质, 2002, 21(2): 113 – 136.

[90] Einaudi M T, Burt D M. Introduction – Terminology, classification and composition of skarn deposits[J]. Econ. Geol., 1982, 77(4): 745 – 760.

[91] Zharikov V A. Skarn types, formation and ore mineralization condition [M]. Athens: The ophrastus pub, 1991, 455 – 465.

[92] 翟裕生. 矽卡岩矿床[M]. 北京: 地质出版社, 1985, 124 – 135.

[93] Aksyuk A M. Physic – chemical conditions of the formation of skarns of the magmatic stage[C]. Skarns their genesis and metallogeny. Athens: The ophrastus Publications, 1991: 593 – 617.

[94] Shimizu M, Iiyama J T. Zinc – lead skarn deposits of the Nakatatsu Mine, Central Japan[J]. Econ. Geol., 1982, 77(4): 1000 – 1012.

[95] Meinert L D. Skarn zonation and fluid evolution in the Groundhogmine, Central mining district. New Mexico[J]. Econ. Geol, 1987, 82(3): 523 – 545.

[96] 池国祥, 卢焕章. 流体包裹体组合对测温数据有效性的制约及数据表达方法[J]. 岩石学报, 2008, 24(9): 1945 – 1953.

[97] 雷源保. 青海省虎头崖矿床地质地球化学特征及成矿作用研究[D]. 长沙: 中南大学, 2013, 1 – 103.

[98] Huang Min, Lai Jianqing, Mo Qingyun. Fluid inclusions and metallization of the Kendekeke polymetallic deposit in Qinghai Province, China[J]. Acta Geologica Sinica. 2014, 88(2): 570 – 583.

[99] Sillitoe R H. A plate tectonic model for the origin of porphyry copper deposits[J]. Econ. Geol., 1972, 67(1): 184 – 197.

[100] Uyeda S, Nishiwaki, C. Stress field, metallogenesis and mode of subduction [A]. In: Strangway, D. The continental crust and its mineral resources[C], Geological association ofCanada: special paper 20, 1980: 323 – 339.

[101] 夏斌, 涂光炽, 陈根文等. 超大型斑岩铜矿床形成的全球地质背景[J]. 矿物岩石地球化学通报, 2000, 19(4): 406-408.

[102] 芮宗瑶, 黄崇轲, 齐国明, 等. 中国斑岩铜(钼)矿床[M]. 北京: 地质出版社, 1984, 1-88.

[103] 芮宗瑶, 刘玉琳, 王龙生, 等. 新疆东天山斑岩型铜矿带及其大地构造格局[M]. 地质学报, 2002, 76(1): 83-94.

[104] 黄崇轲, 白冶, 朱裕生等. 中国铜矿床[M]. 北京: 地质出版社, 2001, 1-44.

[105] 曲晓明, 候增谦, 黄卫. 冈底斯斑岩铜矿(化)带: 西藏第二条"玉龙"铜矿带[J] 矿床地质, 2001, 20(4): 355-366.

[106] 聂凤军, 江思宏, 赵省民. 斑岩型铜金矿床研究新进展[J]. 内蒙古地质, 2000(2): 1-11.

[107] 简伟, 柳伟, 石黎红. 斑岩型钼矿床研究进展[J]. 矿床地质, 2010, 29(2): 308-316.

[108] White W H, Bookstrom A A, Kamilli R J. Character and origin of Climax type molybdenum deposits[J]. Economic Geology, 1981, 75th Anniversary Volume: 270-316.

[109] Mutschler F E, Wright E G, Ludington S. Granite molybdenite systems[J]. Econ. Geol., 1981, 76(1): 874-897.

[110] Carten R B, White W H, Stein H J. High grade granite related molybdenum systems: Classification and origin[J]. Geological Association ofCanada, 1993, 40(1): 521-554.

[111] 黄典豪, 吴澄宇, 杜安道等. 东秦岭地区钼矿床的铼-锇同位素年龄及其意义[J]. 矿床地质, 1994, 13(3): 221-230.

[112] 杜安道, 何红寥, 殷宁万等. 辉钼矿的铼-锇同位素地质年龄测定方法研究[J]. 地质学报, 1994, 68(4): 339-347.

[113] 罗铭玖, 张辅民, 董群英等. 中国钼矿床[M]. 郑州: 河南科学技术出版社. 1991, 34-84.

[114] 代军治, 毛景文, 杨富全等. 华北北缘燕辽钼(铜)成矿带矿床地质特征及动力学背景[J]. 矿床地质, 2006, 25(5): 598-612.

[115] 李诺, 陈衍景, 张辉等. 东秦岭斑岩钼矿带的地质特征和成矿构造背景[J]. 地学前缘, 2007, 14(5): 186-198.

[116] Mao J W, Xie G Q, Bierlein F, et al. Tectonic implications from Re-Os dating of Mesozoic molybdenum depositsin the east Qinling-Dabie orogenic belt[J]. Geochim Cosmochim Acta, 2008, 72(1): 4607-4626.

[117] Chen Guoda. Polygenetic compound ore deposits and their origin in the context of crustal evolution regularities[J]. Geotectonica et Metallogenia, 1982, 6(1): 1-33.

[118] 陈国达. 关于多因复成矿床的一些问题[J]. 大地构造与成矿, 2000, 24(3): 199-201.

[119] 邵军. 中国石英脉型金矿床地质特征[J]. 贵金属地质, 7(3): 172-179.

[120] 管志宁. 地磁场与磁力勘探[M]. 北京: 地质出版社, 2005, 1-90.

[121] 李明贵, 薛胜利, 杨渊. 地面高精度磁测基点联测与数据拼接方法[J]. 陕西地质, 31(2): 71-75.

［122］李建华.秘鲁南部铁矿勘查地球物理信息方法研究［D］.长沙：中南大学：2012，63－83.

［123］何继善.双频激电法［M］.北京：高等教育出版社，2006，97－109，238－268.

［124］强建科.起伏地形三维电阻率正演模拟与反演成像研究［D］.武汉：中国地质大学：2006，11－68.

［125］阮百尧，村上裕，徐世浙激发极化数据的最小二乘二维反演方法［J］.地球科学－中国地质大学，1999，24（6）：619－624.

［126］A. A.考夫曼，凯勒.1987.大地电磁测深法［M］.北京：地质出版社，1987：1－220.

［127］刘国栋，陈乐寿.大地电磁测深法研究［M］.北京：地震出版社，1984：22－210

［128］曹创华.连续电性介质大地电磁二维有限元正演模拟［D］.长沙：中南大学，2012，1－64.

［129］柳建新，童孝忠，郭荣文，李爱勇，杨生.大地电磁测深法勘探：资料处理、反演与解释［M］.北京：科学出版社，2012，1－248.

［130］何继善.可控源音频大地电磁法［M］.长沙：中南大学出版社.1999，1－65.

［131］汤井田，何继善.可控源音频大地电磁法及其应用［M］.长沙：中南大学出版社，2005，1－53.

［132］石昆法.可控源音频大地电磁法理论及应用［M］.北京：科学出版社，1999，1－88..

［133］底青云，王若.可控源音频大地电磁数据正反演及方法应用［M］.北京：科学出版社，2008：157－165.

［134］KAUFMAN A A，KELLER G V.时间域与频率域电磁测深［M］.北京：地质出版社，1987：13－293.

［135］李金铭.激发极化法方法技术指南［M］.北京：地质出版社，2004：6－8，15－16，21－43.

［136］赵和云，钱家栋.地电阻率法中勘探深度和探测范围的理论讨论和计算［J］.西北地震学报，1982，4（1）：40－56.

［137］刘俊峰，邓居智，张志勇等.电性源发射端接地电阻的理论计算及影响因素分析［J］.工程地球物理学报，2012，9（4）：380－384.

［138］张显周，杨金民，刘海祯.球形电极接地电阻的严格计算［J］.大学物理，1993，12（2）：17－18.

［139］施玉祥.高效率 DC/DC 变换器研究［D］.杭州：浙江大学，2010，74－82.

［140］郑仲.一种专用数字化逆变电源动态性能的研究［D］.武汉：华中科技大学，2012，5－22.

［141］郭俊.逆变电源控制技术研究［D］.成都：西南交通大学，2003，50－51.

［142］Liu Jianxin, Cao Chuanghua. Some problems in old mine exploration using EH4 need to be noticed and discussed［C］. 6th International Conference on Environmental and Engineering Geophysics, Xian, 2014. 211－216.

［143］李爱勇，曹创华，柳建新.不同幅度噪声和缺失数据对大地电磁正则化反演的影响［J］.中国有色金属学报，2012，22（3）.915－921.

［144］徐世浙.地球物理中的有限单元法［M］.北京：科学出版社，1994.1－298.

[145] 柳建新, 曹创华. 物化探方法在青海某多金属矿区的找矿效果[J]. 物探与化探, 2012, 36, 5, 705 – 711.

[146] 柳建新, 胡厚继, 刘春明, 韩世礼, 谢维. 综合物探方法在深部接替资源勘探中的应用[J]. 地质与勘探, 2006, 42(4): 71 – 74.

[147] 武摇炜, 张宝林. 双频激电法在我国西部两类典型覆盖区金属矿体预测中的应用[J]. 地质与勘探, 2009, 45(6): 669 – 675.

[148] 张东风, 柳建新, 谢维. 激电测深法在非洲刚果(金)某铜钴研究区的勘查应用[J]. 地质与勘探, 2010, 46(4): 0664 – 0669.

[149] 李金铭. 地电场与电法勘探[M]. 北京: 地质出版社, 2005. 136 – 304.

[150] 化希瑞. 高频大地电磁系统数据处理方法研究[D]. 长沙: 中南大学, 2003: 28 – 77.

[151] 龙霞. EH4 系统电磁测深数据处理与改进[D]. 长沙: 中南大学, 2010: 1 – 67.

[152] 梁宏达. 铜陵成矿带大地电磁数据处理与 NLCG 反演解释研究[D]. 长沙: 中南大学, 2012, 1 – 54.

[153] 宋守根, 汤井田, 何继善. 小波分析与电磁测深中静态效应的识别、分离及压制[J]. 地球物理学报, 1995, 38(1): 120 – 128.

[154] 毛立峰, 王绪本. 垂直岩脉的大地电磁响应研究[J]. 物探与化探, 2004, 28(1): 53 – 61.

[155] 冯思臣. 一维大地电磁测深反演算法比较研究[D]. 成都: 成都理工大学: 2007, 1 – 21.

[156] Pelton W H, Rijo L, Swift C M. Inversion of two dimensional resistivity and induced polarization data. Geophysics, 1978, 43: 788 – 803

[157] 蔡军涛, 陈小斌, 赵国泽. 大地电磁资料精细处理和二维反演解释技术研究(一) – 阻抗张量分解与构造维性分析[J]. 地球物理学报, 2010, 53(10): 2516 – 2526.

[158] 蔡军涛, 陈小斌. 大地电磁资料精细处理和二维反演解释技术研究(二)—反演数据极化模式选择[J]. 地球物理学报, 2010, 53(11): 2703 – 2714.

[159] 叶涛, 陈小斌, 严良俊. 大地电磁资料精细处理和二维反演解释技术研究(三)—构建二维反演初始模型的印模法[J]. 地球物理学报, 2013, 56(10): 3596 – 3606.

[160] Tiknonov A N. On determining electrical characteristics of the deep layers of the earth's crus t [J]. Deki Akud Nuek, 1950, 73: 295 – 297.

[161] CagniardL. Basic theory of the magnetotelluric methods of Geophysical prospecting [J]. Geophysics, 1953, 18: 605 – 635.

[162] Zhdanov M S, Golubev N G, Spichak V V. The construction of effective methods for electromagnetic modeling[J]. Geophysics, 1982, 68: 623 – 638.

[163] Bostick F X. A simple almost exact method of MT analysis[J]. Workshop on Electrical Methods in Geothermal Exploration, 1977: 175 – 177.

[164] Constable S C, Parker R L, Constable C G. Occam's inversion: a praetieal algorithm for generating smooth models from electromagnetic sounding data[J]. Geophysics, 1987, 52(3): 289 – 300.

[165] Jupp D L, Vozoff L. Two – dimensional magnetotelluric inversion[J]. Geophysics, 1977, 50: 333 – 352.

［166］DeGroot - Hedlin C, Constable S C. Occam's inversion to generate smooth, two - dimensional models from magnetotelluric data［J］. Geophysies, 1990, 55（12）: 1613 - 1624.

［167］Siripunvarporn W, Egbert G. An efficient data - subspace inversion method for 2 - D magnetotelluric data［J］. Geophysics, 2000, 65(3): 791 - 803.

［168］Smith J T, Booker J R. Rapid inversion of two - and three - dimensional magnetotelluric data ［J］. Geophysics, 1991, 96: 3905 - 3992.

［169］Uchida T. Smooth 2D inversion for magnetotelluric for magnetotelluric data based on statistical criterion ABIC［J］. Journal of Geomagnetism and Geoelectricity, 1993, 45: 841 - 858

［170］Rodi W, Mackie R L. Nonlinear conjugate gradient algorithm for 2D magnetotelluric inversion ［J］. Geophysics, 2001, 66（1）: 174 - 187.

［171］吴小平, 吴广耀, 胡建德. 二维最平缓模型的大地电磁快速反演［J］. 地球科学, 1994, 19 (6): 821 - 830.

［172］阮百尧, 徐世浙, 戴世坤等. 二维大地电磁测深曲线的快速反演［J］. 桂林工学院学报, 1998, 18(1): 53 - 56.

［173］张翔, 胡文宝. 带地形的大地电磁测深联合二维反演［J］. 石油地球物理勘探, 1999, 34 (2): 190 - 196.

［174］张大海, 徐世浙. 二维 MT 快速曲线对比反演方法的可行性研究［J］. 地震地质, 2001, 23 (2): 232 - 237.

［175］刘小军, 王家林, 吴健生. 二维大地电磁正则化共轭梯度法反演算法［J］. 上海地质, 2007, 101(1): 71 - 74.

［176］刘小军, 王家林, 陈冰等. 二维大地电磁数据的聚焦反演算法探讨［J］. 石油地球物理勘探, 2007, 42(3): 338 - 342.

［177］Colin G. Farquharson, James A. Craven . Three - dimensional inversion of magnetotelluric data for mineral exploration: An example from theMcArthur River uranium deposit, Canada［J］. Journal of Applied Geophysics, 2009, 68(4): 450 - 458.

［178］Wannamaker P E. Tensor CSAMT survey over the sulphur springs thermal area, Valles Caldera, New Mexico, USA, Part II. Implications for CSAMT methodology. Geophysics 1997. 62, 466 - 476.

［179］Zonge K L, Hughes L J. Controlled source audiomagnetotellurics, in M. N. Nabighian, Ed. , Electromagnetic methods inapplied geophysics, 2B, Application: Soc. Expl. Geophys. 1991, 713 - 809.

［180］Philip E. WannamakerTensor CSAMT survey over the Sulphur Springs thermal area, Valles Caldera, New Mexico, U. S. A. , Part I: Implications for structure of the western caldera, Geophysics 62, 2 1997; 451 - 465.

［181］Bastani M, Malehmir A, Ismail N, Pedersen L B, Hedjazi F. Delineating hydrothermal stockwork copper deposits using controlled - source and radiomagnetotelluric methods: a case study from northeastIran. Geophysics. 2009. B167 - B181.

［182］Lili Zhang, Tianyao Hao, Qibin Xiao. et al. Magnetotelluric investigation of the geothermal anomaly in Hailin, Mudanjiang, northeastern China[J]. Journal of Applied Geophysics, 2015, 118: 47 - 65.

[183] Rapidl east - square inversion of apparent resistivity pseudosections by a quasi - Newton method [J]. Geophysical Prospecting, 1996, 44: 131 - 152.

[184] Esben Auken, Anders Vest ChristiansenLayered and laterally constrained 2D inversion of resistivity data[J]. Geophysics, 2004, 69(3): 752 - 761.

[185] Mohamed Ahmed Khalil, Fernando A Monteiro Santos. 2D resistivity inversion of 1D electrical - sounding measurement in deltaic complex geology: application to the delta Wadi El - Arish, Northern Sinai, Egypt[J]. J Journal of Geophysics and Engineering. 2011, 8: 422 - 433.

[186] 党兴彦, 付宝侠. 滩间山金矿矿床成因初步探讨[J]. 青海地质, 1996, 27 - 32.

[187] 郭宪璞, 王乃文, 丁孝忠. 东昆仑格尔木南部纳赤台群和万宝沟群基质系统与外来系统地球化学差异[J]. 地质通报, 2004, 23(12): 180 - 189.

[188] 罗照华, 白志达, 赵志丹等. 塔里木盆地南北缘新生代火山岩成因及其地质意义[J]. 地学前缘(中国地质大学, 北京), 2003, 10(3): 1188 - 1195.

[189] 党兴彦, 范桂忠, 李智明等. 东昆仑成矿带典型矿床分析[J]. 西北地质, 2006, 39(2): 143 - 155.

[190] 袁万明, 莫宣学, 王世成, 等. 东昆仑金成矿作用与区域构造演化的关系[J]. 地质与勘探. 2003, 39(3): 5 - 8.

[191] 齐文秀. 地面高精度磁测在金矿勘查中的应用效果[J]. 中南大学学报. 1995, 26(2): 154 - 156.

[192] 文百红, 程方道. 用于划分磁异常的新方法—插值切割法[J]. 中南大学学报. 1990, 21(3): 229 - 235.

[193] 赵毅. 数字滤波的算术平均法和加权平均法[J]. 仪表技术, 2001, 44(4): 41 - 42.

[194] 雍世和, 孙宝佃. 用滑动平均滤波法消除测井曲线上的毛刺干扰[J]. 中国石油大学学报(自然科学版), 1983, 21(1): 11 - 19.

[195] 曹创华, 童孝忠, 柳建新. 频率域线源 CSAET 二维反演数值计算[J]. 中国有色金属学报, 2015, 25(11): 00 - 00.

[196] 孙鸿雁. 可控源音频大地电磁法地形影响及校正方法的对比研究与应用[D]. 北京: 中国地质大学: 2005, 1 - 110.

[197] 姚姚. 地球物理反演基本理论与应用方法[M]. 武汉: 中国地质大学出版社, 2002, 1 - 139.

[198] 刘红涛, 杨秀瑛, 于昌明等. 用 VLF、EH4 和 CSAMT 方法寻找隐伏矿—以赤峰柴胡栏子金矿床为例[J]. 地球物理学进展, 2004, 19(2): 276 - 285.

[199] 王立群, 刘国兴. 大功率激电和 CSAMT 法在敦化团北地区查找锡铝矿的应用[J]. 吉林大学学报(地球科学版), 2008, 11(s1): 4 - 8.

[200] 王大勇, 李桐林. CSAMT 法和 TEM 法在铜陵龙虎山地区隐伏矿勘探中的应用[J]. 吉林大学学报(地球科学版), 2009, 43(6): 1134 - 1139.

[201] Hernan Barcelona, Alicia Favetto, Veronica Gisel Peri. The potential of audiomagnetotellurics

in the study of geothermal fields: A case studyfrom the northern segment of theLa Candelaria Range, northwestern Argentina. Journal of Applied Geophysics 88 (2013) 83 – 93.

[202] Groom R W, Bailey R C. Decomposition of magnetotelluric impedance tensors in presence of local three – dimensional galvanic distortion. Journal of Geophysical Research, 1989, 94(B2), 1913 – 1925.

[203] WILLAM K M, ANIMESH M, SHAMA S P, SAIBAL G, SURAJIT M. Integrated geological and geophysical studies for delineation of chromite deposits: A case study from Tangarparha, Orissa, India[J]. Geophysics, 2011, 76(5): B173 – B185.

[204] CHEN W J, LIU H T, LIU J M. Integrated geophysical exploration for the Longtoushan Ag – Pb – Zn deposit in the southeast of theDaxinganling Mountains, Inner Mongolia, northern China [J]. Exploration Geophysics, 2010, 41(4): 279 – 288.

[205] CECILE S, MICHEL R, JEAN L J, PATRICK B. Hydrothermal system mapped by CSAMT on Karthala volcano, Grande Comore Island, Indian Ocean[J]. Journal of Applied Geophysics, 2001, 48: 143 – 152.

[206] 汤井田, 周聪, 任政勇等. 安徽铜陵成矿带大地电磁数据三维反演及其构造格局[J]. 地质学报, 2014, 88(4): 598 – 611.

[207] 吕琴音, 敬荣中. 东昆仑夏日哈木铜镍硫化物矿的岩(矿)石极化率特征及其找矿意义 [J]. 物探化探计算技术, 2015, 37(2): 177 – 181.

[208] 武明德. 青海省东昆仑燕山期斑岩型矿床成矿潜力研究[D]. 北京: 中国地质大学, 2013, 1 – 52.

[209] 杜瑞庆. 深部铁矿勘探的地球物理找矿模式研究[D]. 北京: 中国地质大学, 2013, 1 – 99.

[210] 杨学立. 铜镍硫化物矿床深部找矿地球物理方法综合研究[D]. 北京: 中国地质大学, 2012, 1 – 113.

[211] 王大勇. 长江中下游成矿带综合地质地球物理研究—以九瑞、铜陵成矿带为例[D]. 长春: 吉林大学, 2010, 1 – 125.

图书在版编目（ＣＩＰ）数据

东昆仑成矿带典型矿床电（磁）响应特征及成矿模式
识别／曹创华等著. --长沙：中南大学出版社，
2018.1
　ISBN 978 - 7 - 5487 - 2729 - 3

Ⅰ.①东… Ⅱ.①曹… Ⅲ.①昆仑山－成矿带－电磁
感应－研究 ②昆仑山－成矿带－成矿模式－研究 Ⅳ.
①P617.244

中国版本图书馆 CIP 数据核字（2017）第 044155 号

东昆仑成矿带典型矿床电（磁）响应特征及成矿模式识别
**DONGKUNLUN CHENGKUANGDAI DIANXING KUANGCHUANG DIAN(CI)
XIANGYING TEZHENG JI CHENGKUANG MOSHI SHIBIE**

曹创华　柳建新　童孝忠　严发宝　著

□责任编辑	刘石年　胡业民	
□责任印制	易红卫	
□出版发行	中南大学出版社	
	社址：长沙市麓山南路	邮编：410083
	发行科电话：0731 - 88876770	传真：0731 - 88710482
□印　装	长沙鸿和印务有限公司	

□开　本	720×1000　1/16	□印张 13	□字数 254 千字
□版　次	2018 年 1 月第 1 版	□2018 年 1 月第 1 次印刷
□书　号	ISBN 978 - 7 - 5487 - 2729 - 3
□定　价	70.00 元

图书出现印装问题，请与经销商调换